JN260982

環境と人間

長崎大学環境科学部 編

九州大学出版会

序にかえて

　本書は，2003年11月20日，21日の2日間，長崎大学環境科学部，淡江大学文学部及び醒吾技術学院（台北）の共催により淡江大学（台湾・淡水鎮）で開催された「文化と環境国際学術会議」に提出された原稿に基づく論文を収録したものである。

　同学術会議における基調講演及び研究発表を発表順に示すと次のとおりである。

11月20日
　基調講演
　　環境学の基礎学としての環境哲学※　　　　　井上義彦（長崎大学）
　研究発表
　　商業の永続経営倫理　　　　　　　　　　　葉保強（台湾・中央大学）
　　世代間倫理と持続可能性※　　　　　　　　吉田雅章（長崎大学）
　　儒家の天人合一の環境倫理学　　　　　　　李瑞全（中央大学）
　　諫早干潟生態系の環境便益評価におけるCVMの意義※
　　　　　　　　　　　　　　　　　　　　　　姫野順一（長崎大学）
　　土地神崇拝から見た客家の環境倫理　　　潘朝陽（台湾・師範大学）
　　長崎における中国人強制連行　　　　　　高實康稔（長崎大学）
　　環境と文献の変遷　　　　　　　　　　　陳仕華（淡江大学）
　　『長崎名勝図絵』の世界※　　　　　　　　若木太一（長崎大学）
　　淡水地区における人文環境の変遷　　　　周彦文（淡江大学）
　　中国文学の特質及びその形成環境　　　　連清吉（長崎大学）
　　台湾における仏教文学創作形成の可能性　謝添基（淡江大学）

11 月 21 日

 研究発表

  企業の環境問題への対応と課題※　　　　　井手義則（長崎大学）
  言語環境と国家の発展　　　　　　　　　　盧国屏（淡江大学）
  環境政策における公衆参加制度の日米比較※　早瀬隆司（長崎大学）
  孟子と荘子の環境思想の異同※　　　　　　高柏園（淡江大学）
  日本環境思想史の構想※　　　　　　　　　佐久間正（長崎大学）
  儒家と道家の相互補完的環境思惟　　　　　陳徳和（台湾・南華大学）
  長崎大学環境科学部における ISO 14001 の認証取得※
  　　　　　　　　　　　　　　　　　　　　武政剛弘（長崎大学）
  環境倫理（EE）と環境関心倫理（EEC）　　蕭振邦（中央大学）
  長崎市内における市街地の居住環境の分析※　杉山和一（長崎大学）
  クルト・ジンガーの『鏡，刀，勾玉』※　　園田尚弘（長崎大学）
  虚なるものの場所※　　　　　　　　　　　葉柳和則（長崎大学）
  詩的に人間は住まう※　　　　　　　　　　中村靖子（名古屋大学）

     （※を付した発表は本書収録論文の基となったものである。）

　同学術会議には日本，台湾，マレーシア，アメリカから研究者が出席し，文化と環境をめぐって活発な研究交流が行われたが，今回の会議の成果を踏まえ今後も日本と台湾で交互に同様の国際学術会議を開催していくことが共催3大学の間で合意されている。また ISO 14001 の認証獲得をめぐっては，同学術会議の開催中急遽淡江大学当局から申し出があり，同会議における報告とは別に交流が行われた。さらに，同学術会議が開催された淡水鎮は長崎と類似する斜面都市といってよい自然環境であり，今回の学術会議が起点となって両地域の居住環境に関する研究交流が始まったことも報告しておきたい。

　今回の学術会議は学部創設後間もない私たちが初めて組織的に取り組んだ国際学術会議であり，所期の目的を達成するかどうか危惧していたが，会議後の交歓の場で台湾側参加者から，環境問題は自然科学的・社会科学的アプ

ローチにとどまるものではなく，人文科学的アプローチを含む総合的・学際的アプローチが必要であることを改めて痛感したと率直な感想をいただいたことは，とても嬉しいものであった。

　上述したように，本書には「文化と環境国際学術会議」に提出された原稿に基づく13の論文及び報告が収録されているが，読者の理解しやすいように3部に分けている。

　第Ⅰ部は環境哲学・環境倫理学・環境思想に関連した論文によって構成されている。現在の生態学的危機－環境問題の思想的淵源としてユダヤ・キリスト教的世界観及び還元主義的・機械論的世界観等が批判される中で，欧米の研究者により神道・仏教・道教等のアジア思想の現代の環境哲学・思想への貢献が指摘されて久しいが，第Ⅰ部に収録された論文はいずれもそのような問題意識を踏まえるとともに，環境哲学・思想における西欧とアジアの思想の二元的対立という単純な理解に陥ることなく，両者の思想的伝統を踏まえながら現代の環境哲学・思想の新たな展開可能性を模索しようとしている。井上論文は，本書に収録された他の論文及び報告とはやや体裁が異なっているが，前述したように同論文の基となったものは，台湾側からいくつかの内容上の要請のあった「文化と環境国際学術会議」の基調講演であるため，同会議の雰囲気の一端を紹介したいという理由による。

　第Ⅱ部は私たちが環境科学＝環境学の不可欠の構成領域と考えている文化環境学に関する論文によって構成されている。私たちは既に文化環境学の構想を『環境と文化──〈文化環境〉の諸相』(2000, 九州大学出版会)及び『環境科学へのアプローチ──人間社会系』(2001, 同上)で示したが，第Ⅱ部に収録された論文は文化環境認識の歴史的あるいは異文化的特質，文化環境認識の構造及び人間存在の文化環境的特質の理解について新たな視点を提供している。文化環境は風土的環境と融合した外なる文化環境と人間存在を内面から主体化する内なる文化環境の総合化されたものとして把握することができるが，そのような文化環境の研究＝総合的な文化環境学への歩みの記録である。

第Ⅲ部は現実の環境問題解決に向けての政策的手法や具体的取り組みに関する論文及び報告によって構成されている。私たちはこの領域に関する研究成果を既に上述の『環境科学へのアプローチ』及び『地球環境問題と環境政策』(2003, ミネルヴァ書房) として刊行したが，今回はその後の研究成果の一端である。また，現在企業や自治体・学校等で環境対策上の焦点の一つとなっている ISO 14001 の認証獲得をめぐる具体的事例として長崎大学環境科学部の場合を報告している。上記の両書は人文・社会科学系の研究者による論文に限られていたが，今回は環境工学系の研究者の参加を得たことも特徴である。

　本書を手にされた読者の皆さんが，環境科学＝環境学の現状及び国際交流の一端について理解を深めていただくことができたならば，私たちにとって大きな喜びである。また本書に対する忌憚のない批判・意見をお寄せいただければ幸いである。

　2004 年 3 月

編集委員

佐久間　正

井手　義則

園田　尚弘

目　次

序にかえて ………………………………………………………… i

第Ⅰ部　環境哲学・思想

第1章　環境学の基礎学としての環境哲学 ………………井上義彦　3
　　　　──文理融合と複眼的思考法の形成──

　　はじめに　5
　　1．文理融合の必要性　7
　　2．発想法の転換の必要性　12
　　3．人間の意識改革の必要性　17
　　4．新たな天人合一思想の構築のために　25
　　おわりに　29

第2章　世代間倫理と持続可能性 ……………………………吉田雅章　33
　　はじめに　35
　　1．何が問題なのか　35
　　2．「親－子」関係のモデルをめぐって　39
　　3．「キャンプ地」のモデルから　41
　　4．「総有」という関係　47
　　5．そこから見えてくるもの　51

第3章　孟子と荘子の環境に対する理解・態度 …………高柏園　57
　　はじめに　59
　　1．環境と人間中心主義　61

2．孟子は人間中心主義者か　*66*

　　3．荘子の脱自己中心的な環境観　*72*

　おわりに　*77*

第4章　日本環境思想史の構想…………………………佐久間正　*79*

　はじめに　*81*

　　1．欧米の環境思想史研究から何を学ぶか　*81*

　　2．欧米からの提言と日本環境思想史研究の模索　*91*

　　3．日本環境思想史の構想　*97*

　おわりに　*108*

第II部　文化環境

第5章　『長崎名勝図絵』の世界……………………若木太一　*117*
　　　　──近世長崎の挿絵資料──

　はじめに　*119*

　　1．『長崎図志』を参照した『長崎名勝図絵』　*120*

　　2．『長崎古今集覧』『長崎古今集覧名勝図絵』と『長崎名勝図絵』　*123*

　　3．「遊女街」の図絵　*127*

　　4．『長崎古今集覧』『長崎古今集覧名勝図絵』の展開　*129*

第6章　クルト・ジンガーの『鏡，刀，勾玉』を読む…園田尚弘　*131*

　はじめに　*133*

　　1．クルト・ジンガーの略歴と著書　*134*

　　2．『菊と刀』を鏡として　*135*

　　3．ジンガーの見るところ　*137*

　　4．『鏡，刀，勾玉』の価値　*148*

第7章　史学と詩学のあわいに ……………………………葉柳和則　153
　　　　──出来事の語りにおける仮構性をめぐる考察──

　はじめに　155
　1．物語りえないものについては沈黙せねばならない　156
　2．語ることはできない，しかし語らねばならない　159
　3．合理的受容可能性　160
　4．空気としてのリアリズム　164
　5．表象の限界とモダニズム　166
　6．仮構の場所　168
　おわりに　172

第8章　詩的に人間は住まう ………………………………中村靖子　177
　　　　──トラークルにおける「パンと葡萄酒」のユートピア──

　はじめに　179
　1．迎え入れる空間　181
　2．恩寵の木　184
　3．敷居の踏み越え　188
　4．パンと葡萄酒　191
　5．地球に住まうこと　196

第Ⅲ部　環境政策・環境問題

第9章　環境政策における
　　　　公衆参加制度の日米の比較 ……………………早瀬隆司　203
　はじめに　205
　1．米国における公衆関与制度の発展　206
　2．日米の公衆関与制度の対比的考察　212
　おわりに　219

第10章　企業の環境問題への対応と課題 ……………井手義則　*221*

はじめに　*223*
1．環境問題への企業の対応変化　*224*
2．対応変化を企業に迫る背景　*227*
3．環境ビジネスの現況　*230*
4．企業による環境ビジネス展開の課題　*236*
おわりに　*238*

第11章　環境便益評価法における「カテゴリー・ミス」と
CVMの展開可能性 ……………………………姫野順一　*241*
──消費者選択と市民選択の融合を求めて──

はじめに　*243*
1．環境分野におけるCBAの応用と環境便益評価法の登場　*245*
2．代理価値法における「カテゴリー・ミス」　*251*
3．CVMにおける「カテゴリー・ミス」　*254*
4．CVMにおけるバイアスと倫理的要因　*258*
5．市民選択に向けて「改良されたCVM」(サゴフ)の意義　*261*
おわりに　*264*

第12章　長崎市内における
市街地の居住環境の分析 ……………………杉山和一　*269*

はじめに　*271*
1．解析方法　*272*
2．解析結果　*273*
おわりに　*281*

第13章　長崎大学環境科学部の
　　　　ISO 14001 認証取得 ……………………………武政剛弘　*287*

　はじめに　*289*

　1．環境科学部の認証取得への意思表明　*290*

　2．体制の確立　*292*

　3．適用範囲の設定　*293*

　4．学部内での環境調査(環境側面の抽出)　*293*

　5．環境科学部における環境マネジメント(EMS)構築　*294*

　6．環境科学部 ISO 14001 認証取得の評価　*299*

　おわりに　*299*

あとがき …………………………………………………………………*301*

第 I 部

環境哲学・思想

第1章
環境学の基礎学としての環境哲学
──文理融合と複眼的思考法の形成──

井上 義彦

要　旨

　今日諸学問の高度化・専門化と共に、学問が個別化・細分化され、文理の学問が分離・分割・隔絶されることが常態化し、地球環境問題はそのつど個別的に対症療法的に対処されてきたのが現実である。ところが、複合的で学際的な領域としての地球環境問題は、本来人類の根本課題として、従来の人間の価値観・自然観・文明観などの転換に基づく総合的な新しい生き方の問題として、文系から理系にわたる学知の統合化において文理融合的に解明されるべき問題群である。哲学は古来から、諸学問の成立する根拠・基盤を究明する学（基礎学）として、すなわち学の学（原理の学）として有効に機能してきた歴史に鑑み、環境哲学は、複合的で学際的な地球環境問題を総合化・統合化する環境学の基礎学として、この環境学に原理的に必要不可欠なパラダイムをさしあたり次の4点に絞り提案したい。

① 　複合的で学際的な地球環境問題には、「文理融合」の考え方・視点がどんな場合でも、是非とも必要不可欠であること。

② 　この文理融合の考え方は、別言すれば、そのまま「複眼的思考法」を意味する。デカルトの「幾何学の精神」（分析の目）に対し、全体を見る「よい目」を「繊細の精神」（総合の目）として対置して、両者を併せ持つ必要を説いたパスカルは、「文理融合」と「複眼的思考法」の必要性を提起している。

③ 　複合的で学際的な地球環境問題に適切に対処するためには、「発想法の転換」が必要である。カントは、数学や自然科学の確実な学としての成功の秘訣を「思考法の革命」としての認識の「コペルニクス的転回」と捉えた。それは、同一のもの（世界）を現象と物自体と見る「二重の観点の立場」であり、まさに「複眼的思考法」である。

④ 　カントの「二重の観点の立場」は、人間存在に対しても、あるもの（事実存在）からあるべきもの（価値存在）への人間の「意識革命・改革」を迫る複眼的思考法である。

第1章　環境学の基礎学としての環境哲学

はじめに

　本日，淡江大学と長崎大学との共同主催により，「文化と環境国際学術会議」が高名な淡江大学におきまして開催されますことは，大変有意義なことと喜んでおります。そしてここに会議開催の労をとられました淡江大学の文学院院長高柏園先生，並びに関係されました先生方には，本当に心より深く感謝いたすとともに，大会開催のご苦労に対して厚くお礼申し上げます。

　今回の学術会議の共催で，名実ともに両大学の国際的な学術交流として大なる成功をおさめますことを，そして今後とも両大学の継続的な交流が着実な発展をとげますことを祈念しながら，私の講演を始めさせて頂きます。

　私の講演題目は，「環境学の基礎学としての環境哲学」であります。私の講話は，私の勤務する長崎大学環境科学部を例にとって行います。環境科学部は，日本の国立大学で最初の文理融合型の学部として，1997年10月に新設されました。この設置は，地球環境問題が21世紀の最大の課題であることを鑑みて，環境問題のための専門学部が必要であること，そして複合的で学際的な環境問題に対処するためには，文理融合型の教育・研究が必要でかつ有効であることを告知しております。

　因みに，本学部は，地球環境問題を「人間と環境との調和的共生」という視点から捉え，環境の世紀とされる21世紀において，人間と自然との調和的安定を志向する地球の全体的環境保全と人間社会の持続的発展を可能にする循環型社会システムの構築と実現に寄与することを教育・研究の理念にしています。

　このために，1学科文理2コース（環境政策コースと環境保全設計コース）から成る本学部では，従来の細分化し専門化した学問や科学の方法にとらわれずに，独自のカリキュラムの設定によって，文理両面からの統合的・総合的な環境教育・研究を行うと同時に，文理両コースにおいて環境科学の特化した専門教育・研究を行うものであります。

　2002年4月には，大学院環境科学研究科（修士課程）が新設されました。

本研究科は，学際的・複合的な地球環境問題に対し，基礎学部の文理融合の特長を生かした多角的な視点からのアプローチにより，統合的な問題解決を図りつつ，環境と共生する持続可能な社会への転換をリードする環境科学の構築化・高度化・国際化の推進を目指します．そのために，文理2専攻（環境共生政策学専攻と環境保全設計学専攻）から成る本研究科は，それぞれの専攻の専門化・特化を図りつつ，同時に相互に補完し合いながら，全体としてより総合化・高度化するような教育・研究システムの構築を目指すものであります．そしてそのことにより，環境問題に関する発見・問題解決能力や総合的な解決プログラムの企画・立案能力を身につけた高度な人材の養成を目指しております．

　更に現在は，大学院研究科の博士課程設置を目指しております．その場合，工学部と水産学部にある既設の生産科学研究科に合流し，5年一貫の区分制大学院になる予定です．もしうまくいけば，2004年4月には環境科学専攻（博士課程）が設置の予定です（幸い設置は認可された）．

　その理念と目的はこうです．環境の世紀なる21世紀は，地球生態系の保全に配慮し，環境・福祉・文化を重視する「成熟社会」の構築が求められています．そのために，私達は生活の豊かさと利便性の追求を第一義とした従来のライフスタイルから，自然環境を保全し環境に優しい持続型社会の形成にふさわしいライフスタイルへの発想の転換をする必要があります．これまで大量生産・大量消費・大量廃棄の文脈で語られてきた生産科学の中心概念たる「生産」は，今後は「地球に優しい生産」に転換しなければなりません．環境科学部が参画することにより，既設の生産科学研究科の理念に新たな環境共生・資源循環・適正技術等の環境科学理念が組み込まれることによって，生産科学研究科は21世紀によりふさわしい大学院に深化・発展することが大いに期待されるのであります．

　ここで，これまでのお話を要約いたしますと，第1に，複合的で学際的領域としての地球環境問題を教育研究するためには，文理融合の考え方が必要不可欠であること，第2に，地球環境問題に適切に対応するためには従来のライフスタイル，生産様式，経済様式などの社会システムの転換が求められ

ており，「複眼的思考法」による「発想法の転換」が必要不可欠であること，従ってそれを有効に支える新しい総合的な環境学の構築・創造が必要であります。第3に，そのためには，「発想法の転換」に基づく人間存在の意識改革，精神改革が必要になること，この3点です。

1．文理融合の必要性——複眼的思考法——

このことを，今日の時代環境や歴史的な時代背景の関連の下で，更に考えてみたいと思います。

まず，第1の文理融合の必要性に関して。現在の大学では世界中におきまして，学問の高度化・専門化・多様化が時代の趨勢です。その中で，文科系学問と理科系学問の分離分割の傾向はますます増大の方向にある。これに，大学入試が拍車をかけて，高校教育の段階で既に文理の分割化が進路指導の下で実施されている現状です。この文系と理系の分離の傾向は高校の段階から始まり，世界中の先進国共通の現象になっている。ここ台湾でも同じではないかと想像しています。

この文理分断の弊害は，既に早くから気づかれていた。イギリスのスノーが1959年に行った講演「二つの文化」は，中でもとりわけ有名です。そこで，スノーはこう言う。「文学的知識人を一方の極として，他方の極には科学者，特に物理学者がいる。この二つの［文化の］間をお互いの無理解，時には敵意と嫌悪の溝が隔てている。だが，もっとも大きなことは，お互いに理解しようとしないことだ」と。彼はこうも言う。「我々の二つの文化の間のギャップをなくすことは，もっとも実際的な意味からも，もっとも知的な意味からも，必要欠くべからざることである」[1]と。そして彼は二つの文化の統合として第3の文化の登場を切望した。その第3の文化では，「人間はいかに生存するのか，また生存してきたのかを問題」にするとして，彼は人間の今後の生き方を問題にした。彼は，イギリスが二つの文化の乖離をそのまま放置して，統合できないならば，イギリスの文化・経済は衰退に向かうだろうと嘆いていた。スノーの警告は，戦後のイギリスの「英国病」と言わ

れた衰退現象を思い出しますと，ある意味では正しく当っていたのではないかと推察されます。

　今日の大学教育・研究は，ますます高度化・専門化・多様化する中で，知識はますます細分化・断片化され，学生達は「樹を見て森を見ざる」の喩え通りで，学問の個別の専門教育も必要であるが，同時に時にはフィードバックして全体に目配りした総合教育も必要な時代である。特に，環境教育については，それがあてはまると確信いたします。

　スノーは，学問の文理分断・分裂と両者の対話の欠如・無理解を指弾したが，日本の丸山真男はそれより早く1957年に「日本の思想」などの論文・講演で，タコツボ型とササラ型の比喩を用いて，日本における諸学問の過度の専門化と細分化・個別化に埋没するタコツボ型の常態化と相互の学問を連携・綜合するササラ型の喪失を鋭く指摘しています。彼の表現によれば，それは，「日本の知識人の間に共通の言葉なり，共通の基準がない」ことによる。綜合大学についても，「綜合という言葉は実に皮肉でありまして，実質はちっとも綜合ではない，いろいろな学部があって，それが地理的に一つの地域に集中している，というのを綜合大学というにすぎない」[2]と批判している。そしてこうした「学問や組織の過度の専門化の問題，あまりに個別的に分化し，あまりに専門化していくという問題から出てくる弊害」は「世界的な傾向であります」と彼は論じます。序でにいえば，「実は近代社会における組織的な機能分化が同時にタコツボ化して現れるという近代と前近代との逆説的な結合としてとらえなければいけないんじゃないか」とか，「民主主義というものは，人民が本来制度の自己目的化－物神化－を不断に警戒し，制度の現実の働き方を絶えず監視し批判する姿勢によって，はじめて生きたものとなり得るのです」とかの丸山の言説には，ホルクハイマーとアドルノによる『啓蒙の弁証法』(1947年)における「精神の真の関心事は物象化（Verdinglichung）の否定にある。精神が固定化されて文化財となり消費目的に引き渡されるところでは，精神は消失せざるを得ない」[3]とか，理性の道具化において「とりわけ学問の伝統が，実証主義を奉じる清掃業者の手によって，無用のガラクタとして忘却に引き渡される」とか，「思想が盲目

的に実用主義化していくままに，矛盾を止揚するという本性を喪失し，ひいては真理への関りを失うに至る」ところでは，「啓蒙が神話へと逆行し」，野蛮への転落という「啓蒙の自己崩壊」が起こるのだという論調を想い起こさせるものがある。

さて，現代の世界は活発な異文化交流の時代であり，様々な民族文化が独自の価値を持って登場している多文化主義の時代である。

同様に，学問の世界でも多様化とともに，環境問題などの学際的な学問が次々に登場している。殊に，地球環境問題のような新しい学問分野では，従来の狭い専門学問やディシプリン（discipline）はそれなりに必要ではあっても，それだけでは現実に十分に適応できず，諸学問の統合が要求される事情はもはや誰の目にも明らかであろう。この学問の統合化には，とりわけ文理融合の観点が必要不可欠であることが，また環境教育においてはとりわけ必要であることが十分にご理解頂けたものと思います。

ところで，文系と理系との断絶・分離に関して強い危機感を抱いた人に，スペインの思想家オルテガ・イ・ガセットがいる。彼は，有名な主著『大衆の反逆』（1930年）において，文明の一切の原理に興味がなく関心もない「大衆」が文明の主導権を握ったということに，現代の危機を見たのである。大衆は，平均人としてあらゆるものを物化し，従って人間関係をも物化し物象化（Versachlichung）する。「かれら（大衆）は，自分たちの世界の中にある文明を見つめる気さえなく，文明を，あたかも自然物であるかのように扱っている」（87頁）。オルテガの大衆観が，ハイデッガーが『存在と時間』（1927年）において剔りだした現代人の特性である平均人としての大衆（das Man）をヒントにしていることは，明らかである。ハイデッガーの近代技術批判は有名だが，オルテガの科学批判はそれに劣らず鋭い。「今日の科学者こそ，大衆人の典型だということになる。しかもそれは，偶然からでもなければ，個々の科学者の個人的欠陥からでもなく，実は科学－文明の根源－そのものが，科学者を自動的に大衆人にかえてしまうからなのである。つまり，科学者を近代の未開人，近代の野蛮人にしてしまうからなのである」[4]（117頁）。それは，何故か？ それは，「科学者が，次第に自分の活動範囲を

［専門特化して］縮小せねばならなかったために，徐々に科学の他の分野との接触を失ってゆき，ヨーロッパの科学，文化，文明という名に値するただ一つのものである宇宙の総合的解明から離れてきた」（118 頁）ためである。

　17世紀のデカルトは，本当の学問は原理に基づくことにより，全知識の統一が可能であるとして，学問を一本の木に喩えて，有名な「哲学の木」を提示した。「哲学全体は一本の樹木の如きもので，その根は形而上学，幹は自然学，そしてこの幹から出ている枝は，他のあらゆる諸学なのですが，結局は三つの主要な学に帰着します。即ち医学，機械学及び道徳（Morale）です。ただし私の言う道徳とは，他の諸学の完全な認識を前提とする究極の知恵であるところの，最高かつ最完全な道徳のことです」[5]。デカルトはまた，あらゆる学問を数学の方法を以て統一しようとして「普遍学」（mathesis universalis）の構想を提起した。ここには，デカルトの学問の統合化の試みが窺えます。

　デカルトは，近代哲学の祖として，物心二元論の提唱者として，理性に基づく論理一貫した演繹的思考法を重視した。これは，要素還元主義を骨子とする近代科学と本質的に共通な思考法であり，それは量的には「全体は部分の総和に等しい」という意味では，線形思考（linear thinking）である。

　このデカルトに，同時代のパスカルが対決します。パスカルは，デカルトの思考法を「幾何学の精神」（esprit de geometrie）と呼び，それを数理・物理の世界にのみ通用する狭い思考法であり，人間の生きた現実の世界には不十分なものとして批判します。パスカルは，人間の現実の世界では，真理のために部分にとらわれずに全体を見る「よい目」が必要であり，それを「繊細の精神」（esprit de finesse）と呼び，それを重視した。生きた人間の世界はまさに非要素還元主義的であり，それは質的には「全体は部分の総和以上である」という意味では，全体論（ホーリズム）的であり，非線形思考（non linear thinking）の世界である。

　ここで確認しておきたいことは，パスカルは単に繊細の精神のみを一方的に重視したのではなくて，全体の真理の認識のためには，両方の精神をバラ

ンスよく併せ持つことの大切さを主張したことである。つまり、パスカルは、全体的真理の認識のためには、理系的思考である「幾何学の精神」と文系的思考である「繊細の精神」とを併せてもつこと、いわば「複眼的思考法」の大切さとそのバランスの維持を主張しているのである。

　パスカルはこう言う、──「幾何学の精神においては、原理は明白であるが、通常の使用から離れている。したがって、その方へは頭を向けにくい。慣れていないからである。しかし少しでもその方へ頭を向ければ、原理はくまなく見える。……ところが繊細の精神においては、原理は通常使用されており、すべての人の目の前にある。頭を向けるまでもないし、努力する必要もない。ただ問題は、よい目をもつことである (il n'est question que d'avoir bonne vue.)。目を利かさなければならない。なぜなら、この方の原理はきわめて微妙であり、数も多いので、ほとんど見逃さないことが不可能なくらいだからである」。また、こうも言う──「真の雄弁は、雄弁を軽蔑し、真の道徳は、道徳を軽蔑する。いいかえれば、判断の道徳は、基準をもたない精神の道徳を軽蔑する。なぜなら、精神に科学が属しているように、判断には感情が属しているからである。繊細さは判断の領分であり、幾何学は精神の領分である」[6]と。

　パスカルの「複眼的思考法」（図1）とは、「複雑系」(complex system) としての地球環境問題を文理融合的に教育研究するために必要不可欠な思考法

パスカルの複眼的思考法 {
　幾何学の精神（分析の目）────理系的思考
　原理に基づく論理一貫した演繹的思考法
　「全体は部分の総和である」＝線形思考
　自然科学的思考＝要素還元主義
　　　　　　　｜
　繊細の精神（総合の目）────文系的思考
　部分にとらわれず全体の真理を見る
　「よい目」が必要である。
　「全体は部分の総和以上である」＝非線形思考
　生命・人間に関わる分野は非要素還元主義的である。
} 文理融合的思考

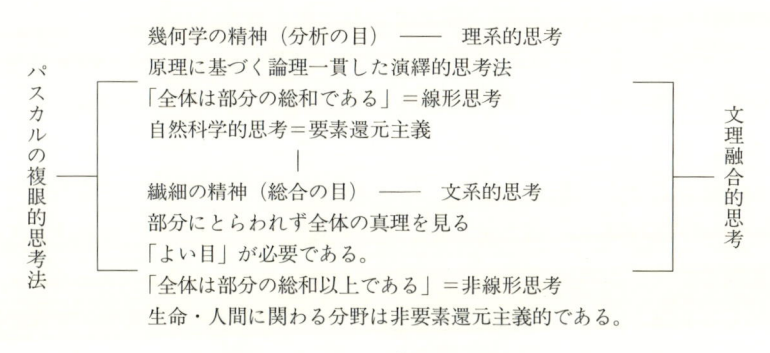

図1　パスカルの「複眼的思考法」

といえよう。複雑系とは，簡単に言えば，有機体や人間社会のように，各構成要素が他の要素と絶えざる相互作用を行うために，全体としては部分の働きの総和以上の独自の働きを示すもののことである。環境問題を構成する各問題要素が相互に他の問題要素と重層的で複雑な交互作用を行うために，全体としての行方の予測が困難になる。しかし予測が困難になればなるほど，全体としてのあるべき方向を的確に見いだすための「よい目」が，つまりは「複眼的思考法」が必要になるのである。

　カントは，様々な多量の知識を無秩序にバラバラに持つ博学多識の者を「一眼の巨人」と呼び，彼には「百頭のラクダに積むほどの莫大な歴史的知識を理性によって合目的的に利用すべき真に哲学的な眼が欠けている」[7]という。雑多な知識は「所与からの知」(cognitio ex datis) であり，本当に分かる真の知識は「原理からの知」(cognitio ex principiis)[8] である。ここにも，一種の「複眼的思考法」があるといえる。

2．発想法の転換の必要性——コペルニクス的転回——

　次に，第2の「発想法の転換」の必要性について論じたいと思います。
　デカルトは，「世界という大きな書物 (le grand livre du monde) の内に見つかるかもしれない学問だけを探究しようと決心し」[9]て，旅に出ました。ガリレオは，「哲学は，眼の前に絶えず開かれている世界というあの偉大な書物の中に書かれている」[10]と考えました。実を言えば，私もヨーロッパ世界という大きな書物を学ぶために，ドイツに留学しました。この時私自身が経験した実例を基に，「発想法の転換」の必要性を説明したいと思います。
　私は，25年前ドイツに留学した折りに，ギリシアを旅行した。その時，かつて並ぶことなき繁栄をうたわれた今のトルコ領のギリシア植民都市エフェソス (Ephesos) に行きました。港から遠く10㎞ほど奥の赤茶けた荒地の丘陵の中に，白い廃墟と化した遺跡群が歴史に取り残されて佇んでいた。いつも不思議な謎だったのは，どうして，なんで物好きにもギリシア人はこんな不便な生活環境の悪い場所を選択して植民したのかということです。周

りには，一本の樹木もなく，雑草も殆んどなく，川もなければ水もありません。一体どうやって毎日の生活を営んだのか。しかも驚くことには，最盛期には5万人近い人々が居住していたそうです。中心には数万人収容できる円形劇場がほぼ完全に残っています。中央街路の脇には，水洗トイレの遺跡が残っています。実に不思議です。ここのアルテミス神殿は，その巨大さで古代世界の七不思議の一つになっていますが，私には，ここの都市生活が七不思議の一つでした。

　長い間，家畜の山羊が土地荒廃の原因であるというのが通説でしたが，これは誤りでした。最近の環境考古学が土壌中の花粉分析によって，その謎を解明してくれました[11]。それによると，この辺りの小アジア一帯はかつて豊かな森林地帯だったということです。文化（culture）とは，ラテン語で「耕作」を意味するculturaを語源としており，農業（agriculture）は「大地（agri）＋耕作（culture）」の意味であるように，ギリシア人は生きるために，森林を切り開いて農地を作った。文化現象は，同時に環境負荷を発生させます。しかし当時の誰がそれに気付くでしょうか。

　地の利をえた都市は交易で栄え，都市は大きくなりました。商品の青銅器や陶器の製作に大量の燃料材が必要になった。増加する多数の市民の住家や神殿の建築に多量の木材が必要になり，日々の多数の市民生活のために大量の薪炭が入用であった。住民の食糧確保のために広大な森林が開拓された。これらはすべて木によって賄われた。こうして，時と共に広大な豊かな森林資源は次々と消失していった。

　森林地帯が消えて，気象も変化して，この辺りは乾燥地帯に変わった。一度森林が消えた耕地は，雨が降ると肥沃な表土が流失し，後には不毛の荒地が残るだけだった。街のすぐそばにあった港が土砂で埋まって後退したのは，天災でなく人災だった。森林をなくして，生活環境はすべて崩壊した。住民は街を放棄して撤退した。エフェソスはじめ，ギリシア・ローマ植民都市の多くはいずこも同じ運命を辿った。古代文明の繁栄の証であった白い廃墟は，古代文明が環境破壊のために滅びた破滅の証でもあった。

　我々は，ここに既に現代の地球環境問題の原型を見いだすのである。人間

の文化・文明は同時に環境破壊を生み出す側面を併せて持っているのです。発想の転換が要求されています。この教訓は，心すべきメッセージではないでしょうか。エフェソスの街を宇宙船地球号に置き換えれば，発想の転換の必要性が直感的に理解できます。

　ここで，発想法の転換をもたらすためには，もう一つ重要な視点の導入が必要であることを指摘したい。
　エフェソスの街を表面的に何度眺めても，そこには郷愁をさそうすばらしい廃墟があるだけで，環境破壊の真相は決して見えてきません。都市滅亡の原因は，地震などの天災かも知れない，あるいは恐ろしい疫病のせいかも知れない，あるいは蛮族や異民族の侵入による掠奪と破壊によるのかも知れない等々想像はできても，観光客の眼には所詮事の真相は見えてこない。だが，環境考古学や気象学や考古学などによる近辺一帯の実証的な調査と研究の蓄積及び調査結果の総体的な洞察を基にして，はじめて事の真相が我々の眼前の現象の背後から少しずつ見えてくるようになるのである。
　カントは，この事態を認識の「コペルニクス的転回」と捉えるのである。カントは，自然科学・数学・幾何学の学問としての成功の秘訣を認識の「コペルニクス的転回」にあると考えた。カントによると，認識に関して従来の思考法は，「我々の認識はすべて対象に従わねばならない」と想定していた。だがこれでは，経験論の破綻が端的に示しているように，我々の確実な認識を説明できないのである。そこでカントは，それを逆転して，「対象が我々の認識に従わねばならない」という「思考法の革命」(Revolution der Denkart) を想定してみた[12]（B XVI）のである。
　このことは，コペルニクスにおける天動説から地動説への発想の逆転を想起すれば，よく理解できるであろう。万人の肉眼は，等しく天体の運動を確かに見るという日常的経験を持つが，これに反して地球の運動の経験を持つことはない。万人の経験的な実証性をもつ天動説が真理でなく誤りであり，万人の経験的な実証性をもたない地動説が誤りでなく真理であるというのは，一体何故か。これは，運動の相対性を考えてみればよい。コペルニクス

は，ローマの詩人の詩句を用いて，「ヴィルギリウスのアエネアスが「われらは［船で］港を出る，陸地や街は後退する」と言っているとおりである。船が揺れずに浮かんでいるとき，航海者は船の外のものがすべて動いていると見るが，航海者と一緒にあるものはすべて止まっていると思う」[13]と述べるが，まさにその通りである。そしてコペルニクスは，「もし太陽を不動として運動を太陽から地球へ移しても」，そこに「矛盾するものは何もない」[14]と考えたのである。つまり思考実験により，「太陽の不動と地球の運動」という認識を想定して，天体現象を検討しても，そこに何の矛盾も生じないのである。だから，発想法の逆転は可能なのであった。

従来の思考法は，「我々の認識はすべて対象に従わねばならない」と考えて，天体の現象を見て，肉眼に映ずる通りにそのまま天動説を作り出した。これに対して，思考法の革命は，「対象は我々の認識に従わねばならない」と逆転的に考えて，天体現象を「太陽の不動と地球の運動」という我々の認識に基づいて規定して，地動説を作り出したのである。

カントによると，「思考法の革命」とは，「理性が自然から学ばねばならないことや，理性だけでは何事も知りえないようなものを，理性はみずから自然の中へ投入するものに従って，自然の中に求める」（B XIV）ということ，換言すると，「我々が事物についてア・プリオリに認識するのは，我々自身が事物の中へ投入するもののみである」（B XVIII）ということである。地動説は，コペルニクスが自然の中へ投入した「太陽の不動と地球の運動」という認識によって，その正当性と真理性を勝ち取ったのである。カントは言う——「悟性はその（ア・プリオリな）法則を自然から得てくるのではなくて，かえってこれを自然に指示する（vorschreiben）のである」[15]と。

万人の見る天体の運行は，実は地球の運動によって起こった「見かけの現象」であり，万人の肉眼は「見かけの経験」を持ったのである。肉眼は常に真実の経験のみを持つのでなく，時に見かけの経験を持つ。「見かけの経験」を「見かけの現象」として見破り・見抜くのが，「哲学の眼」としての心眼である。心眼は本物を見る目であるが，肉眼なしにはありえない。

カントは，「［純粋理性］批判は，客観を二重の意味に，即ち現象として

か，あるいは物自体としてか，解することを教える」(B XXVII) という立場から，同一の対象（客観）は，現象と物自体という二重構造を有することを主張する。別言すると，「我々が事物を [「一重の観点」からでなく]，「二重の観点」(die doppelte Gesichtspunkte) から考察する場合に」[16] (B XIX)，はじめて真実の認識・経験が成立すると考える。我々が事物（対象）を現象か物自体かという「一重の観点」から (bei einerlei Gesichtspunkte) のみ考察する時に，「見かけの現象」か，「仮象の認識」が生ずる。これに反して我々が，事物を現象と物自体という「二重の観点」から考察する時に，はじめて我々は事物に関する真実の認識・経験を持ちうることになる。

　我々は，現象をその根拠としての物自体と切り離してそれだけで捉えるとき，その現象は見かけになり，本物の現象（経験）ではなくなる。カントは，同一の事物を現象と物自体と解する立場を，「二重の観点」と捉えるが，これは分かりやすく言えば，「肉眼と心眼」の「複眼的思考法」と解することができよう。肉眼と心眼はそれぞれ固有の特性をもつが，両眼が共同に働いてこそ，肉眼は肉眼として，心眼は心眼としての真の有効性をもつといえる。

　因みに，コペルニクスも，「結局，太陽は宇宙の中心を占めていることが承認されるであろう。これらのすべての事物が我々に示すものは，いわゆる「両眼」を開いて事物を見さえすれば我々に示されるところの，宇宙の秩序の法則であり，宇宙の調和である」[17]と結論づけるが，まさに至言ではないか。

　さて，第2の発想法の転換の必要性について少し長い考察を加えましたが，それはこの部分が本日の私の講話の中心になると考えたからです。

　複合的で学際的な地球環境問題に適切に対処するためには，様々な関連分野や領域における発想の転換が必要であります。そして発想法の転換には，常に思考法の転換，即ち「思考法の革命」が必要になります。カントの「思考法の革命」が，自然科学や数学の確実な学としての成功の秘訣を認識の「コペルニクス的転回」に見て取り，それをヒントにして哲学的に提案されているように，カントの革命的な思考法とは，それ自身一種の文理融合的な

思考法である。そこで，この「思考法の革命」の構造を詳しく解明した次第です。

　環境学は，様々な領域における発想の転換に基づく諸学問の成果とその集積，そしてそれらを全体として原理的に一貫して体系的に統合化し集大成することによって成立する新しい総合学である。このためには，環境学に関連する諸学問にとっての「共通な言語」の形成とその共通な言語の共有による諸学の「共通の基盤」の学的構築が必要になる。この構築は至難の業と思われるが，我々人類に課せられた課題ともいえる。

　ところで，この発想法の転換に密接に関連するのが，第3に「意識改革」のことです。発想法の転換は，常にその根底にある価値・価値観の転換なしには生じません。従来の発想法の転換が起こるのは，それまでそれを支えてきた価値・価値観に疑義を抱く新たな人間の出現があります。

　フロイトは，「人類は時の流れの中で，科学のために二度その素朴な自惚れに大きな侮辱を受けねばならなかった」と言います。「一度目は，宇宙の中心が地球でなく，地球が想像できないほど大きな宇宙系のほんの一小部分に過ぎないことを人類が知った時です」。これは，コペルニクスの地動説のことです。「二度目は，生物学の研究が人類の自称する創造における特権を無に帰し，人類は動物界から進化したものであり，その動物的本性は消しがたいことを教えた時です」。これは，ダーウィンの「進化論」のことで，フロイトはこれを「価値の転換」（Umwertung）と称している。そして今三度目があった。三度目は，フロイト自身の「無意識」の発見のことで，「自我は自分自身の家の主人では決してありえず，自分の心情生活の中で無意識に起こっていることについても，ごく乏しい情報しか与えられていない，ということを証明しようとしている」[18]とある。

3．人間の意識改革の必要性──二重の観点の立場──

　さて，私の第3の「意識改革」に関して，ダーウィンの進化論を手懸かり

に考えたいと思います。

　現在の地球環境問題は，ばらばらの対症療法的な対策だけではどうにもならないほど底深い巨大な問題であり，それを生み出した西洋の近代自然観の徹底的な反省が必要である。

　世界現象を学問的に統一的に捉える立場には，自然界をすべて物理現象として物理学的に説明できると考える「機械論」(mechanism) と，自然界を生成物の目的実現過程として神学的あるいは生物学的に説明できると考える「目的論」(teleology) とがある。前者は，17世紀の近代科学の成立といわゆる科学革命と共に，ガリレイ，デカルト，ニュートンなどによって確立された自然科学的な機械論的自然観である。これに対して，後者は古くアリストテレス以来，古代を通してキリスト教的世界観ともうまく適合するところから，中世を通じて近代初頭までヨーロッパ精神世界を支配してきた目的論的自然観であった。

　西洋の近代自然観は，有機体的目的論から力学的機械論への転換において成立した。これはまた，why から how への，即ち質的な何故から量的な如何にしてへの転換でもあった。この自然観の転換の要点は，目的論の科学的な否定にあった。

　デカルトは，物心二元論によって，近代科学の哲学的理論づけをしたが，彼の自然哲学は簡単に言えば，物体（延長），形，運動（位置の移動）によってすべて空間幾何学的に説明され，ここに徹底的な機械論的自然観が成立することになった。この西洋の近代自然観は，自然現象をすべて量的に機械的力学的に捉えるものであり，そこでは観念論的な目的論的解釈を一切排除してしまった。従って，植物，動物そして人間の肉体は単なる物か機械と見なされ，動物機械論が成立したのである。

　彼らの目的論を否定する理由は，こうである。F．ベーコンは，アリストテレスの目的論的思考法を「哲学をば，驚くべき仕方で破壊してきた」もので，「無知で軽率な哲学の方法である」[19]と酷評する。デカルトは，「目的から引き出されるのを常とする原因の類の全体は，物理的なものにおいて何の適用をも有さない，と私は考える。というのは，私が神の目的（fines Dei）

を探求しうると考えるのは，向こう見ずのことであるから」[20]と明確に目的論を否定する。スピノザは，「自然は何らの目的を立てず，またすべての目的原因は人間の想像物（humana figmenta）以外の何物でもない」として，「神の意志とは，無知の避難所（ignorantiae asylum）なのである」[21]と徹底的に論駁した。

　かくして，従来の有機体的な「生ける自然」は，目的論の排除により，単なる物の集合体としての機械論的な「死せる自然」と化したのである。
　「生ける自然」を「死せる自然」と見なす西洋近代の自然観が，「自然に服従することによって，自然を征服する」[22]というF．ベーコンの考え方や「この哲学が，我々をいわば自然の支配者にして所有者たらしめることを私に示す」[23]というデカルトの周知の発想法へ到達することから容易に推察できるように，この西洋思想が今日の地球環境の危機を招来させた根本的要因であることは否定できない。
　では，どう考えるべきか。地球環境問題に対する我々の課題は，自然と人間との調和的な共生である。この共生は，地球（自然）の生態系の維持なしにはありえない。そして自然の生態系（ecosystem）は，明らかに一種の目的論的な存在構造をもっている。だがしかし，科学は明確に目的論を否定している。それなのに，自然と人間の環境的な共生のためには，一種の目的論的な存在関係が是認されなければならない。

　ここに，私が本日の第3課題とする発想法の転換と意識改革の必要な所以があります。結論を先取していえば，地球環境は，一面物理化学的で機械論的な世界であると共に，同時に他面生態系として有機体的で目的論的な世界である，という二重構造の世界である。そして，人間はそれ自身，一面では生命体として自然的存在であると共に，同時に他面では精神として道徳的存在である，という二重構造の存在である。この2点の自覚と反省が必要であると思う。
　このことの考察のために，先ほどのダーウィンの進化論が手懸かりを与えてくれます。ダーウィンは，目的論の言葉を一切用いずに，環境への適者生

存と自然淘汰（選択）という二つの認識によって進化論を作り上げた。「変異性を事実と想定するダーウィンの革命の本質は，これまで目的論や自己ないし種の保存に関する計画的合目的性の証明とみなされていた生ける自然の適応や他の諸々の現象を解明するために，自然淘汰というメカニズムを発見したことにある」[24]。

これに対して，進化思想の先駆者の一人と目されるカントは，生物の機能，適応，相補的依存関係などを「目的なき合目的性」（Zweckmäßigkeit ohne Zweck）という概念によって捉えた。

カントは言う――「自然の単なる機械的原理によるだけでは，有機的存在者とその内的可能性とをとうてい十分に知ることができないし，ましてこれを説明しえないことは極めて確実である」として，「いつの日かニュートンのような人が再び現れて，一茎の草（ein Grashalm）の産出を自然法則，即ち意図による秩序にかかわりのない法則に従って説明するだろうなどと予測し，希望することさえ，人間にとっては筋道のたたない話である，我々はこういう見通しを人間には絶対に否定せざるをえない」[25]と。

カントの『判断力批判』（1790年）におけるこの発言から，約70年後にダーウィンの『種の起源』（1859年）が出版されたのである。ダーウィンは，生物の世界を「意図による秩序にかかわりのない法則に従って説明」することに成功したといえ，カントの予測は見事にはずれたといえる。しかし，ダーウィンの進化論は，現在の地球環境問題に対して人類の自業自得の結果論的な教訓を与えることはできるが，では，何をなすべきかは何も教えない。科学は我々に知識を与える。しかしその知識を如何に活用し，どの方向に適用するかは我々人間の役割なのである。カントの学説は，人間存在を自然的存在のみならず，同時に英知的な道徳的存在であるという二重構造において捉えるが故に，人間と自然との共生に関しても人間のあるべき生き方を我々に提示するのである。

カントによると，生物はすべて「自然目的」として存在するが，人間は道徳的意識を有する限り，同時に自然現象の秩序を超えた英知的存在として自己自身を自覚する。だから，「道徳法則の下にある人間」が「究極目的」に

なる。「道徳実現の主体としての人間は創造の究極目的であり、自然物のようにその目的性が相対化されないという意味で目的自体である」[26]。

カントは、『人間学』において、人間のあるべき本分に関して次のように総括する——「人間が自己の理性によって、定められた本分は、諸他の一切の人間と一つの社会を形成し、この社会において芸術と諸学問とによって、自己を教化（kultivieren）し、文明化（zivilisieren）し、道徳化（moralisieren）するにある」[27]。このことは、教育によって可能となる。『教育学』によると、人間は教育によって、すなわち(1)訓練、(2)教化、(3)文明化、(4)道徳化によって、全き人間になる。

(1) 訓練とは、人間社会の成員になるために、野性的な粗暴さを抑制することを学ぶこと。

(2) 教化とは、人間個人として生きられるように、読み書きのようなあらゆる任意の目的に対して有効な熟達した技能を学習すること。

(3) 文明化とは、人間社会の中で適応できるような技能を修得すること。

(4) 道徳化とは、真に善い目的を選択できるような心術を獲得すること。この「善い目的とは、どの人にも必然的に是認されるような目的、換言すれば、また同時にあらゆる人の目的でもありえるような目的である」[28]。

カントによれば、当時の人類は文明化の時代を生きており、「道徳化の時代を生きるのはまだ先のこと」であったが、文明化の中で地球環境問題に遭遇した現代の人類は、まさに環境倫理の必要性を痛感する道徳化の時代に入って来たといえる。「人間が道徳的で賢明にならないならば、どうして人間を幸福にすることができようか」[29]。人間が幸福になるには、人間の道徳化が必要なのである。

この教化・文明化・道徳化の教育は、人間が自然の究極目的であることを自覚せしめる人間教育であるといえよう。これに対して、人間個人が、未成年から一人前の成人になること、従って迷蒙から啓蒙に達することは、次の三つからなる意識改革により可能となる。

(1) 自分で考えること。
(2) 他人の立場に自己をおいて考えること。
(3) 常に首尾一貫して自己矛盾なく考えること[30]。

さて,カントは,理性の全問題は次の三つの問いにつきるとする[31] (A 805, B 833)。
(1) 私は何を知ることができるか。(形而上学)
(2) 私は何を為すべきか。(道徳学)
(3) 私は何を希望することが許されるか。(宗教)

この三つの問いは,『論理学』において,結局「人間とは何であるか(Was ist der Mensch?)」の問いに帰着し,三つの学問は「人間学」に算入できるとする[32]。

デカルトは,学問の統合化を示した「哲学の木」において,哲学(形而上学)を諸学の根拠にしたのに対して,カントは,哲学的諸学問を人間学に集約している。デカルトが知識の絶対的根拠としての哲学原理にこだわったのに対して,カントは,諸学問の存在理由,存在意義は結局は人間の問題に帰着すると考えたのである。

カントは,かかる人間観を基に,自然の生物(有機物)との共生共存を考える。人間は究極目的として絶対的な目的存在であるが,他の有機物(生物)は相対的な自然目的にすぎない。自然目的(Naturzweck)とは,内的合目的性として,「二重の意味で原因であり結果である」存在のことである。従って,有機物は,二重の因果関係を有することになる。この二重の因果関係において,有機物は,一面では「作用原因による結合(機械的連関)」と,他面では「目的原因による結合(目的的連関)」とを有することになる[33]。かくして,ここに自然界には,二種の因果関係,即ち一面では機械論的因果関係と他面では目的論的因果関係が存することになる。

自然目的としての有機物は,二重の意味で原因であり,結果である存在だが,見方を変えれば,すべて交互に目的であり手段である存在である。また

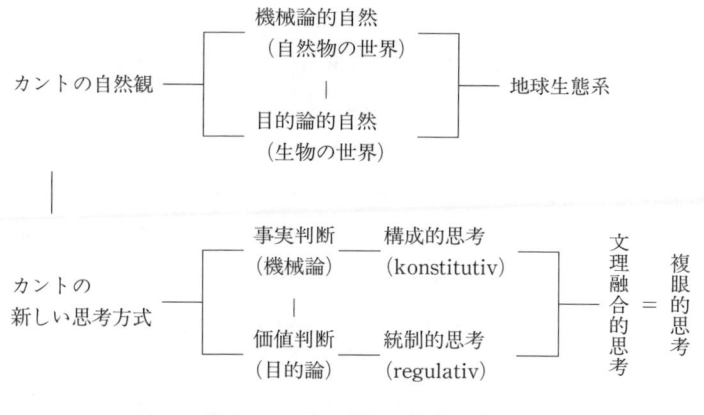

第1章　環境学の基礎学としての環境哲学

```
カントの自然観 ─┬─ 機械論的自然
                │    （自然物の世界）
                │         │
                └─ 目的論的自然 ─── 地球生態系
                     （生物の世界）
        │
カントの      ─┬─ 事実判断    構成的思考    文理    複
新しい思考方式    │ （機械論）   (konstitutiv)  融合    眼
                │     │                      的 ＝ 的
                └─ 価値判断    統制的思考    思考    思
                     （目的論）  (regulativ)          考
```

図2　カントの新しい思考方式

　有機物においては，いかなる部分も全体と部分の相互関係において規定される。このことは，個体と種（集団）との関係にも妥当する。カントは，自然は自然物の集合体としては機械論の世界と考える。しかし地球上の自然目的（生物）の有機的集合体としての自然生態系は，原因⇄結果，目的⇄手段，全体⇄部分，集団（種）⇄個体という四重の交互的相関関係を有するので，地球生態系は，目的論的な観点からの解釈が可能になると考える。カントによれば，我々は地球生態系のような同一の自然の世界を，従来のように機械論かあるいは目的論かという二者択一的な説明方式ではなく，機械論的な観点と目的論的な観点という「二重の観点」から同時に複眼的に考察し，解釈することが可能になるということである。この場合常に留意すべき要点は，ここで提案される第3の説明方式とは，同一の自然を，機械論的自然観の対象としては構成的（konstitutiv）思考を行い，同時に目的論的自然観の対象としては統制的（regulativ）思考を行うような，新しい説明方式を採用するということである（図2）。

　ダーウィンの自然選択説では，進化するのは生物種であり，進化の単位は個体ではなく，集団である。「個体レベルで見れば不連続の形質の変化も，集団を単位と考えれば，その中の形質の頻度の分布という連続的な量としてとらえられる」（佐倉統「私の進化論」4，2003年11月8日，朝日新聞）。ダー

ウィンの自然選択説が,「集団の変化のメカニズム」に立脚する機械論的な構成的思考とするならば，カントの二重因果説は，ダーウィンの「集団の変化のメカニズム」とメンデルの「個体の変化のメカニズム」とが，それぞれ機械論的に機能することを構成的思考として承認しながら，同時にそのまま両者のメカニズムが，相補的に補完的な関係にあることを，したがって合目的的な関係にあることをいわば目的論的に前提する統制的思考の意義を併せて持つと言いうるであろう。両者の相補的で補完的な関係は，両者の合目的性の適合としてそれ自身個と種（集団）という偶然的なものの合法則性と考えることができる。だから，カントの「偶然的なものの合法則性が合目的性である」（K.d.U., S. 344）という周知の言説は，かかる事態を見事に表現しているものと解釈できるであろう。（因みに，地球を生命体とみなすラヴロック（Lovelock）の「ガイア仮説」[34]は，カント的には統制的思考として可能になる。）

　自然の合目的的な在り方と人間の合目的的な在り方とから，カントは，「合目的性」の概念によって，自然と人間，自然と自由を「目的なき合目的性」（Zweckmäßigkeit ohne Zweck）として統合した。

　かくして，カントは言う――「我々は，［同一の］自然において，［一方では］感覚の対象として必然的（notwendig）であるものを機械論的法則に従って考察する。しかし他方では，特殊的法則を，つまり我々が機械論的法則に関して偶然的（zufällig）と判定せざるをえないものを，この同じ自然において同時に理性の対象として，目的論的法則に従って考察する」[35]と。そしてこう結論づける――「すると，自然は二重の原理（zweierlei Prinzipien）に従って判定されることになるだろう。しかしその場合でも，機械論的説明方式は目的論的説明方式によって――あたかも両者が互いに矛盾するかのように――排除されるわけではない」[36]（K.d.U., S. 352）と。

　カントの立場は，現象と物自体との，自然と自由との，機械論と目的論との，事実判断と価値判断との統合なのである。この意味では，それは文理融合的な思考の立場であり，「二重の観点」からの「複眼的思考」の立場でもあると言いうるであろう。

4．新たな天人合一思想の構築のために

さて，環境問題においては，人間と自然との本来あるべき生きた関係を再構築することが課題になる。

ではここで，最後にもう一度地球環境問題に文理融合の視点と発想法の転換が必要な理由を検討しながら，まとめることにしよう。

環境問題の解決には，一方では，現実の環境汚染，環境破壊，自然破壊に対する対症療法的な自然科学的な，そして一部は人文社会科学的な研究教育が必要である。同時に他方では，人間と自然とのあるべき関係を再構築するために，人文社会科学的な，一部は自然科学的な研究教育が必要である。そしてあるべきライフスタイルの提案から新しい環境学を創造・実現するためには，あらゆる知識の結集による英知が必要になるであろう。

一方には，環境破壊の現場を多角的な学問分野から分析・収集・解析した事実判断の蓄積があり，他方には，この事実判断に基づいて，地域社会あるいは国際社会の人間と自然環境とのあるべき共生関係を環境政策として提案するための価値判断の形成がある。

西洋の近代自然観では，人間は自然に対立し自然から超越する存在であることから，人間は自然を征服・支配・所有できると考えた。この思想が地球環境問題を惹起させた。我々はもう，西洋文明の無批判な受容や崇拝から脱却する時期に来ています。

地球環境問題は，別の観点からは「エコロジー的危機」として捉えることができます。

西洋思想は人間を一面自然から超越する存在とみなすが，反面，人間は有機的生命体として，自然生態系なしには生存できない。自然に帰属する人間は自己の生存の条件である自然生態系を壊すような自然破壊をやめなければならない。地球生態系は人類存続の絶対条件なのである。環境哲学に，環境倫理学が必要な所以である。従って，環境問題には生物科学・生命科学は必要不可欠になる。更にこの地球生態系が，熱力学のエントロピー法則を介し

て，人間社会の経済過程の基本的制約をなすことが明らかにされた。このエントロピー経済学は，経済学と物理学という文理融合の学である[37]。また地球生態系は，太陽から不断にエネルギーを受け取り，炭素，水，土壌，生物の物質循環を通して，系内への低エントロピーの摂取と系外への高エントロピーの放出を行いうる開放定常系としての特性を有する。

ところが従来の大量生産・大量消費・大量廃棄型の経済社会システムは，廃棄物等により地球生態系を破壊する要因であることから，いまや地球の循環システムに適合するような，循環型・リサイクル型経済社会への転換が求められているのである。

これは，まさに「ある」（存在）から「べき」（当為）への転換である[38]。人間は，西洋の自然観のように自然を征服・支配するばかりでなく，ある面では自然に順応すべきなのである。この意味では，「自然への畏敬・畏怖」の念から人間と自然との合一化・一体化を説く東洋の自然観には，再評価すべき面が残っています。特に，東洋の自然観の特徴である有機体的・目的論的な特性としての循環の構造は，注目に値します。しかし，安直な対比や評価には反省も必要です。

西洋思想との対比で，東洋思想の代表としてしばしば中国の「天人合一」とインドの「梵我一如」の思想が提示されます。

中国の黄心川は，「東西文化における自然と人間の関係」という講演において，「天人合一」の「もっとも典型的なものは，『中庸』にある「天地の化育を賛く」という思想である」[39]として，次の文章を呈示する――「唯だ天下の至誠のみ，能く其の性を尽くすと為す。能く人の性を尽くせば，則ち能く人の性を尽くす。能く物の性を尽くせば，則ち物の性を尽くす。能く物の性を尽くせば，則ち以て天地の化育を賛く可し。以て天地の化育を賛くべくんば，則ち以て天地を参なる可し」[40]（第12章）。

また黄氏は，道家の「人道合一」の思想を『老子』の「人は地に法り，地は天に法り，天は道に法り，道は自然に法る」にあるとする[41]。

これらの言説は有名であり，内外に多大の影響を与えたものですが，で

は，これらの言説に示された「天人合一」の思想の正当性・真理性を立証する論拠・根拠は，一体どこにあるのでしょうか。なぜ，このことを問題にするのかといえば，西洋の思想は環境破壊をもたらしたが，東洋の思想には環境共生調和をもたらす「天人合一」の思想があるということがしばしば強調されるからです。しかし現実には，アジアではこの思想と裏腹に酷い環境破壊が起こっています。

　問題は，「天人合一」において，人は一体いかにして天のことを知ることができるのか，ということです。人を離れては，天のことは知りえない。すると，天とは何であると語る人は，語るその人の思想を天の思想として置き換えているのではないか。人間の思想を擬人化して天の思想と祭り上げているのではないか。だから，天と人とは，分けるべきではないか，その上で「合一」を考えるべきではないか。

　実をいえば，周知のように，このことを最初に指摘したのは，荀子です。「天人の分に明らかなれば，則ち至人と謂うべし」[42]（天道と人道との分別をはっきり知っていれば，至人すなわち最高の人物といえる）。日本の三浦梅園も，「天人之辨，学者之急務也（天人の弁別は学者の急務である）」として，それは，「推人窺天，天人混焉」であると批判して，こう言う——「先達推心観物，経為心所私，雖美雖然善，非天地之本然」[43]（先人は自分の心を推しはかって物を観たので，結局，心のために私の立場におちいった，いかに善美であっても，天地の本然ではない）。更に擬人法を批判してこう言う——「とかく人は，人の心をもって物を考え分別するので，人間の立場を固執する癖がやめられず，古今の明哲といわれる人達もこの習気に悩まされ，人をもって天地万物をすべて解釈し，そのために達観の眼が開けないのです」[44]。

　ここで我々は，先述した西洋の目的論批判を想い起こすべきです。西洋では，思想の，特に神学の重要な論拠としての目的論が，人間には神の意志は知りえないという理由によって全面的に否定され，学問の領域から排除された。これ以後，西洋では実証的な科学や学問が急速に発達します。

これに反して，何故，東洋では科学が発達しなかったのか。我々は反省すべきです。
　学問は信仰や宗教ではなく，何らかの確実な立証・論証を必要とします。カントは，宗教の危機を救うために，「信仰に席を与えるために，知識を制限せねばならなかった」（B XXX）といいますが，東洋ではむしろ，「学問に席を与えるために，もっと信仰を制限すべきである」のではないか。東洋の思想は，倫理的実践性が強いのが特徴であり，長所でもあるが，反面宗教的信条に合流しすぎる傾向があるのではないか。
　ところで，黄心川氏は，さすがにこのことを十分に反省して，こう言う――「こうした儒教の「天人合一」思想は，農業経済における自然資源保護の要求を反映したものであり，小規模生産を基礎とする農業経済における大自然に対する人間の無力感を反映したものでもある。また，この思想は自然を制御，利用する上での目標や方向性を明らかにしたが，いかにその目標に達するかという手段については述べていない。従って中国の歴史においても，自然と人間の調和とは，実現できない空想であり，生態環境の破壊に対する歯止めとはならなかったのである」[45]。
　黄氏の批判は誠に厳しいが適切であり，この批判的な自覚の上でこそ，天人合一思想の新しい創造的な視点，論点が開けてくるのである。
　金谷治は，彼の著書『易の話』の中で，「ただ，ここで注意したいのは，中国で主流を占めた天人合一思想では，人間の主体的な立場が大変はっきりしていることである。自然が上にあることによって，人はあたかもその中に解消されてしまうかに見えながら，実はそうでない。自然界の秩序は自然科学的な法則であるよりは，むしろ人間理想の投影としての理念的な意味が強い。人間を中心にした思想だと言わなければならない要素がある。この点はナイーブに自然そのものに没入する日本人の態度とも区別のあるところであろう。／天人合一の思想からは，もちろん自然科学は起こりにくい。その曖昧さはまた神秘主義と結びつきやすく，近代的合理主義と比べて，もちろん非近代的非合理的である」と明快に批判しながらも，それに続けてこう結論づけている。「しかし宇宙全体の調和を思う楽天的な心情がそこには働いて

いて，それは本来平和的であった。そして，そこにも人間の主体性はつらぬかれている。そのつらぬき方は，西洋のようにまっ直ぐ向こう見ずに進むのでなくて，全体世界の調和を考えながら進むということである。人間世界の穏やかな平安が，そこにはあった」[46]（269-70 頁）と。これは，誠に傾聴に値する論説である。

おわりに

さて，私の講演の終わりに入ります。

私は，個人的には『老子』が好きです。老子は，「道は常に無為にして，為さざるはなし」[47]（第 37 章）とし，「無為自然」を彼のライフスタイルにします。だから私の希望は，西洋のような人為的な「作為自然」ではなく，一人ひとりが理想としての「無為自然」を心に抱きながら，社会全体としては「有為自然」で生きてゆくライフスタイルです。

人間は自然に帰属しつつ，同時に自然から超越する存在である。人間は，与えられた自然環境に関与しながら，同時に人間と自然との調和的共生を実現するために，「あるべき生きた共生関係」を考察し実践せねばならない。

私の言う「有為自然」とは，同一の自然を機械論的自然と目的論的自然との統合体として捉えたカントの立場と共通です。

地球環境問題の創造的な研究教育には，こうした文理融合的で，かつ複眼的な思考の視座の形成が是非とも必要であることを私は提案したい。

注

1) C. P. Snow, *The Two Cultures : A Second Look.* スノー『二つの文化と科学革命』（松井巻之助訳），みすず書房，10 頁，69 頁，97 頁。
2) 丸山真男『日本の思想』岩波新書，135 頁，138-9 頁，156 頁。
3) Horkheimer/Adorno, *Dialektik der Aufklärung*, S. 5ff. ホルクハイマー／アドルノ『啓蒙の弁証法』（徳永恂訳），岩波書店，ix 以下。
4) Ortega y Gasset, *La Rebelión de la Masas.* オルテガ『大衆の反逆』（神吉敬三訳），

角川文庫。
5) Descartes, *Les Principes de la philosophie*, Oeuvres de Descartes, IX, Vrin, p. 14. デカルト『哲学の原理』(桂寿一訳)、岩波文庫、24 頁。
6) Pascal, *Pensées*, Classiques Garnier, §1, pp. 73-4. パスカル『パンセ』(前田陽一他訳)、中央公論社、65-7 頁。
7) Kant, *Anthropologie in pragmatischer Hinsicht*, Kant Werke (Weischdel), XII, §59, S. 546-7. カント『人間学』(坂田徳男訳)、岩波文庫、178 頁。
8) Kant, *Kritik der reinen Vernunft*, A 836, B 864. カント『純粋理性批判』(高峰一愚訳)、河出書房、下、523 頁。
9) Descartes, *Discours de la Méthode*, Pleiade, p. 130. デカルト『方法序説』(谷川多佳子訳)、岩波文庫、17 頁。
10) ガリレオ『偽金鑑識官』(山田慶児・谷泰訳)、中央公論社、308 頁。
11) 安田喜寛『気候が文明を変える』岩波書店、35-6 頁。
12) Kant, *K.d.r.V.*, B XVI. カント『純粋理性批判』上、25-6 頁。
13) コペルニクス『天体の回転について』(矢島祐利訳)、岩波文庫、38 頁。
14) コペルニクス、前掲書、41 頁。
15) Kant, *Prolegomena*, 36, S. 320. Kant's Werke (Ak), Bd. 4.
16) Kant, *K.d.r.V.*, B XIX. 和訳、上、27 頁注。
17) コペルニクス、前掲書、42 頁。
18) Freud, *Vorlesungen zur Einführung in die Psychoanalyse*, Studienausgabe, Bd. I, §18, S. 283-4. フロイト『精神分析学入門』(懸田克躬訳)、中央公論社、357-8 頁。
19) F．ベーコン『ノヴム・オルガヌム』(桂寿一訳)、岩波文庫、89-90 頁。
20) Descartes, *Meditationes de Prima Philosophia*, Oeuvres (A et T), VII, p.55. デカルト『省察』(三木清訳)、岩波文庫、83 頁。
21) Spinoza, *Ethica ordine geometrico demonstrata*, Spinoza Opera (Vloten et Land). I, pp. 69-70. スピノザ『エチカ』(島中尚志訳)、岩波文庫、上、86-8 頁。
22) F．ベーコン『ノヴム・オルガヌム』70 頁。
23) Descartes, *Discours de la Méthode*, Pleiade, p. 168. デカルト『方法序説』82 頁。
24) レーヴ／シュペーマン『進化論の基盤を問う』(山脇直司訳)、東海大学出版会、186-7 頁。
25) Kant, *Kritik der Urteilskraft*, §75, S. 338 (S. 265). カント『判断力批判』(篠田英雄訳)、岩波文庫、下、81 頁。マイア『進化論と生物哲学』(八杉貞雄他訳)、東京化学同人、66-8 頁参照。
26) 小倉志祥『カントの倫理思想』東京大学出版会、221 頁。
27) Kant, *Anthropologie*, S. 678. 和訳、328 頁。
28) Kant, *Über Pädagogik*, Kant Werke (Weischdel) Bd. XII, S. 706-7. カント『教育学』(加藤泰史訳)、岩波版『カント全集』17, 232 頁。
29) Kant, *Über Pädagogik*, S. 708. 和訳、233 頁。
30) Kant, *Anthropologie*, S. 549. 和訳、181 頁。
31) Kant, *K.d.r.V.*, A 805, B 833. 和訳、下、302 頁。

32) Kant, *Logik*, Kants gesammelte Schriften, Bd. IX, S. 25. カント『論理学』(井上義彦・湯浅正彦訳), 岩波版『カント全集』17, 35 頁。
33) Kant, *K.d.U.*, §65, S. 289-90 (S. 235). 和訳, 下, 32-3 頁。
34) ラヴロック『地球生命圏』(プラブッタ訳), 工作舎。
35) Kant, *K.d.U.*, S. 352 (S. 275). 和訳, 下, 97-8 頁。
36) Kant, *op. cit.*
37) K. E. ボールディング「来るべき宇宙船地球号の経済学」(『経済学を超えて』(公文俊平訳) 所収, 学研), 430-48 頁。
38) 「ある」と「べき」, 「存在」と「当為」, 「事実」と「価値」, 「is」と「ought」, 「Sein」と「Sollen」といった周知の区別の問題については, 省略する。ただ有名な問題の所在の個所を列挙しておく。

Hume (ヒューム) ――「そのとき突然, 私は見出して驚くが, 私の出会う命題はすべて, であるとかでないとかいう命題を結ぶ通常の連辞のかわりに, べきである又はべきでないで結合されて, そうでない命題には何一つ出会わないのである」 (Hume, *A Treatise of Human Nature*, p. 469. ヒューム『人生論』(大規春彦訳), 岩波文庫, 4, 33 頁)。

Kant (カント) ――「自然に関しては, 経験が我々に規則を与え, そして真理の源泉であるが, しかし道徳法則に関しては, 経験は(残念ながら!)仮象の母であり, 私がなすべきこと (das, was ich tun soll) についての法則をなされること (demjenigen, was getan wird) から引き出してきたり, それによって制限したりすることは, 最も唾棄すべきことである」(Kant, *K.d.r.V.*, A 318-9, B 375. 和訳, 上, 284 頁)。

Weber (ヴェーバー) ――「経験科学は, 何人にも, なにを為すべきかを教えることができず, ただ彼がなにを為しうるか, また事情によっては意欲しているか, を教えることができるにすぎない」(ヴェーバー「社会科学と社会政策に関わる認識の客観性」(恒藤恭校閲), 岩波文庫, 17-8 頁)。

39) 黄心川, 「東西文化における自然と人間の関係」(『東洋的環境思想の現代的意義』所収, 農文協), 43 頁。
40) 『大学・中庸』(金谷治訳注), 岩波文庫, 206 頁。
41) 黄心川, 前掲書, 44 頁。金谷治『老子』講談社学術文庫, 90 頁。「人法地, 地法天, 天法道, 道法自然」(第 25 章)。
42) 『荀子』(金谷治訳注), 岩波文庫, 上, 30 頁。
43) 三浦梅園『玄語』「例旨」, 『梅園全集』上, 7 頁。岩波版『三浦梅園』日本思想大系, 19 頁。中公バックス『三浦梅園』308 頁。
44) 三浦梅園「多賀墨卿君にこたふる書」(『三浦梅園』所収) 岩波文庫, 79 頁。
45) 黄心川, 前掲書, 44-5 頁。
46) 金谷治『易の話』講談社学術文庫, 269-70 頁。
47) 金谷治『老子』講談社学術文庫, 122-4 頁。福永光司『老子』朝日新聞社, 250-7 頁。「道常無為, 而無不為」(第 37 章)。
   Lao Tzu, *Tao To Ching*, Penguin, p. 42.

第2章
世代間倫理と持続可能性

吉田 雅章

要 旨

　1970年代前半に欧米，特にアメリカで登場した「世代間倫理（或いは，未来世代への責務）」をめぐる問題は，この30年間に肯定的ないし否定的な多くの議論を産んだが，環境持続性を標榜しつつも，現在世代と未来世代を分断した上で，両世代の間を「責務と権利」によっていかにして繋ぎ，二つの世代に跨がる道徳共同体の存在をいかに証明するかに腐心する，従来の世代間倫理の思考枠組みによっては実効力ある世代間倫理の確立は望めない。むしろ現在の社会が失いつつある持続可能性をいかにして恢復するかという方向性が必要である。ここでは，三つのモデルを用いて，「今後世代間倫理が求められるべきその方向性」を模索する。第1のモデルは「親－子」関係のモデルであるが，従来の「親が子に負う責務」を直に「現在世代と未来世代の関係に重ね合わせる」思考法を排し，「親－子」関係の連鎖そのものの内に，過去を含みつつ，未来へと拡がる持続可能な社会構築の基本単位（原型）を取り出す。さらに，第2に取り上げる「キャンプ地」のモデルにおいては，公共の共有地の使用とその清掃の責務を中心に，「キャンプ地」といった共有地のモデルの限界とその地における清掃の責務の発生する場面をプレッチャーの議論を用いて検討する。第3番目には，入会権や入会権的権利である「総有」をモデルとして取り上げ，この「総有関係」の内に見られる「全体と個」の関係，および「権利と責務」の関係の検討を通じて，「外には閉じられ，内には開かれている」関係と，「他者の権利と自己の責務の相関」ならぬ，「自己の権利の行使に基づく自己の責務の発生」という関係を剔出する。最後に，こうしたモデルの検討から見えてくる事柄として，「親が子に責務を負う」という「親－子」関係の連鎖を基本単位としつつ，この総有に見られる諸関係が，自然と人間社会との関係において，ひととひととが「共生する」作法として働くなら，この「総有」のモデルは，持続可能な社会の構築，即ち実効力ある世代間倫理の確立のために，ひとつの有力なモデルとなりうることを提示する。もとよりここに示されるのは，世代間倫理を模索する方向性の転換の端緒に過ぎないが，しかしそれは重要な端緒となろう。

はじめに

1970年代の前半に欧米，特にアメリカで登場した環境倫理学の主要課題のひとつに，「世代間倫理（或いは，未来世代への責務）」の問題がある。未だ存在しない未来の人びとへの責務とその人びとの権利という問題は，従来の倫理学が射程内に収めてこなかった問題として，新たな対応を迫られるものと受け止められ[1]，この30年間に肯定的ないし否定的な多くの議論が輩出した。

これまでの世代間倫理の議論の多くは，未来にわたる環境持続性，或いは環境公平性を標榜しつつも，その思考において，未来世代と現在世代を分断し，その上で両者の間を「権利と責務」によって，いかに繋ぐかとの思考を基本的な枠組みにしているが，しかしこの思考の枠組みでは，世代間倫理の確立は望めないのではないか。現に，未来世代が未だ存在しない以上，未だ存在しない人びとの権利とそれに応じる現在世代の責務をいかに解するかをめぐる幾多の困難が指摘されている。勿論，そうした困難を回避するための工夫や議論も行われているが，それは十分な解決を提供しているとは見えない。

そこで本稿では，世代間倫理の既存の思考枠組みを一旦破棄し，世代間倫理が求められる根本の「環境持続性」に立ち戻って，それを確保していく途を，いくつかのモデルを用いて検討してみることで，世代間倫理の取るべき方向性を考えてみることにする。

1．何が問題なのか

以上に述べた問題をもう少し具体的に明らかにしておきたい。

まず取り上げるのは「世代（generation）」という概念である。一体「世代」とはどういう概念なのであろうか。「世代間倫理」の議論では，世代を「過去世代－現在世代－未来世代」の三つに分け，その三世代の間の責務と

権利，特に現在世代と未来世代の責務と権利の存在が問題として論じられている。その責務と権利の存在に否定的な論者もこの枠組みに則っている点では違いがない。しかし，「未来世代への責務」について，初めて明示的な議論を展開したゴールディングも，それを論じるに先立ち，未来世代をどの範囲とすべきかという問題を論じなければならなかったように，現在世代と言い，未来世代と言っても，それぞれの世代が何を指しているか，決して明らかではない。「過去世代－現在世代－未来世代」と言えば，それに応じた何か実体があるかに思い込まされるが，それで一体何を理解すればよいのだろうか。

前述のゴールディングは「責務を有するひとが，文字通り共通の生活を分かち合うことが期待できない世代」を未来世代と呼び，「たとえ今生まれていなくとも，我々と共通の生活を分かち合うことが期待できる子や孫や曾孫」を現在世代に含めるという形で，未来世代の内側の範囲を定め，この問題を乗り切ろうとする[2]。しかしゴールディングのこのやり方にも問題がないわけではない。現時点で現在世代に含まれる孫や曾孫が大人になったとき，その人びとの孫や曾孫が現在世代に繰り込まれることになるが，それは現時点からすれば未来世代に組み込まれていた人びとであった。とすれば，彼の工夫も「現在世代」と「未来世代」を捉えるには十分ではないと言わなければならない。そしてゴールディングが指摘するように，その外側の範囲の問題も存在している。

勿論，問題は「世代」という言葉が何を指すかという概念の曖昧さに留まらない。より重要と思われるのは，次の点である。

いま仮に，未来世代と現在世代について，未来世代は現在世代に対して権利を有し，現在世代は未来世代に対して責務を負うとする。そこでは環境の持続性をめぐる（即ち，健全な環境を持続的に保全することに関する）「権利と責務」からなる道徳共同体が形成されているということになるが，この道徳共同体において，現在世代は未来世代に対して負うその責務をどのように果たすことによって，その道徳共同体の構成員たりうるのだろうか。世代間倫理が倫理としてその実効力をもたなければならないのだとしたら，その

責務がいかに果たされうるかを「世代間倫理」は必然的に含まなければならない。特にそれは「未だ存在しない世代の権利であり，その世代への責務である」のなら，「健全な自然を持続的に保全する」というその責務がいかに遂行されうるものであり，そして存在しない世代が存在するようになるとき，その権利をいかに享受することになるかということを提示できなければならない。

確かに，現在われわれの生活を支え，そしてわれわれが享受している科学技術文明[3]は，かつては考えられなかったほど，空間的にも時間的にも，広範な影響を及ぼし，その影響の結果がすでに自然の荒廃と汚染という無視できない形で惹起されている。しかもそれは，特定のひと（ないし集団）の特定の行為ではなく，われわれの日々の生の営みたる様々な行為が科学技術文明の産物を手段としているが故に，その産物のもつ因子の特性により，思いもよらない形で自他へと大きな影響を及ぼす事態が出来している。そしてその他者がまた，時間的に隔たった未来の人びとともなりうることをわれわれは認めなければならない状況に立ち至っている。その意味で，われわれはわれわれの行為の及ぼす結果に責任があるということになる。但しそれは，個人の行為の結果に対する責任ではなく，科学技術文明の上で生を営む社会の，累積する結果の責任としてであろう。

しかでは，累積する行為の結果の責任を引き受け，いかにして未来世代に対して責務を果たすことになるのか。勿論，端的に「健全な自然を持続的に保全することによってである」と答えられるだろう。ところがそこには「世代間倫理」を構想する上で，極めて重要な事項が潜んでいる。その主要なものを二つ掲げておきたい。

先に，従来の「世代間倫理」の思考枠組みが世代という曖昧な概念と未来世代と現在世代との截然たる区別によっていることを指摘したが，しかし実際のわれわれの社会は，「過去の様々な変容を内に含みつつ，未来へと拡がり繋がっていく流動的な全体」として存在している。実効力ある世代間倫理の方向性を模索するに当たっては，この点を十分考慮に入れる必要がある。

もう一つの注目すべき論点は，健全な自然の持続性（継承性）に関して

は，「自然というもの」の単なる持続や継承ではなく，自然と人間社会との安定した健全な関係性をその内に含むものでなければならないということである。人間にとって「健全な自然のあること」は，その存在の基底的な条件であり，それなしには人間の存在は危ういものとなる。前述のごとく，われわれの生活がそれに依拠している科学技術文明は，広範な形で自然の異変を惹起しているが，それは同時に，われわれの生活が人間にとって，それなしにはありえない自然との健全な関係性を切断し隠蔽する形で希薄にし，或いはいびつにしている。そうである以上，健全な自然の持続性を保全するには，自然と人間との濃密にして健全な関係性を恢復する必要がある。そのことは，未来世代への責務という「世代間倫理」が単に環境倫理のひとつの主題であるのではなく，自然と人間社会との関係という環境倫理に埋め込まれる必要があることを意味している。

　以上に述べてきたことを念頭に置くとき，世代間倫理を単に「現在世代と未来世代との間の責務・権利関係としてのみ考える思考枠組み」を捨てる必要があるのではないか。「世代間倫理」は現在世代と未来世代の間にではなく，むしろわれわれの現在の社会そのものが持続可能性をもった社会として構成されているか否かという問題として考えるべきなのではないかと思われる。持続可能な社会（sustainable society）とは，言うまでもないが，未来を含みつつ，未来への連続性において構想される社会である。こうした社会が近年，様々な形で提唱されるようになったのは，当然，現在の社会が持続可能ではない形で作られ，また一層その方向性を強めているとの理解があるからに他ならない。

　しかし，現在の社会が持続可能な形で作られていないとすれば，それは簡単に言って，「世代間倫理」を否定する形で作られている，或いは未来世代の存在を排除する形で作られているということになる。したがって，一旦分断された「世代」間を責務と権利で結ぶための根拠づけを試みるだけではなく，実効力のある形での「世代間倫理」を構想するには，持続可能な社会の構想にその方向性を求める必要があるのではないか。未来をも何らかの形で含んでいればこそ，それは持続可能な社会なのだから。

上記のことを見定めるために，以下において，いくつかのモデルを取り上げ，従来の「世代間倫理」の考え方との比較考量を交えながら，この方向性について検討を加えることにしたい。

2．「親－子」関係のモデルをめぐって

先に「世代」という概念の曖昧さを指摘したが，「世代（generation）」という言葉は，言うまでもなく，generate という動詞の名詞形であり，ラテン語の genero (inf., generare) を語源としている。「世代」という概念がその故郷を「親－子」関係にもっている以上，「世代間倫理」でこの「親－子」関係における責務と権利が取り上げられるのも当然のことかも知れない。事実多くの論者が，「世代間倫理」における責務と権利を説明するに際して，「親－子」関係を引き合いに出している。その場合，この「親－子」関係がどのような役割を果たすことになるのかを，ここでは検討してみることにしたい。

「世代間倫理」のモデルとする（或いはその根拠づけとする）「親－子」関係は，①「親－子」関係（ないし「祖父母－両親－子」関係）を「過去世代－現在世代－未来世代」に直接的な形で重ね合わせるという仕方でか，それとも②「親－子（親）－子……」という関係の連鎖と看做すか，という二つの形で考えることができよう[4]。勿論，一般には①の形で捉えられ，相互的でない，一方的な責務の遂行である親の子に対する責務の遂行を，同じく相互的でない未来世代への責務へと重ね合わせようとする。しかし親が責務を負う子が「現前する存在」であるのに対して，現在世代が責務を負うという未来世代は「未だ存在しない人びと」である。この点に関しては埋めがたい困難がある。したがって，「親の世代が子の世代に責任を持つように，現在世代が未来世代に責任を持つ」などと，「世代」という言葉の安易な使用に頼って語ることは注意深く避けなければならない。「親の世代(X)は子の世代(x)に責任を持つ」ということは，確かに一般的に言えるとしても，「現に或る子ども(a)に責任を持つ」のは，「特定のこの親(A)」であって，一般的

な「親の世代」ではないのだから。

　むしろ，第1節に述べた「われわれの社会は，過去を含みつつ，未来へと繋がっていく流動的な全体である」との観点からすると，②の捉え方に注目したい。この「親－子」の連鎖という関係は，少なくとも，その関係自身が未来へのかかわりを含んでいる限りで，われわれが「世代間倫理」を考えるためのひとつの有効なモデルとなりうるように思われる。しかしそれはどういうことか。

　「親－子」関係を直接「現在世代－未来世代」の関係に重ねる①の捉え方と対照的に，②の捉え方にあっては「親－子」関係は本来的に連鎖を前提にしている。「本来的に連鎖を前提にしている」ということは，「親－子（親）－子（親）－子……」という，過去から受け継ぎ，未来へと引き継がれていく連鎖の関係が，「親が子に責務を負う」という「親－子」関係それ自身の中に含まれているということである。勿論，この関係は個体としては永遠に存続しえない生物体が，次世代を自分と同形の子として残すという連鎖でもあるが，人間の場合には，「親が子に責務を負う」という形で，その連鎖が作られていくことが重要である。しかしそうだとすれば，この「親－子」関係の連鎖を前提するに当たり，重要なのは「親が子に責務を負う」ということがどのようなこととして行われるかということであろう。

　この責務は，単なる「生存条件の保障」ということに留まらず，いわゆる教育を含む，様々なことに及ぶのは当然のことである。というのは，この連鎖の中で「親が子に責務を負う」ということは，その子を「次の親として自分と同様のものに育てあげる」，或いは「子に対して責任を持つ親に育てあげる」ことを意味するからである。そうでなければ，この連鎖は断ち切られ，途切れてしまうことになるだろう。

　従来の世代間倫理の議論のなかには，「われわれは未来世代の価値観を知りえない」との反論を考慮して，未来世代に対する責務を「生存条件の保障」に限る傾向が見られるが，少なくとも「親－子」関係の連鎖という形で考えるかぎりは，「世代間倫理」を「生存条件の保障」に限定することはできない。「世代間倫理」が或るAの世代を拘束する力――それは正確には外

的拘束力というよりも，内的な構成力として考えられるべきであろうが，――は，次のBの世代をも同様に拘束するのでなければならないとしたら，未来世代がどういう生活（価値観）を選択しようとも――たとえ「世代間倫理」を否定する生活を選びとろうとも，――現在世代は未来世代の生存権を保障する義務を負うとは言えないように思われる。即ち「生存権の保障」というだけでは，②の「親－子」関係の連鎖は持続しえないのであり，この「親－子」関係の連鎖を持続させていく「何か」のなかに，「世代間倫理」が確立されねばならないと考えられる。

　この「親－子」関係の連鎖を作り出し，持続させていく「何か」のなかに生みだされねばならない「世代間倫理」は，ここでは未だ，単に「親－子」関係にのみ限定されているが，勿論「親－子」関係はそれだけで成立しているのではなく，社会（共同体）の中にあってこそ，成り立つわけであるから，さらにそれを社会という場において考察しなければならないが，第1節で指摘したような，「過去の様々な変容を内に含みつつ，未来へと拡がり繋がっていく流動的な全体」として存在している実際のわれわれの社会（共同体）の継続性をつくりだしているその基本単位（原型）が，今極めて簡単ながら確認した，「親が子に責務を負う」という「親－子」関係の連鎖にあるということは確かであろう。

3．「キャンプ地」のモデルから

　社会（共同体）を視野に入れて「世代間倫理」の方向性を検討する前に，「現在世代は存在しない人びとに対して責務をもつと語りうるか（即ち，存在しない人びとは権利をもつと語りうるか）」という問題に対し，キャンプ地のモデルを用いて，その責務と権利の存在を証明しようとしたプレッチャーの議論を取り上げてみたい[5]。それは次に取り上げる，閉じられた共有地との対比を明らかにすると思われる。彼はキャンプ地のモデルを次のように展開している。

「もし私が数日間，或る場所でキャンプを行っていたとすると，私は，そこでキャンプする次のひとのためにその場所を清掃する――少なくとも私がその場所を見つけたのと同じように，きれいなままにしておく――責務があるということは当たり前である。勿論，われわれはその場所を次に使うひとがどこかに存在すると想定するが，しかし，彼／彼女が誰であるか，或いは彼／彼女がその場所をいつ使うかということを知る必要はないのと同様に，それ（次に使うひとがどこかに存在するということ――筆者の補足）を想定する必要はない。われわれは「責務－機能」と呼ばれうる責務をもつ。なぜなら，その責務は未だ特定できない或るひと／人びとへの責務だからである。この場合に，先行する「権利－機能」があるが，それは次のように述べることができる。〈任意の x にとって，もし x がこの場所でキャンプをしたいひとであれば，x はきれいなキャンプ地に対して権利を有する〉。」

(1) プレッチャーの議論の整理と検討

プレッチャーが語ろうとしていることを，続いて述べられていることも含め，整理してみると，重要なのは次の点であろう。プレッチャーは，この責務は次に使うひとが「誰であるか」，「いつ使うか」といった意味での，次に使うひとの特定（identification）を必要としないばかりでなく，「私がこのキャンプ地を後にしたとき，未だ生きていなかった誰かが，私の次に初めてこのキャンプを使う場合もある」とすれば，使うひとが「未だ存在しない（生れていない）場合」でも，或いは「次に使うひとがいない場合」でさえもその責務はあると考えていると思われる。このことは，次に使うひとが存在するか否かは，「道徳的には無関係である」とすることだと考えられよう。

さらに，プレッチャーは，責務を負う相手が特定できない場合の責務を「責務－機能」と呼ぶ。しかもこの「責務－機能」は，先行する「権利－機能」によって生じると考えている。その先行する「権利－機能」については，「任意の x にとって，もし x がこの場所でキャンプをしたいひとであれば，x はきれいなキャンプ地への権利を有する」と述べられている。

すると，論点は二つに整理されることになるであろう。

〔I〕 次に使うひとが「未だ存在しない場合」でも，次に使うひとが「いない場合」でも，自分の使った共有地を以前の状態に保つ責務がある。或いは，次に使うひとが「いるか，いないか」は，自分の使った共有地を以前の状態に保つ道徳的責務があるということとは無関係である。

〔II〕 その責務は，この共有地でキャンプすることに関心がある「任意のxの，きれいなキャンプ地への権利（先行する「権利－機能」）」により発生する。

さて，こうしたプレッチャーの議論は，そのまま承認しうるものであろうか。このプレッチャーの議論に対して，二つの問題を指摘しておきたい。

まず第1に，このプレッチャーに限らず，「現在世代には未来世代への責務がある」と論じる人びとは，手を替え品を替えて，未来世代への責務（とそれに対応する権利）の存在を何とか証明しようとするが，①「未来世代への責務が存在する」ということを証明することと，②「未来世代への責務」が現実に「世代間倫理」としてそこに存在し，一定の役割を果たしているということとは別の問題であるという点である。現実の共有のキャンプ地において，プレッチャーが「当たり前のこと」と言う責務は実際には果たされていないことが多い。従って，「責務が存在する」ということを証明・論証しても，それだけでは問題は解決せず（一向に果たされない責務は，まったく守られない規則と同様に，その力を失うであろう），そうした責務が実際にその実効力を発揮する場面がどのように構築されるべきかということも同時に問題になる。

第2番目の問題——これがプレッチャーの議論を取り上げるより重要な狙いなのだが——は，先の〔II〕に示された，責務の発生にかかわる問題である。〔I〕の「次に使用するひとが存在するか，しないか」は，キャンプ地をきれいにして立ち去る責務とは無関係であるということは，この責務が「次に使用するひと」とは無関係に発生することを意味していると考えられる。しかし一方，プレッチャーは〔II〕に示されるように，その責務は「この共有地でキャンプすることに関心がある任意のxの，きれいなキャン

プ地への権利」である，先行する「権利－機能」により発生する，と考えている。ここにはひとつの問題があるように思われる。

　なぜなら，〔Ⅰ〕では「次の使用者の有無」にかかわらず（その共有地の使用者を前提することなく），責務があると論じるのに対して，〔Ⅱ〕では，その共有地の使用者の存在を前提にして，そのひとの「きれいなキャンプ地への権利」である，先行する「権利－機能」から責務が発生すると考えているからである。事実，プレッチャーは先に引用した彼の言葉の直後に引き続き，「私はこの場合のわれわれの責務はこの権利から生じると強く考えたい。しかし権利と責務は相関的であると私は前提しているので，この問題を解決することは重要ではない」と語っているのである。それなら，〔Ⅰ〕を私が拡大解釈したのだろうか。私はそれを，プレッチャーを引用してその議論を賞讃したパートリッジの解釈に基づいて解釈したのだが。パートリッジは「彼（次のキャンパー）が今，存在しないかも知れないということは，道徳的に言えば，関係がない」と，こう述べている[6]。

(2) プレッチャーの見解の問題点

　私はどう考えるかと言えば，このキャンプ地の場合，〔Ⅰ〕は認めてよいが，〔Ⅰ〕と相容れない〔Ⅱ〕は認められないのではないかと考えている。即ち，パートリッジが言うように，この共有地をきれいにする責務は，「次の使用者の有無」とは道徳的にかかわりがないと考える。しかし，〔Ⅰ〕の責務の発生の根拠とされる〔Ⅱ〕を認めないとすれば，〔Ⅰ〕の責務はどうして発生することになるのか，という問題が問われることになろう。どう考えるべきであろうか。

　〔Ⅱ〕は，「権利と責務の相関」が異なるひとの間で成立することを前提にしているが，この場合そう考える必要はないことをプレッチャー自身の議論の中から示しうる。そのため，〔Ⅱ〕で語られる任意の x に「私」を代入してみよう——x は任意のひとだから，私を入れても一向に構わないはずである。——すると「私 (x) にとって，もし私 (x) がこの場所でキャンプをしたいひとであれば，私 (x) はきれいなキャンプ地への権利を有する」

ということになる。そう考えれば，私が公共の共有地であるキャンプ場をきれいにして立ち去る責務を負うのは，実は私がきれいなキャンプ地への権利を有するからに他ならないということになる。私の義務は私の権利から発生しているのだと言えよう。

　同様のことをキャラハンの議論に対しても語ることが可能である。キャラハンは，現在世代と未来世代の間で，世代間の権利が衝突する場合の問題を取り上げる際に，「権利の過剰行使（surplus-exercise of rights）」という言葉（概念）を造語する。そしてこの過剰行使として，現在世代の権利の行使が認められない状況について，「過剰行使は，われわれが権利を行使するそのやり方が，未来世代が要求するであろう権利——即ち，われわれが今要求するそうした基本的な権利——を危機に晒すと気がつく場合，まさにその点において存在することになると言えるだろう」と，こう述べる[7]。しかし，未来世代の権利の存在をなんとか確保したいために行われるキャラハンのこうした工夫は，逆に彼の議論を覆すことにならないだろうか。というのは，そこで述べられていることは，つづめて言えば，「われわれの権利を行使するそのやり方が，……われわれが今要求するそれらの権利を危機に晒す場合」となるわけで，そうである以上，権利の行使とは，未来世代に言及しなくとも，現在世代の中で片づけられなければならない問題であり，未来世代のために承認されなければならない権利は，われわれが今要求する基本的な権利と同じ権利であるのなら，問われるべきは未来世代との関係におけるわれわれの権利行使のやり方ではなく，「われわれが今要求するそれらの権利を危機に晒すようなわれわれの権利行使のやり方」であるということは明らかである。

　今の場合もこれとまったく同様で，私が公共の共有地であるキャンプ地を汚したままに後にすれば，それはとりも直さず，私の有しているきれいなキャンプ地を使用する権利を侵すことになるのである。「私がきれいなキャンプ地を使用した」ということは単なる事実ではない。それは「私のきれいなキャンプ地を使用する権利の行使」なのである。権利という言葉は，当然その行使をもって初めて意味をもつ。永遠に行使されない権利も，行使でき

ない権利も権利としては看做されないであろう。

　われわれがきれいなキャンプ場を使用しているとき，われわれはきれいなキャンプ場を使用する権利を行使しているのであり，逆に汚れたキャンプ場でキャンプすることを余儀なくされるとき，きれいなキャンプ場でキャンプする権利を侵害されている。勿論，汚れたキャンプ場でキャンプすることを余儀なくされるとき，われわれはきれいなキャンプ場でキャンプする権利を，他人に侵害されている。私の権利は他人に侵されることもあるし，またそうした場合も多い。しかし私がキャンプ場をきれいにして立ち去る責務の根拠は，きれいなキャンプ場を使うことに関心を有する任意のひとの権利から生じるのではなく，何よりもまず，きれいなキャンプ場を使う自分の権利から発生していると考えられる。だからその責務の放棄は，まずもって自分の権利の否定なのであり，そして同時に，自分と同じ道徳的身分を持つ他人の権利の否定なのである。われわれはしばしば，汚したままで公共の共有地であるキャンプ地を立ち去ろうとする者に対して，「そういうひとにキャンプ地を利用する資格はない」と言うが，この言葉は「自分の責務を放棄する者は，また自分の権利を放棄することになる」ことを語っている。自分の責務の否定は，同時に自分の権利の否定であり，自分の権利の行使は責務の発生の根拠でもある。それ故，きれいなキャンプ場を使用した（権利を行使した）私には，そのキャンプ場をきれいなままに残す責務が発生するのである。

　ところで，プレッチャーがキャンプ地のモデルを用いて未来世代の権利を根拠づけようとした意図は明らかである。この地球は誰かの私有物ではなく，未来にわたって多くのひとがこの地球を利用し，ここに棲まう。つまり不特定多数の使用が予想され，また不特定多数の人びとが利用してきた。それ故，彼もキャンプ地のような公共の共有地をモデルとして選んだと思われる。しかし，ハーディンの「共有地の悲劇」の指摘を俟つまでもなく，公共の共有地で不特定多数の人びとの利用という点からすれば，よしプレッチャーの立論が正しいと仮定しても，「責務がある」と指弾するだけで，その自然の持続性を維持することは困難であろう。プレッチャーの「キャンプ

地」のモデルでは,「清掃 (clean up)」だけが問題であるが, その場所の生物資源や土地や水等の使用を考慮に入れれば, 環境の持続可能性は保障されないと言わなければならない。オープン・アクセスでの人間と自然との関係を考える限り,「世代間倫理」の標榜する持続可能性の維持は覚束ないのではないか。

4.「総有」という関係

以上の二つのモデルの検討の結果を, 特にキャンプ地といった共有地との対比を念頭に置きながら, 次に「総有 (Gesamteigentum)」という関係の検討に入ることにする。

入会権, 入漁権, 入浜権, 共同漁業権, 水利権などの権利は, 先に見たオープン・アクセスの共有地の利用と異なり, その権利が行使できる人びとが特定の人びとに限られたものであり, また慣行の権利として認められているものである。こうした入会権ないし入会権的権利は「総有」とも呼ばれるが, 法学の専門家によると, 総有とは「農業－漁業共同体に属するとみなされる土地 (牧場・森林・河川・水流等) を, その構成員が共同体の内部規範により共同利用するとともに, 同時に共同体自身がその構成員の変動をこえて同一性を保ちつつ, その土地に対し支配権をもつところの共同所有形態」[8], ないし「単に多数人の集合にとどまらない一個の団体が, 所有の主体であると同時にその構成員が構成員たる資格において共同に所有の主体であるような共同所有」[9] と規定されている。そして, この「総有」の権利の主体である団体は,「実在的総合人 (die reale Gesamtperson)」と呼ばれ,「多数人の団体であって, その構成員の変化によって同一性を失わないことは法人と同じであるが, 法人のように構成員と別個の人格を持たず, 構成員の総体がすなわち単一体と認められるもの」といったように規定されている。

こうした法学における規定については, さらにその構成員がその地域に棲まい続けるという「構成員の地域定住性」と, 構成員がその地域で生活して

いく上で，その地域の資源を一定のやり方で利用するという「地域資源へのかかわり」という性格づけをつけ加えることが是非必要である[10]。以上のような形で規定される「総有」および「総有の関係にある共同体」をめぐって，われわれが現在の問題を考える際に，いくつかの非常に興味深い観点があるように思われるので，次にこの「総有」の関係を「個と全体」，さらに「権利と責務」という二つの観点から検討してみる。

(1) 「総有」関係における「個と全体」

「個と全体」の関係が「総有」のなかでどのように考えられるかを検討してみよう。まず最初に，「総有関係にある或る共同体は，実在的総合人であり，共同体（全体）は他に対して排他的であるが，その構成員に対しては実在的総合人の持つ権利を構成員に平等に分け与える」ものであることを確認しなければならない。これは「外へは閉じられ，内には開かれている」という関係と言うことができる。総有のもつこの関係は，共時的に限られた資源の更新性を保障する構造をもつものである。というのは，誰もが使用することのできるオープン・アクセスの共有地であれば，その限られた更新性の資源は，常にその許容量を超えて利用される可能性があるからである。例えば，毎年100人分しか養えない生物資源を1,000人の人が使用するとすれば，その生物資源の更新性は破壊され，健全な自然は失われるだろう。従ってうまく使えば，更新性により，通時的には永続的に使える，共時的には限定された資源は，その使用者が更新性の許容内に限定されてこそ保全されることになる。そこでは「外へは閉じられ，内には開かれている」という総有のあり方が重要となる。

総有の関係が設定されている場所の生物資源は，場所が限られている以上，その量も限られている。しかし使用者が限定されており，そしてそこに使用に関して更新性に配慮する内部規範があれば，その生物資源は保全され，その資源をその総有の構成員は平等にかつ持続的に使用することが可能になる。その意味で，この「総有」という関係のモデルは，未来を含む形で成立していたということができよう。そこには或る種の「世代間倫理」——

勿論，その名で呼ばれることはなかったが，――があったと考えるべきである。さらにこの関係は，実在的総合人を構成する人びとが移り変わっても，共同体全体として同一性を保つ点においても，未来を含むものであったと言うことができよう。

歴史的に見ると，入会権や共同漁業権などの「総有」の関係が，こういう形で成立してきたことは，或る意味で当然のことかも知れない。というのは，そういう関係が成立していなければ，つまり生物資源の保全ができる体制がなかったとしたら，現在ほど他所から生物資源を移入できなかった共同体は，たちまち崩壊の危機に晒されたであろう。

(2) 「総有」関係における「権利と責務」

次に，この「総有」関係において，権利と責務はどのように捉えられるのかを検討してみよう。この「総有」の構成員は，共同体以外には排他的に，しかし内部には生物資源を平等に使用する権利（水利権も含めて）を有する。「総有」関係にあるその共同体の人びとは，例えば「薪や山菜やきのこや魚や海藻」などを採取し，利用する権利を有するが，この権利には同時に，暗黙の（tacit）慣習的な規制や制約が懸かっている。それは「乱獲・乱伐・取りすぎ」に対する制限であり，責務ないし義務と考えられる。「自分の縄張りをもち，他のひとの場所は侵さない」という暗黙の掟がある場合もあるし[11]，他にも様々な規制や慣習がある。例えば，「口開け」と呼ばれる解禁の時や禁漁の時，採取の方法，1日の採取量，運搬方法等である。この「総有」の関係は，様々な生物資源や水等をめぐって，地方により多様であるから，その規制や慣習や掟も様々であることは言うまでもない[12]。今問題なのは，その多様性を考察することではなく，そういう規制や掟が，全体としてみれば，結局は資源の涸渇を防ぐ形で働いていたという点，そしてそうした規制や掟という形の責務・義務は，他者に対する責務としてというよりも，むしろ「自分の次の権利の行使のためのもの」であったという点である。即ち，この「総有」という関係のモデルに従って，その責務・義務を考えるなら，その責務は明らかに「自分の次の権利行使に基づいている」と考

えねばならない。

　こう言えば，「自分の利益のみが保全されれば，それでよい」という，ある種の「利己主義の主張」と受け取られるかも知れないが，それは決してそうではない。「総有」の関係にある構成員のそれぞれの資源利用の権利は，当然「その人びとが総有関係にある共同体の構成員である」ということから発生している。そしてこのそれぞれの構成員の権利が侵害されないために，採取場所のテリトリーや先に述べたような規制や掟が設定されている。しかし，こうした規制や掟を侵害することは，実は「その共同体の構成員であること」を否定することに他ならない。だから，こうした規制や掟の侵害は，確かに他人の権利の侵害（他人の利益を損なうこと）にもなるが，それは「共同体の構成員（資源利用の権利の行使者）であることの否定」であるという点が大切なのだと思われる。

　従って，こうした規制や慣習を守る責務は，「その人びとが総有関係にある共同体の構成員（資源利用の権利の行使者）である」ことから発生しており，その共同体の構成員であることのなかに，その責務が含まれている。そしてこの「その人びとが総有関係にある共同体の構成員である」ことは，その「総有」関係が目指している「構成員のそれぞれの持続的な資源の良好な利用」によって実現されるものであれば，基本的にかつ直接的には，構成員のそれぞれの責務はその権利から発生していると言わなければならないだろう。逆に言えば，この「乱獲・乱伐・取りすぎ」をさし控える責務を果たさないことは，同時に「自分の利用権の行使の否定」ということになる。

　さらに，自分がそれを利用することで生活しつづけることが可能な方法の内に，当然その総有の関係のなかに入ってくる次世代への責務が含まれていると言うべきである。自分の生活が持続不可能なやり方は，言うまでもなく，次世代の生活も持続不可能になるであろう。従って，この「総有」の関係のモデルでは，自分の生活のやり方のなかに，「世代間倫理」の始まりはあると考えられる。もしこの「総有」関係のなかにいるひとが，生物資源を利用しつつ，「来年（将来）のために，今過剰な利用をさし控える」のなら，まさしくその「権利の行使と責務の遂行」の内に，この総有の関係は未来を

含み，持続性をその構造として持ち合わせていると言えるからである．

5. そこから見えてくるもの

　以上のように，私が「総有」というモデルを用いて「世代間倫理」を考える方向性は，欧米を中心とする従来の「世代間倫理」を考える方向と大きく異なる．私は何よりもまず，現在の社会（共同体）が，持続可能性，即ち未来性を含むものでなければならないと考えている．もとより，こうした問題の方向性を見定めるために，「総有」という関係をモデルとして取り上げたのは，決して歴史的な総有の関係や共同体に後戻りし，それを再現すればよいと考えているからでない．「(問題なのは，) 近代社会は長い時間を支えるシステムの創造に失敗した，ということのほうにある．近代化の歴史は，かつての伝統社会がもっていた長い時間を支えるシステムを変革の対象に据えながら，自らはそれに代わる長い時間を支える方法を創造してこなかった」[13] という指摘に私は賛意を示したい．

　「世代間倫理」として考えなければならないのは，かつての伝統社会がもっていた長い時間を支えるシステムと同様の，或いはそれに代わるシステムを我々の社会にいかに生みだすかということである．そのためには，長い時間を支えるシステムの創造を怠ってきた現代の社会とは何かを問うことが必要である．とりわけ，社会構造を大きく変貌させ，現代社会を支えている科学技術文明のもつ意味を，差し当たり，①その科学技術文明それ自身の何たるか，そして②その科学技術文明が「人間と自然との関係性」にもたらした影響，の両面から問う必要がある．①の「科学技術文明の何たるか」に関して，詳論する暇はないが，それがほぼ隅々まで化石資源，特に石油に依存したものであり，石油という良質の資源の範囲内に留まるものでしかないことは認識しておかなければならない[14]．一方，②の「科学技術文明が自然と人間との関係性にもたらした影響」については，それが「自然と人間の関係」を極めて希薄にし，歪める形で，われわれの社会の持続可能性（＝長い時間を支えるシステムの内在）をむしろ否定する方向で働いていること

は間違いがない。この点に関しては，われわれの社会の持続可能性に「世代間倫理」を求める方向性からすれば，先に見た「総有」のモデルを参考に，どれだけのことが言えるかを簡単ながら検討しておかなければならない。

　環境の持続性に関して，「総有」のモデルがわれわれに示している大切なことのひとつは，その地域に棲まう人びとが，その地域の自然（資源）と，更新性を損なわない適切な関係を保ちながら，生活し続けるということが環境の持続性を保障したという点である。この点から見れば，われわれの社会がほぼ環境持続性を失っていることは明らかである。われわれは或る一定の地域に棲まいながら，しかしその地域の自然とは殆どなんらのかかわりも取り結ばずに生活している。都市生活者に限らず，農山漁村での生活でさえ，すでにその様相を濃厚に帯びている。もとよりそうした生活を可能にしているのは，言うまでもなく科学技術文明であるわけだが，その関係を質し，自然へのかかわりを恢復し，或いは新たな関係を生みだしていかないかぎり，その地域の環境持続性を維持し，世代間倫理を確立することは不可能であろう。このことは，健全な形で自然環境を継承しつづけることを標榜する世代間倫理が，決して，自然を手つかずのままに放置することの内にではなく，自然と人間社会との適切な関係の内にあることを意味している。この関係を今，基層文化と呼ぶなら，環境持続性，そして持続可能な社会はこの基層文化の成立に求められなければならない[15]。

　このように考える際に，要となるいくつかの点があるので，それを掲げておきたい。

　まず，環境の持続性を保障するには，限られた一定地域が単位とならなければならない。というのは，上記のように，環境持続性がむしろ自然と人間社会との関係のなかで保障されるとすれば，地域により自然は異なるわけだから，当然そこで生みだされる自然の人間社会との関係は自然の異なる地域に応じて異なるものとなるからである。しかしその場合，一定の地域とは何を指すのか。歴史的には或る範囲の森林や地先の海域がその対象であったが，その点については，自然と人間社会の関係や人間同士の関係が安定した状態で成立しうる場所とまずは考えられる。それに加えて，さらに生態系の

循環，或いは生命系の相互依存的関係を単位とする「環境の単位」を考慮する必要があろう。同じ流域に属する源流部の山村と河口に位置する漁村では，自然が異なれば，そこに成立する基層文化も異なるであろうが，山村の自然の荒廃が漁村の豊饒な生産力をも奪うことになる以上，「環境の単位」という捉え方もまた極めて重要なのである。したがって，地域を何か固定的に考える必要はないが，「環境の単位」を中心にして，一定の限定的な空間を単位としなければならないし，様々に自然条件を異にする地域を単位として成立する自然と人間社会との関係はどこにおいても通用する関係ではなく，それぞれの地域において独自のものとして成立することになる[16]。

第2に，環境の持続性が保障されるには，その地域に生みだされる自然と人間社会の関係が世代間で伝承されていく必要がある。その伝承の基本単位（原型）は，先に見た「親－子」関係であると考える。親が子に責務を負うという「親－子」関係の連鎖が，過去から未来へと繋がっていく流動的な全体として，われわれの社会（共同体）の継続性を生むわけだから，自然と人間社会の関係の継承もその基本単位はこの「親－子」関係にある。とはいえ，「親－子」関係はあくまでその基本単位であり，原型であるから，その継承関係の実際は「親－子」にのみ限定されるわけではない。しかしこの自然と人間社会との関係の継承もまた，科学技術文明によって，われわれと自然の関係が希薄になり，切断されるようになったとき，途絶えつつある。その継承が忘却されるとき，自然と人間との剥離は決定的なものとなり，次世代にとって自然は，自らがそれによって養われるような存在ではもはやなく，極めて漠然とした抽象的なものとなるだろう。環境の持続性は自然と人間の豊かで健全な関係の継承を必要とするだろう。

第3に取り上げるべきは，「総有」のモデルにおいて「権利と責務」の関係として見たことであるが，その権利の特質と責務の意味については，前節で述べたので，多くを繰り返すことはさし控えるが，次の点は確認しておきたい。不特定多数の使用を前提にするオープン・アクセスの共有地と私有地の間に位置する「総有」という関係――それはしばしば，タイトなコモンズとも呼ばれる――において重要なのは，構成員のそれぞれに与えられる

利用の権利はまた，集団的権利でもあるという点である。構成員それぞれの権利はそれだけで成立するのではなく，同時に集団的な権利としても成立しているということになる。換言すれば，自然と人間との関係としての資源利用の権利が，同じく資源を利用する他の構成員の存在を前提として成立しているということである。それが何故重要なのかと言えば，資源を利用して安定的・持続的な生活を営むことが，その「総有」関係にある他者の同様の生活の営みを当初から内に含んでいるからである。即ち「総有」関係にある社会（共同体）は単なるひとの集まりではなく，自然と人間とのかかわりにおいて，ひととひととが「共生する」作法を含んでいると言ってもよいであろう。歴史的な「総有」関係を離れてもなお，自然と人間社会の関係において，ひととひととが「共生する」作法を築くことが可能なら，そこに環境の持続性もまた保障される可能性をもつことになるだろう[17]。

「世代間倫理」は，以上に見てきたような，「自然と人間社会の持続的な関係の確立にある」のであって，決して「現在世代と未来世代」の間の「責務と権利」の存在証明をめぐる議論の内にあるようには思えない。勿論，われわれに見えてきたものは，未だ「世代間倫理」を語るその端緒でしかなく，未検討の事柄が数多く残されている。しかし，それは従来の「世代間倫理」の方向性からすれば，方向転換の重要な端緒でもあろう。

注

1）この点については，例えば，プレッチャーの「われわれの行為の射程の長い（場所的かつ時間的）影響の理解が増すにつれ，人の行為の有害な影響を無視することは，そこに存在するかも知れない〈権利－機能〉を，道徳的に責務を果たしえない形で侵害することの受け入れ可能な言い訳とはもはやならないだろう」（Pletcher, p. 170），或いはパートリッジの「わずか一世代ほど前なら，われわれの多くの記憶にあるように，われわれの世代の継承者に対する影響は，全体として人間の予言能力と力を超え，かくしてその道徳的能力のうちにはなかったと，われわれは無邪気に信じることができた。もはやそうではない。現代における予見と力の進展によって，それに対応する道徳的責任は拡大することになっている。……そして最近の科学的知識と技術的能力の進展に伴い，われわれは無知や無能という言い訳の背後に身を隠す能力を失い

つつある」(Partridge, pp. 47-8) という語り方を参照されたい。Galen K. Pletcher, The Rights of Future Generations, *Responsibilities to Future Generations*, *Environmental Ethics*, ed., E. Partridge, 1981, Prometheus Books. Ernest Partridge, On the Rights of Future Generations, *Upstream/Downstream, Issues in Environmental Ethics*, ed., D. Scherer, 1990, Temple University Press.
2) Martin P. Golding, Obligations to Future Generations, *Monist* 56 (January 1972), reprinted in *Responsibilities to Future Generations*, *Environmental Ethics*, ed., E. Partridge, 1981, Prometheus Books, pp. 61-2.
3) 「科学技術文明」という言葉は、ここでは伝統技術と対比される科学技術による工業社会と、それと双子の資本制商品経済の両者を含む形で用いている。
4) Daniel Callahan, What Obligations Do We Have to Future Generations?, *American Ecclesiastical Review* 164 (April 1971), reprinted in *Responsibilities to Future Generations*, *Environmental Ethics*, ed., E. Partridge, 1981, Prometheus Books は、現在世代の未来世代への責務を根拠づける際に、子に対する親の責務を親から受けた「恩」がえしと見る、R. Benedict, *The Sword and the Chrysanthemum* を引用して、「親－子」関係を直接、現在世代の未来世代への責務と重ね合わせる。しかし、彼の同じ論文の別の箇所では、「親－子」関係を連鎖にみる見方も示しているように思われる。
5) Pletcher, *op. cit.*, p. 168.
6) Partridge, *op. cit.*, pp. 57-8.
7) Callahan, *op. cit.*, p. 83.
8) 川島武宜著『民法（Ｉ）』（有斐閣、1960年）、136ページ。
9) 広中俊雄著『物権法（下巻）』（青林書院新社、1967年）、299ページ。
10) この点は、熊本一規「持続的開発をささえる総有」（中村尚司・鶴見良行編著『コモンズの海――交流の道、共有の力』（学陽書房、1995年）所収）に学んだ。
11) 畠山重篤著『リアスの海辺から』（文藝春秋、1999年、60ページ）は、「（松茸取りには）それぞれ自分の縄張りがあり、ほかの人の場所は侵さないという暗黙の掟がある。親子でも教えないようで、とうとう教えないで死んでしまった、という話をよく聞く」という話を紹介している（引用文の括弧内は筆者の補足）。
12) 歴史的な入会権ないし入会権的権利、或いは総有の関係は、極めて複雑な様相を呈しており、決して単純ではない。この点に関する最近の研究については、北条浩著『入会の法社会学（上・下）』（御茶の水書房、2001年）が詳しく論じており、参考になった。
13) 内山節著『時間についての十二章――哲学における時間の問題』（岩波書店、1993年）の273ページ（引用文の括弧内は筆者の補足）。
14) 現代の科学技術とそれに支えられた経済活動が、石油という良質の資源の範囲内に留まること、そしていわゆる代替エネルギー開発と呼ばれているものもその範囲を超えるものではないことについては、河宮信郎、槌田敦、室田武諸氏の著作を参照されたい。特に河宮氏は熱力学と材料科学の観点から、現行の科学技術の限界を正確に分析している。河宮信郎著『必然の選択――地球環境と工業社会』（海鳴社、1995

年)，槌田敦著『資源物理学入門』(日本放送出版会，1982 年)，槌田敦著『熱学外論——生命・環境を含む開放系の熱理論』(朝倉書店，1992 年)，槌田敦著『石油と原子力に未来はあるか——資源物理の考え方』(亜紀書房，1978 年)，室田武著『雑木林の経済学』(樹心社，1985 年)，室田武著『物質循環のエコロジー』(晃洋書房，2001 年) など．

15) 自然と人間の二項対立的関係においてではなく，自然と人間のかかわりのなかで，自然の健全な持続性を考えるべき点に関しては，詳論の暇はない．この点については，拙稿「環境問題と文化」(長崎大学文化環境研究会編『環境と文化——〈文化環境の諸相〉』九州大学出版会，2000 年所収) 及び「自然の価値——景観の意味」と「文明と文化」(両者は長崎大学文化環境／環境政策研究会編『環境科学へのアプローチ—— 人間社会系』九州大学出版会，2001 年所収) で比較的詳しく論じたので，参照いただければ幸いである．

16) もしそうだとすれば，自然と人間社会との関係という「環境倫理」に埋め込まれるべき「世代間倫理」も，自然の異なりに応じて成立する「環境倫理」に対応して，それぞれの地域で異なる形で成立することになり，普遍的な形で「世代間倫理」を構想することはできないことになるだろう．この点に関しては，差し当たり，鬼頭秀一「地域運動ささえる環境倫理の可能性——参照枠 (レファランス) としての役割」(『理論戦線 60』実践社，2000 年，46-59 ページ) 及び鬼頭秀一著『自然保護を問いなおす——環境倫理とネットワーク』(ちくま新書，1996 年) を参照されたい．

17) 従来の「世代間倫理」との論述上の整合性を意識して，「総有」についても「権利と責務」という言葉をこれまで用いたが，この「総有」が実際に機能している場面では，むしろ「作法」という言葉で表現することが適当かも知れない．

＊本稿は，平成 14〜15 年度の科学研究費 (研究課題:「人間と自然の関係性としての環境倫理の基礎的研究」，課題番号: 14510047) による研究成果の一部である．本稿が形づくられる過程には，長崎大学大学院環境科学研究科の「環境倫理学特講 II」(平成 14 年度後期) において，「世代間倫理の諸相と可能性」と題し，ゴールディング，キャラハン，パーフィット，プレッチャー，パートリッジ，加藤の各氏の「世代間倫理」に関する見解を詳細に検討して，「世代間倫理」の方向性を見定めようとした講義ノートがあり，本稿はこの講義ノートの一部に大幅な加筆・修正を加えたものである．月曜日，朝一番のこの講義を熱心に聴講してくれた，荒木，小西，佐藤，高山の四氏の大学院生には深謝したい．

第 3 章
孟子と荘子の環境に対する理解・態度

高 柏 園

要　旨

　人は環境の一部分であり，環境を離れては存在し得ず，従って環境問題は人にとって永遠に避けられない問題である。しかしながら，このような理解は，一般的な見方に過ぎず，人と環境との特殊性を語り得てはいない。なぜならば，人間以外の存在にとっては，時空性は単に時空性に止まり，時空性は必ずしも歴史性を意味していない。歴史性というものは，明らかに人間の自覚的意識及び価値意識を前提とするもの，つまり精神性というものがその中に含まれているものなのである。従って，人間にとっては，環境変化というものは，単なる事実の変化ではない。それは同時にまた，ひとつの価値的な意義を含んだ歴史の変遷，文化の歴程なのである。人間の自覚的意識と価値意識は，歴史文化に表現され，歴史文化は，個人の生命の反省以外に，人と環境との関わり合いの上に表現される。故に，人の環境に対する理解は，まさしく人の歴史文化に対する理解の反映であり，異なる歴史文化は異なる環境観と環境理解をもたらす。

　人文精神は，中国文化の伝統的な基本精神であるが，環境問題が日増しに深刻となっている今日，人類は，環境問題の核心的な起源が，まさしく人間そのものにあり，それも人間が自らを是とする自然に対する支配的態度の影響が最も大きいという点を自覚・反省するようになった。これがつまり，「人間中心主義」の議論である。そこで本稿は，人文精神と人間中心主義との関係を明らかにし，そこから儒教思想と道教思想との差異，及びそれらの環境に対する理解・態度の違いを見定めたい。孟子と荘子の文化観，価値観を通して人間中心主義の諸々の可能性を対比し，儒家と道家の環境問題に対する態度と立場とを説明しようと試みる。儒者は積極的な人間中心主義であり，道家は消極的な人間中心主義であるが，両者の言う「人間」とは，どちらも一般的な意味での「人間」ではなく，高度な精神修養と文化内容とを備えた人間であり，だからこそ，環境が現実の欲望によって左右されることを避けることができるのである。また，儒者は，「親に親しむ」→「民を仁しむ」→「物を愛す」というように順次環境との合一を実現していく立場であるのに対して，道家は，〈文化治療学〉を以て基調と成し，中心論を抜け出すという方法でもって人類の偏執や錯誤を免れるという立場であった。何れにしろ，両者の思想は，我々が21世紀の環境問題に向き合うとき，大いに参考に資することのできるものであると言えよう。

はじめに

　人間は有限な存在であり，この有限性は，人間がその身を置いている環境によって証明することができる。人の生命は時間的に有限である。故に人には歴史性というものがある。人の生命は空間的にも有限である。故に人には地域性というものがある。人が時空的存在であるということ，つまり人が歴史的かつ地域的存在であるということは，人が環境的存在であるということ，つまり人は環境の一部分であり，環境を離れては存在し得ず，従って環境問題は人にとって永遠に避けられない問題であるということを物語っている。

　しかしながら，このような理解は，一般的な見方に過ぎず，人と環境との特殊性を語り得てはいない。なぜならば，単に人間のみならず，あらゆる存在が同じように有限な存在であり，それ故，必然的に時空に制限されているからである。従って，人の特殊的地位は，別の方面から説明されなければならない。では，人の特殊性，それは何かと言えば，自覚的意識と価値意識である。人間以外の存在にとっては，時空性は単に時空性に止まり，時空性は必ずしも歴史性を意味しておらず，歴史性というものは，明らかに人間の自覚的意識及び価値意識とを前提とするもの，つまり精神性というものがその中に含まれているものなのである。人間以外の存在にとっては，生存の過程は，ひとつの時空変化の過程，つまり一つの事実に過ぎない。ここには価値的判断は存在しないし，求められてもいない。ところが人間にとっては，環境変化というものは，単なる事実の変化ではない。それは同時にまた，一つの価値的な意義を含んだ歴史の変遷，文化の歴程なのである。人は，周りの存在を単なる事実として掌握をするだけでなく，同時にまた周囲の存在に対して価値的判断を下し，創造的な働きかけを行う。これが明確に表現されたものが人間の文化と歴史に他ならないのである。言い換えれば，人間の自覚的意識と価値意識は，人の歴史文化に表現され，歴史文化は，個人の生命の反省以外に，人と環境との関わり合いの上に表現される。故に，人の環境に

対する理解は，まさしく人の歴史文化に対する理解の反映であり，異なる歴史文化は異なる環境観と環境理解をもたらす．本稿の主な目的は，孟子と荘子の思想を通して，彼らの有する環境観を振り返り，特に人間中心主義の持つ種々の問題に対して検討を加えることである．その理由を述べれば以下のとおりである．

　①　環境問題と言っても，その範囲は広く，環境科学技術の問題，資源分配の問題，環境保護の問題，環境倫理の問題等，多岐にわたる．これらの問題それぞれが個別の問題及び研究領域を有しているわけだが，それも最終的には一種の価値観と態度の問題に帰着するものであり，取捨選択の最終的根拠の問題は，まさに一種の文化と価値をめぐる問題である．生物環境という角度から言えば，生物の種類の多寡は，生態の健全さの程度を表しており，種類が多く，豊富であればあるほど，生態系が活発で健康であるということを示している．文化の場合も同様のことが言える．文化の種類が多ければ多いほど，人類の智慧が多元的で，豊富であることを示しており，人間の単一的，独断的思考形式や価値観を免れることができることになる．もしそうならば，それぞれの文化が，いずれも，その文化特有の思考形式や価値観を全人類に提供し，参考に資する権利と義務とを有していることになり，中国文化もその中の一つであると言えよう．

　②　儒教・道教・仏教の三つは，中国文化を形成している主たる要素であるが，その中で儒教を最も決定的，代表的なものと見なすことができる．本稿では，特に儒家の孟子と道家の荘子とを取り上げて比較したい．もちろん仏教も，印度から中国に伝わり，大乗仏教は，既に中国文化独特の産物となってはいるが，しかし，基本精神という面から言うならば，中国文化の特徴は，やはり，儒教と道教に最もよく現れている．孟子と荘子は同時代の人物であり，また，彼らは，それぞれ儒家，道家の思想を十分かつ完全に展開しており，比較の対象として極めて相応しいと思われる．

　③　人文精神は，中国文化の伝統的な基本精神であるが，環境問題が日増しに深刻となっている今日，人類は，環境問題の核心的な起源が，まさしく人間そのものにあり，それも人間が自らを是とする自然に対する支配的態度

の影響が最も大きいという点を自覚・反省するようになった。これがつまり，「人間中心主義」の議論である[1]。そこで本稿では，人文精神と人間中心主義との関係を明らかにし，そこから儒教思想と道教思想との差異，及びその環境に対する理解・態度の違いを見定めたい。

1．環境と人間中心主義

(1) 環境の定義

　環境は，基本的に相対的な概念である。つまり，あるひとつの存在について言えば，それ以外のあらゆる存在は，みな環境ということになる。我々は，伝統的な論理学の排中原理を用いて，ある対象とその環境との総和があらゆる存在あるいは宇宙であり，その間にいかなる存在もあり得ないと指摘することができる。同時にまた，環境には階層上の区別があり，我々は異なる要求に基づいて，環境の範囲を相対的に限定することもできる。これは数量上の規定である。環境の実質（内容）について言えば，自然環境はもちろん環境であるが，人文環境もまた環境である。両者はいずれも，人間の存在にとって，欠くことのできない重要性を持っている。言い換えれば，環境は，対象として，我々が，異なる要求と基準に基づいて，種々の区分や説明ができるものなのである。ただ，人間は，産業革命以来，科学知識と技術革新という文明方式により，元来の自然環境と生態系に大きな衝撃を与えてきたため，環境問題を議論する時，往々にして自然環境上の問題を重んじ，人文環境の劣悪化，切迫してきた現状を顧慮するだけの暇がなかったように思われる。実際，上述の環境に対する種々の区分は，みな相対的，一時的なもの，つまり方法上の便宜によるものに他ならない。我々は，ある目的や要求に応じて，環境を様々に区分したり定義したりすることができるが，実際には，環境とは元来ひとつの総体的なものである。故に，もし我々が，一時的・相対的な区分を，環境本来の姿だと誤認するならば，自然と人文との絶対的対立を生じ，ひいては我々の環境に対する誤った理解をもたらすことになるであろう。我々は，自然環境の重要性を否定しはしないし，また自然環

境の保護が差し迫った問題であることも事実である。しかしながら，それと同時に，人文環境もまた，克服しなければならない数多の危機を包含しているということも軽視できない。例えば，自然環境の破壊がこのようにひどくなった原因は，人間の自然資源に対する要求と消費とにあり，人間が，このように大量の要求と消費をなすに至ったのは，決して生存上の必要からではなく，種々の人文上の価値観がしからしめたのである。人は単に生存を求めるのみでなく，生存の方式及びその内容如何を問題とする。ここに人間の無限の発展と追求とが始まる。現在の資本主義と消費主義は，その最も明らかな実例である。従って，自然環境を保護することは重要であるが，もし，それと同時に，人文環境及びその価値観を調整することができるならば，環境に対して十分積極的でプラスの影響を及ぼすことができるものと思われる。

　要するに，環境とは，有限な存在を前提とする対象であり，有限な存在以外の一切は，自然であろうと非自然であろうと，みな環境の一種である。その意味では，環境は，一つの純然たる事実概念であるが，しかしながら，人にとってはこれに止まらず，環境は依然として強力な価値と意義とを有するものなのである。

(2)　人と環境との関係

　『荘子』秋水篇には，荘子と恵施との間で交わされた，人は魚の楽しみを理解することができるのかどうか，人は他人の感じている世界を理解することができるのかどうかという一連の議論が記載されている。この問題に対しては，さまざまな議論の仕方や重点の置き方ができるであろうが，その中の重要な問題のひとつは，「他人のこころ」（other minds）の問題であると言えよう。この問題の要は，我々は，他人の心が感じたものを理解できるかどうかということである。荘子は魚のことを本当に理解できるのか。恵施は荘子のことを本当に理解できるのか。本文では，この議論以上の問題には立ち入っていないが，ただ環境問題について言えば，人間だけが環境問題を提起できるようである。これは決して人間以外の存在には，環境問題がないという意味ではなく，環境問題は，人間以外の存在にとっては，十分に自覚・反

省された問題ではないということである。我々は，牛やライオンではない。確かに，彼らが環境に対する自覚と反省を絶対に持っていないということを証明するすべはない。我々は，ただ彼らが自覚と反省を有するということを主張するだけの十分な理由を持っていないというだけに過ぎない。従って，この点については暫く置いて論じないこととしても問題ないであろう。

　自覚性という点について言えば，環境問題は，専ら人に関わる問題であり，人間であって，はじめて自己以外の存在に対して充分な自覚を持ち，環境意識というものを生ずる。その意味では，「人は環境的動物である」と言っても過言ではない。同時にまた，人は自由な存在であり，生活上，常に選択をしていく必要がある。故に，環境問題は，人にとって，単なる事実問題に止まらず，ひとつの価値問題でもある。言い換えれば，人は可能性の中から選択していくように運命づけられている，つまり，環境に対して取捨選択を加え，環境問題を避けることのできない価値問題とするように運命づけられているのである。環境を事実問題とすれば，我々の関心は自然環境となるが，環境を価値問題として捉えれば，我々は人文環境面における反省を重視するようになる。人間の自然環境に対する態度の如何は，人間がどのような価値観を持っているかによって決まる。従って人文環境面における反省の方が，自然環境の保護より，価値的にも論理的にも優先されることになる。問題は，まさしくこの点にあり，環境問題は，人間のみが自覚・反省する存在であり，また人の価値観が，直接その環境に関わる態度を決定するが故に，環境問題は人間の問題であり，無形の中で，人が宇宙の中心となり，環境を決定する究極の動力を形成し，そして人間中心主義に対する反省が生ずることになるのである。

(3) 人間中心主義

　前述したように，人間であってはじめて環境問題を自覚し，また人間であってはじめて環境の設計と創造に参与することが可能となる。従って，環境に対して，自覚的に影響を与えることも人間に限られ，このような事実が，人間が相当な知識と技術を掌握するに至った後に，新たな反省と発展と

をもたらすことになったのである。それまでの人間は，知識や技術の面で制約を受けていたため，その環境に対する影響力も結局限られたものであり，人間が環境に対して決定的な影響力を有していたかどうかは定かではない。所謂「人定まりて天に勝つ」という世界も，単に観念上のものに止まっていたと言える。ところが，現代に至ると様相は一変する。人類の知識と技術は，環境を大きく変化させるのみならず，さらに環境を破壊し尽くしてしまうだけの力，環境を完全に作り替えてしまう可能性をも有するに至っている。前者の具体例としては原子力が取り上げられるし，後者の具体例としては生命科学が指摘できる。まさに，人類の環境に対する影響力が，未だかつてないほど強大になり，決定的影響力を持つまでに至ったため，ここにおいて，人類は，人間は果たしてこのようにする「権利」を有しているのか否か，人類の科学技術は完全に人間を本位とするもので，環境は，人類のために存在する資源と見なし得るものなのか否か，と反省せざるを得なくなったのである。こうして，人間中心主義は，我々に，人間は本当に世界の中心なのか，人間を中心とするということは，人間が環境に対して絶対的な権利を有しているということを意味するのか，それとも人間が環境に対して無限の責任を負っていると理解すべきなのか，と反省を促すようになったのである。

　要するに，「人間中心主義」という概念の提起は，我々が，ある意味で避けられない，人間が自己を基盤として考える思考，つまり必然的に自分を中心とする態度を反省しようとするものである。ただこれは，人間存在の立場に他ならず，人が，他の存在よりも価値があるとか高貴であるとかいうことを意味するのではないし，ましてや人間が環境に対して絶対的な主導権を持っているということではない。実際は，人類は，これまで強大な知識と科学技術の力により，地球の資源を大量に搾取し，その結果，確かに深刻な環境破壊をもたらしたため，人間中心主義という言葉には，批判的な意味が込められるようになっている。言い換えれば，人間中心主義は，人間が自らを是とする夜郎自大の独善的態度や，それによって引き起こされた環境破壊とを告発するものである。例えば，生物の種の急激な消滅，北極・南極上空の

オゾン層の破壊，熱帯雨林の急速な消失，海洋汚染，及び海洋資源の枯渇など，どれ一つとして人間中心主義の悪行・罪業の結果でないものはない。だからといって，人間中心主義には全く良いところがないというわけではない。先ず，人は自ら万物の霊と称しているけれども，結局は生物の一種であり，環境資源に頼って，はじめてその存在を維持していくことができる。従って，人間は自己の生存を求めるためには，必然的に環境に対してある程度の搾取をしなければならないし，ある程度自然に対して変化を加えたり，破壊したりすることも免れないわけである。人間が，環境を保護するがために，まず我が身を滅ぼすなどという道理がありえようか。それ故に，人間中心主義というのも，決して絶対の罪悪ではなく，それは，人類の生存に必要な在り方，過程なのである。また，人間は環境に依存しているが，それは人が完全に環境に制御されているということではない。人は環境を破壊することができるし，また環境の永続的存在を手助けすることもできる。故に，人間中心主義というのは，厳密に言えば，中性的な概念である。それは人と環境との必然的関係を示すものであり，この関係がどのような形をとるか，それは開かれた問題であり，破壊か保存かという点に至っては，人類の決定如何にかかっているのだ。

人間中心主義を人間の独善的，独断的立場と見なして痛烈に批判する以外に，我々は，人間中心主義を二つの立場に分けて理解することができる。

① 積極的，プラスの意味での人間中心主義

積極的，プラスの意味での人間中心主義とは，人間の環境に対する在り方を，積極的に環境に参与し，賛助するべきものだと見なす立場であり，儒家の思想をその代表的思想の一つとする。ただ人のみが環境に対する自覚的意識と環境に関与する力を有し，また人間は必然的に環境の中に生存しているが故に，己の生存のためにも，環境自身の価値のためにも，人は皆その知識と技術とを用いて，環境破壊を食い止め，積極的に環境の復元と永続的な発展に参与すべきである。言い換えれば，人は環境に対して単に権利を有するのみならず，責任と義務をも負っているのである。そしてこのような責任と義務とは，消極的に環境を破壊しないというレベルに止まるものではなく，

更に環境の保全とその永続とに対する責任と義務をも含むものなのである。
　②　消極的，マイナスの意味での人間中心主義
　我々は，必ずしも人間の環境に対する責任や義務を否定するものではないけれども，しかしながら，我々は，人間の知識や技術が，有限なものであること，不完全なものであることもまた認めざるを得ない。人間の知識と技術は，経験を通して不断に蓄積され，成長・成熟していくものであるが，しかしながら，人間は結局あらゆる経験を窮め尽くすことはできず，よって目の前の知識と技術は貴ぶべきものではあるけれども，決して完璧なものではあり得ない。今日においては合理的営為だと思われることも，将来，数多の思いも寄らぬ悪い結果をもたらすかも知れないのである。もしそうだとするならば，我々の環境に対する参与も差し控え，保留すべきだということになろう。何故ならば，我々には，現在為すところの営為が，絶対に完全無欠だと証明するだけの充分な理由がないからである。所謂消極的，マイナスの意味での人間中心主義は，以上のような理由に基づき，我々は環境そのものの自発的発展を重んじ，できるだけ環境の営みに介入しないようにすべきであり，そうすれば環境自身が本来有している節度と規則が明確に浮かび上がってくるということを強調する。中国の道家思想が，まさしくこのような立場に立つものである。以下，このような点を手掛かりとして，孟子と荘子の環境に対する理解・態度を比較してみたい。

2．孟子は人間中心主義者か

(1)　孟子と儒家の伝統思想

　もし，我々の環境に対する態度が，価値観の延長であり，価値観が，またその文化に対する態度の上に直接表現されるものであるならば，我々は，儒家の文化に対する態度によって孟子の環境思想を把握することができる。誠に牟宗三の指摘しているように，周文化の疲弊は，先秦諸子の共通の課題であり，儒家のこの問題に対する態度は，まさしく儒家の文化観を顕示している[2]。孔子は「人にして不仁ならば，礼を如何せん。人にして不仁ならば，

楽を如何せん」「礼と云い，礼と云う，玉帛を云わんや。楽と云い，楽と云う，鐘鼓を云わんや」という言葉によって，礼学によって象徴される周文化，その真正の人性の基礎は，仁心にあるということを説いている。我々の仁心の価値追求が，我々の礼楽文化に対する構築を推進するのである。従って，我々が改めて文化問題を反省する時には，礼楽文化上の人性の基礎を忽せにできず，またこれを改革・革新の根拠とするのである。孔子の周文化に対する肯定，及び夢に周公を見たということの象徴的意義は，儒者の文化価値に対する肯定的立場，周文化の疲弊という問題は，文化そのものにあるのではなく，文化に向き合い，文化に応じる人間の心が，よく自覚的，自省的，開放的，創造的であるかどうかという点にあり，ただそうでありさえすれば，あらゆる文化はそのマイナスの影響を逃れ，人間の自我の安寧，自我実現の重要な内容の所在となり得るということを物語っている。孔子は文化を積極的に肯定する態度を取ったので，人間は，周囲のあらゆる存在に対して配慮し，その改善に積極的に関わるべきであるとした。これより見れば，儒家の環境に対する態度は，ひとつの積極的な人間中心主義の立場であると認められ，このような立場が孟子の思想においても明確に表現されている。

　蔡仁厚教授と袁保新教授は，孟子の思想を論じる時，重きを三弁の学に置いてこれを論述している[3]。三弁の学とは，人間と禽獣との弁別，義と利との弁別，王道と覇道との弁別である。孟子は，「人の禽獣に異なる者は，幾んど希なり」を起点として，順次，人には価値に対する自覚と文化的な努力があるが故に，動物とは異なるのだということを説明する。まさにこのような観点の下で，孟子は告子の人性論を批判しているのである。告子は「生を之れ性と謂う」という立場を性論の基礎とし，個人の現実の生命の内容を議論の主題としている。現実生命の内容を主題としているが故に，生命の保持と継続とがその重点となっており，ここに「食・色も性なり」という主張が現れることとなる。食欲と性欲とは人や動物の生物的本能であり，現実生命の内容である。この内容は，価値的には中性的な事実であって，ここには善悪といった価値的な差別は存在しない。そこで「性には善も無く，不善も無し」という説もまた自ずから成立することになる。ただ人には気質の差異が

あるが故に，ここに比較的プラスの行為，あるいは比較的マイナスの行為が存在することになる。これが「性の善なるもの有り，性の不善なるもの有り」と言われる所以である。告子のこのような主張は，道理にも適い，根拠もあり，たとえ弁論に長けた孟子といえども反駁し得ないものである。しかしながら，問題は，このような観点は単に動物の観点であって，人間の観点ではないという点にある。「人」という観念は，「動物」という観念に比べて，その内に，明らかにより多くの内容を有している。これもまた，孟子が強調したところであった。孟子によれば，告子の言うことに間違いはない。しかしながら，その説が，不完全なものであることもまた充分に明らかである。人には，色欲・食欲以外に，なお「四端の心」というものがあり，よく是非を見分け，善を好み，悪を憎む。この四端から心を説き，心から性善を説いていくと，ここにその性善論が成立することになる。孟子と告子の性論は単に観点と角度の差異に止まらず，ただ人が充分に己自身の価値と意義とを自覚した時に，はじめて充分に人の現実生命に安んずることができると孟子は主張する。これが所謂「唯だ大人なる者にして，始めて能く其の形を践む」ということである。孟子にとって，身体という自然存在の真の意義は決して単に存在しているという事実に在るのではなく，我々の生活世界としての内容，特に道徳世界の内容に意義があったのである。孟子は心を大体と為し，身体を小体と為し，その大体に従う者は大人であり，その小体に従う者は小人であるとしたが，ここにその志をもって気を統御するという理想を見いだすことができる。この義を押し広めていくと，環境の意義も価値世界の中に現れた価値と意義であり，あらゆる環境は，みな意義と価値の顕現であり，従って，あらゆる環境は，みな肯定され，尊重されるべきであり，その価値と意義を促進するという究極の実践が，人にとって避けられない責任と義務ということになる。もし孟子を人間中心主義者であると言うならば，ここで言う「人間」とは，高度な道徳的自覚と修養を身に付けた人間を指し，これはつまり，道徳を最高の実践的理想とする人間にほかならない。道徳的な理想であるが故に，環境に対する態度も自ずから積極的な賛助・参与を主軸とする傾向となり，「天行は健なり。君子は以て自強して息まず」という

儒学的環境観を形成することになる。

(2) 孟子から『中庸』へ

　孟子は，完全に道徳理想主義者であったが，このことは決して彼が自然環境を忽せにしていたということを意味しない。かえって孟子の自然環境の重視は，先秦諸子の中でも極めて突出していた。例えば次のようにある。

　農時を違わざれば，穀，勝げて食らうべからず。数罟，洿池に入らざれば，魚鼈，勝げて食らうべからず。斧斤，時を以て山林に入らば，材木，勝げて用うべからず。穀と魚鼈と勝げて食らうべからず，材木勝げて用うべからざる，是れ民をして生を養い，死を喪りて憾み無からしむるなり。生を養い，死を喪りて憾み無からしむるは，王道の始めなり。(『孟子』梁恵王上)

　孟子は自然環境のことをよく理解し，重視していた。特に「時」というものの人間における重要性をよく掌握していた。上に挙げた例の中の，「勝げて食らうべからず，勝げて用うべからず」というのは，単に人間が生存する上での需要を満たせるという意味に止まらない。これは実は，永続性に関する考え方であり，時節に適った用い方をすれば，自然は永続的発展を遂げることができ，よって人間が食べきれない，用いきれないまでに豊かになるということなのである。原則的な把握だけでなく，孟子にはさらに具体的な指摘が見られる。

　五畝の宅，之に樹うるに桑を以てすれば，五十の者，以て帛を衣るべし。鶏豚狗彘の畜，其の時を失うこと無ければ，七十の者，以て肉を食うべし。百畝の田，其の時を奪うこと勿ければ，数口の家，以て飢うること無かるべし。庠序の教えを謹み，之を申むるに孝悌の養を以てすれば，頒白の者，道路に負戴わず。七十の者，帛を衣，肉を食らい，黎民，飢えず寒えず，然り而して王たらざる者，未だ之れ有らざるなり。(『孟子』梁恵

王上）

　「用いるに時を以てする」という原則にしろ，あるいは環境利用に対する具体的方策にしろ，最終目的は，みな仁政，王道の実現，つまり一種の道徳実践の要求にあった。言い換えれば，環境の価値と意義は，それによってよく王道の理想を実現できるという点にあった。同時に，我々は環境に対して全く放任・無為ではなく，時期に応じて参与・施策することであった。我々が，自己，他人，及びあらゆる環境すべてに合理的な対処をした時が，すなわち自己，他人，環境の意義が充分に実現された時であった。この時，人は単に自己に対して関心を持つだけでなく，同時に他人や周りの環境にも関心を持つようになる。所謂天人合一の境界とは，まさしくこのような我と人と環境とが調和した境地のことを言うのである。孔子には，「己立たんと欲して人を立て，己達せんと欲して人を達す」という言葉があり，また「己の欲せざる所，人に施すこと勿れ」ということの重要性を強調している。孟子に至っても，人に忍びざる心を拡充して人に忍びざる政治にまで至ることを強調している以外に，人と我との関係を押し進めて人と天地万物一体の関係にまで至るべきことを主張している。所謂「万物皆我に備わる。身に反りみて誠ならば，楽しみこれより大なるは莫し」というのは，完全に人と天地万物とが一体関係にあることを表現したものである。宋明の理学家に，「仁者は天地万物と一体である」という説があるのも，この孟子の説を敷衍したものである。

　原則的に，儒者は「天地と我とは一為り」ということを究極の境界としているが，このことは，決して儒者が，実践上，まったく順序，ステップを無視しているということを意味するものではない。孟子が墨子の兼愛説を批判する時には，まさにこの順序の重要性を明確に指摘している。我々が環境問題に向き合う時，人という存在がやはり先ず優先的に考慮されるものである。所謂「親に親しみ，民を仁しみ，物を愛す」である。我々は，人も生物の一種として，まず自己の生存欲求を満足させる存在であるということを否定できない。ここでの問題は，儒者が親疎遠近に対して価値的段階を設け

区別しているという点にあるのではなく，人がよく「親に（だけ）親しむ」という自己中心的立場に陥らないで，進んでよくその私的立場を克服して，総体的な環境保護を成就できるかどうかという点にある。言い換えれば，もし我々が，儒家の「親に親しむ」という観念を，自己中心的なエゴイズムに陥らないようにしようとするならば，ここに「親に親しむ」という教えに種々の規範や制限を加えなければならない。これが，儒者が仁を核心としながらも，結局礼の存在の必要性を説いた所以である。この礼とは，「親に親しむ」という仁に対して加えられる客観形式の規範にほかならない。儒者の環境に対して加える影響についての考えは，次の文から窺うことができる。

　夫れ，君子の過ぐる所は化し，存する所は神，上下は天地と流を同じくす。豈に之を小補すと曰わんや。（『孟子』尽心上）
　唯だ天下の至誠のみ，能く其の性を尽くすと為す。能く其の性を尽くせば，則ち能く人の性を尽くす。能く人の性を尽くせば，則ち能く物の性を尽くす。能く物の性を尽くせば，則ち以て天地の化育を賛くべし。以て天地の化育を賛くべくんば，則ち以て天地と参たるべし。（『中庸』第二十二章）

「上下は天地と流を同じくす」や「己の性を尽くし，人の性を尽くし，物の性を尽くす」という言葉は，まさしく儒家の環境思想の究極の理想的在り方を示すものである。儒者は，人間は，価値的には環境に優先すると主張するが，これは決して人間を中心と見なしているということを意味しない。儒者は，同時にまた，努めて人を環境と合一させ，それによって自己中心的議論や自己優先的考えに陥ることを避けようとしているのである。

3．荘子の脱自己中心的な環境観

(1) 荘子における自然

　道家思想は，その特異性から，これまでその学問の性格について，さまざまな議論が繰り広げられてきた思想である。最も表面的な見方では，老荘の思想は，文明に反対し，自然を重視する自然主義の立場であると見なされる。我々は，『荘子』の外篇や雑篇に，その少なからぬ例証を見いだすことができる。

　　彼の正正なる者は，其の性命の情を失わず。故に合する者も駢と為さず，枝する者も跂れたりと為さず。長き者も余り有りと為さず，短き者も足らずと為さず。是の故に鳧の脛は短しと雖も，之を続げば則ち憂い，鶴の脛は長しと雖も，之を断てば則ち悲しむ。故に性の長きは断つ所に非ず，性の短きは続ぐ所に非ず。憂いを去る所無ければなり。意うに，仁義は其れ人情に非ざるか。彼の仁人は何ぞ憂い多きや。（『荘子』駢拇篇）
　　馬蹄は以て霜雪を践むべく，毛は以て風寒を禦ぐべし。草を齕み，水を飲み，足を翹げて陸ぬ。此れ馬の真性なり。義台路寝有りと雖も，之を用うる所無し。伯楽に至るに及び，曰く「我善く馬を治む」と。之を焼き，之を剔し，之を刻し，之を雒し，之を連ぬるに羈縶を以てし，之を編むに皁桟を以てす。馬の死する者，十に二三なり。之を飢えしめ，之を渇せしめ，之を馳せしめ，之を驟けしめ，之を整え，之を斉しくし，前には橛飾の患有り，後には鞭筴の威有り。而ち馬の死する者，已に過半なり。（『荘子』馬蹄篇）
　　夫れ，鵠は日に浴せざるに而も白く，烏は日に黔めざるに而も黒し。黒白の朴は，以て弁を為すに足らず。名誉の観は，以て広しと為すに足らず。泉涸れて，魚相与に陸に処り，相呴するに湿を以てし，相濡するに沫を以てするは，江湖に相忘るるに若かず。（『荘子』天運篇）

以上の記載は、いずれも万物にはもともと自然の規則と秩序とがあり、人間がそれに介入することは、まさに万物の本性をねじ曲げ、破壊することに他ならないということを指摘したものである。これらから理解できるように、荘子は明らかに自然主義者であった。「自然」という語句は、『老子』の中にも頻出し、例えば「人は地に法り、地は天に法り、天は道に法り、道は自然に法る」という言葉は、自然の優先性と重要性を指摘するものである。しかしながら、本稿では、老荘の道家思想を自然主義と見なすことはしない。その最も直接的で簡単な理由は、老荘の著作中には、深刻な修養論が説かれているからである。このような修養論の内容は、自然主義の立場からは全く説明することができないものである。老子の「虚を致すこと極まり、静を守ること篤し」にしろ、荘子の心斎・坐忘・斉物にしろ、一つとして高度な人文精神の表現でないものはなく、自然主義の立場からは全く説明できない。従って、老荘思想中の自然は、決して大自然という意味での自然ではなく、一種の高度な精神境界、つまり人文による歪曲を除去した後の自由自在な状態なのである。言い換えれば、自然とは、副詞的な言葉であって、一つの境界を描写する言葉なのである。それは、生命が外在の種々の歪曲を超越、除去した後で現れる真実性と自在性とを形容して、「自然」と称するのである。我々がこのように理解する所以は、まず周文化の疲弊という点から説き起こさなければならない。

　道家は、周文化のマイナス的な虚偽性と歪曲性に対して、深刻な反省の意識を有していた。マイナス面から言えば、周文化の有為は、まさに虚偽の淵源であった。従ってそれを排除の対象にした。『老子』三十八章に次のようにある。

　　故に道を失いて後に徳あり、徳を失いて後に仁あり、仁を失いて後に義あり、義を失いて後に礼あり。夫れ礼なる者は、忠信の薄にして、乱の首なり。

　この言葉には、周文化である仁・義・礼に対する強烈な反省と批判が見ら

れるが，但し，これらの反省と批判は，条件的なもの，つまり道を失うという前提の下で，はじめてこのような災難をもたらすと批判しているのである。従って，もしよく根源に立ち返りさえするならば，あらゆる歪曲は解決することができる。このような，道の深化を通して，文化の歪曲や病根を取り除くという方法は，まさしく〈文化治療学〉による努力である[4]。道家は決して一般に認められているような完全な自然放任主義ではない。道家のいう自然とは，高度な精神修養を経て得られるある種の境界であり，このような修養を通じて，文明の誤りから生じた苦痛や災難を排除しようとするものなのである。このように災難や苦痛を取り除くものであって，文化や生活を排除するものでないが故に，道家は決して文明に反対するものではなく，単に文明による歪曲や誤りを除去しようとするものに過ぎないのである。これが所謂「病を去りて法を去らず」ということである。文明が，治療を経て，人間の生存意義の本来の姿を取り戻す時，つまり，「自然」の状態と境界になる時，この自然境界の中で，あらゆる存在が，はじめてその真の意義と価値とを保存され，肯定されるようになるのである。治療の実際の方法については，荘子の「斉物論」中の次のような態度に示されている。

　是を以て聖人は由らずして，之を天に照らす。亦，是に因るなり。是れも亦彼れなり。彼れも亦是れなり。彼れも亦一是一非なり。此も亦一是一非なり。果たして且た彼是有りや，果たして且た彼是無きや。彼是，其の偶を得る莫き，之れを道枢と謂う。枢は始めて其の環中を得るや，以て無窮に応ず。是も亦一無窮なり。非も亦一無窮なり。故に曰く，明を以てするに若くは莫しと。

　聖人は，決して自己の方法と態度とを是として，他のあらゆる存在に押しつけるものではなく，自己のみを正しいとする独断，偏見を取り除き，そうして個々の存在が，それぞれ是とする立場に安んずることができるようにするものなのである。言い換えれば，どのような観点にしろ，皆，長所があると同時に，限界もある。そこで荘子は，決してある特殊な観点や方法のみを

提供するということをしない。ある引き下がった，あるいは超越した次元から発言し，我々に，種々の方法や態度に対して，それをひとまず超越して，反省と自覚とを加えさせ，そうして最大の自由を獲得し，あらゆる存在を落ち着かせようとしているのである。もし我々が，ひたすら自己の観点をもって標準とし，他人にも自己の標準に従うように要求するならば，それは「神明を労して一と為さんとし，而も其の同じきを知らず。之を朝三と謂う」（『荘子』斉物篇）ということ，つまり対象となる存在の特質を知らず，完全に自我の偏屈の中に陥ることになる。真正なる智慧は，環境上の差異を尊重するものであり，その差異の中から最も相応しい道を見出すのである。これが所謂「両行」である。このように見てくると，荘子思想の精神は，一つの中心論から抜け出そうという精神であり，超越的な自由と解放とを以てすべてのものを成就させようとする精神なのである。言い換えれば，荘子は決して特定の答えを提出してはいない。ただ解放され，自由になった精神を提供することで，文明によるあらゆる病苦を治療しようとしているのである。

(2) 環境における人の位置

「天地は我と並び生じ，万物は我と一たり」（斉物篇）。荘子のこの言葉は，人と環境との調和，合一を示している。ただ，この調和と合一は，二つの意味を有している。先ずは，このような調和が，原始的な調和であり，人と環境は元来一つであるということ，これは人に自覚が生ずる以前の状態である。ただ，人がいったん自覚を持つようになると，このような調和状態は終わりを告げ，物と我との相対的情況へと入っていく。次は，人が修養を通して，人と天地万物との調和を新たに構築した時であり，ここに荘子の理想的境界が存在する。人生が上述したようなものであるように，人の環境に対する関係もまた同様なのである。人に環境に対する分別意識がないときには，所謂環境というものは存在しない。なぜなら両者は一体であり，ここには対立がないからである。「環境」の発生は，人間の自覚が，人と環境とを二分し，人と環境とが対比されることによる。それがさらに進展すれば，人と環境とは再び調和を遂げる。こうして環境という概念が再び消滅し，人と環境

との合一の境地に入ることとなる。

　もちろん，ここでの問題の要は，人と環境との対立段階の所にある。これより前の段階は，自覚のない状態であり，これより後の段階は，自覚を超越した状態であり，いずれも工夫は存在し得ない。言い換えれば，荘子は，積極的にある種の方法や立場を提供していないが，人間が，環境に対してある種の立場や態度を取ることには反対していない。何故ならば，人間は必然的に有限性，特殊性を有する存在であり，この有限性と特殊性は，必然的にその環境に対する態度の上にも現れるからである。荘子の強調しようとしたのは，いかなる立場や態度であっても，一面的なものであり，盲点を免れないということである。我々は，常にこの盲点を反省し，愛するあまり却ってそれを損ない，環境破壊に至らぬよう注意しなければならないということなのである。荘子に次のような寓言がある。

　南海の帝を儵と為し，北海の帝を忽と為し，中央の帝を渾沌と為す。儵と忽と時に相与に渾沌の地に遇う。渾沌，之れを待つこと甚だ善し。儵と忽，渾沌の徳に報いんと謀り，曰く，「人皆七竅有りて，以て視聴食息す。此れ独り有ること無し。嘗試みに之れを鑿たん」と。日に一竅を鑿ち，七日にして渾沌死す。（応帝王篇）

　我々は，渾沌を環境に，南北の帝を人間に例えることができる。環境には偏執がないが，人間には偏執がある。この人間の偏執は環境を破壊するに足り，環境を傷つけるに至る。注目に値するのは，人間には，自覚と選択を避ける術がなく，これが人間に与えられた選択なのである。これにより，人間は自己を以て起点となし，人間中心主義者となるよう運命づけられているということである。しかしながら，荘子の見る中心は，極めて消極的な中心であり，ある種の，中心を中心とは見なさないような中心論であり，中心論に対する一つの治療であるとも言える。21世紀，人類が，生命科学の急速な発展を喜んで迎え入れている現今，生命科学は，環境に対して，いったい生気をもたらしているのか，それとも壊滅をもたらしているのか，それはまだ

分からない。だが，荘子は，やや保守的な態度を取り，我々が冷静な慎ましやかな方法で環境の改造に参与するよう求めているのである。

要するに，道家の老荘思想は，決して自然主義の立場に立つものではなく，ある種の文化治療学の態度を取るものなのである。老荘思想を文化治療学の態度として理解することによって，はじめて老荘の環境思想を合理的に位置づけることができる。単なる自然主義では，人と環境問題の衝突を真に落ち着かせることはできないし，また老荘の著作の真の内容を充分に説明することもできない。このように見てくると，人の環境中における地位は，老荘の立場から見ると，決して儒家のような指導者としてではなく，援助者，相談者，治療者として捉えられることになる。だとすると，道家は，儒家よりも，環境そのものをより一層肯定し，尊重しているように思われる。

おわりに

環境問題は，永遠の課題である。人がある種の境界中に存在し，人にその自覚がある限り，環境問題は必然的に発生する。問題は，環境問題が，現代においてこのように切迫し，深刻になったわけは，人類の科学技術文明の発展が急速で，既に質の上でも量の上でも，大きな影響力を持ち，環境の内容をも決定してしまうほどになったからであり，ここに空前の環境問題が生じるに至ったのである。加えて地球規模での国際化の趨勢が，日増しに強まっている今日において，一つの地球村という概念が既に形成されており，人類は，全世界を一つの家と見なす大同理想に向かうことも可能であるし，またすべてを破壊する世紀の災難に陥ることも可能となっている。ここで鍵となるのは，掌握が難しいとはいうものの，人の環境に接する態度，つまり人の価値観と文化観とに，充分な核心的な観念があるということは疑いないという点である。本稿は，孟子と荘子の文化観，価値観を通して人間中心主義の諸々の可能性を対比し，儒家と道家の環境問題に対する態度と立場とを説明しようと試みてきた。儒者は積極的な人間中心主義であり，道家は消極的な人間中心主義であったが，両者の言う「人間」とは，どちらも一般的な意味

での「人間」ではなく，特に高度な精神修養と文化内容とを備えた人間であり，だからこそ，環境が現実の欲望によって左右されることを避けられるのである。また儒者は，「親に親しむ」→「民を仁しむ」→「物を愛す」というように順次環境との合一を実現していく立場であるのに対して，道家は，治療学を以て基調と成し，中心論を抜け出すという方法でもって人類の偏執や錯誤を免れるという立場であった。いずれにしろ，両者の思想は，我々が21世紀の環境問題に向き合うとき，大いに参考に資することのできるものであると言えよう。

注

1）「人間中心主義」に関しては，筆者の「論人類中心主義」の中で，詳しく論じた。
2）牟宗三『中国哲学十九講』（台北：学生書局，民国80年12月）を参照。
3）蔡仁厚『中国哲学史大綱』（台北：学生書局，民国81年9月），袁保新『孟子三弁之学的歴史省察与現代詮釈』（台北：文津出版社，民国81年2月）を参照。
4）文化治療学に関しては，袁保新『老子哲学之詮釈与重建』（台北：文津出版社，民国80年9月）を参照。

（藤井倫明訳）

第 4 章
日本環境思想史の構想

佐久間　正

要　旨

　日本環境思想史はいまだ未確立である。それゆえ日本環境思想史を構想していくためには，欧米の環境思想史研究から学ぶことは不可欠であろう。第1節では，そのような問題意識から，レイチェル・カーソンの『沈黙の春』が刊行された1962年（現代の環境運動の始まりの年とされる）以降の邦訳のある著作を概観した。本格的な環境思想史研究の嚆矢はリン・ホワイト・ジュニアの「現在の生態学的危機の歴史的根源」(1967)であるが，70年代を経て80年代に入ると，重厚な思想史的研究も現れてくる。例えばキャロリン・マーチャントの『自然の死』(1980)，ハンス・イムラーの『経済学は自然をどうとらえてきたか』(1985)，ロデリック・ナッシュの『自然の権利』(1989)などである。90年代に入ると日本でも環境哲学，環境倫理学，環境思想を標榜する著作が登場してくる。第2節では，環境哲学や環境倫理学の研究にもふれながら90年代以降の日本環境思想史の模索について概観してみた。91年に，宇井純編の徳川期から現代までの環境思想文献のアンソロジー（史料集）が「エコロジーの源流」という副題を付して刊行され，92年には作家の中野孝次の地球の生態系破壊に対する「あるべき文明社会の原理」として日本の伝統文化の特質を考察した『清貧の思想』が刊行されたが，日本環境思想史に関する研究は極めて不十分である。以上を踏まえ，第3節では熊沢蕃山から南方熊楠に至る日本環境思想史の骨組みを描いてみた。日本環境思想史の基軸としての南方熊楠（1867～1941）の意義を論じた後，環境保全論の嚆矢である熊沢蕃山（1619～91），列島の実態に見合った農業生産のあり方を主張する『農業全書』，その影響を受けた陶山訥庵（1657～1732），有限の資源の身分的消費を説く荻生徂徠（1666～1728），特有の「正直」と「倹約」をめぐる所説とホリスティックな世界観を示す石田梅岩（1685～1744），「自然」と米の根源性を踏まえ独特の社会観・世界観を示す安藤昌益（1703？～62），列島の開発と交易により富国の途を説き，その後の日本の進路を先取りしていた海保青陵（1755～1817）と本多利明（1744～1821），農村復興に尽力する中で自然と労働に関する思索を深めていった二宮尊徳（1787～1856）と大原幽学（1797～1858），そして最後に公害反対運動の先駆者である田中正造（1841～1913）について記述した。日本環境思想史研究においては，安丸良夫の言う「モダニズムのドグマ」によって切り捨てられてきたものを再評価していくことが重要となる。

第4章　日本環境思想史の構想

はじめに

　環境問題は，特定の汚染源による公害問題から大量生産・大量輸送・大量消費・大量廃棄に支えられた現代生活に由来する環境問題へ，そしてそれらの複合的結果である地球生態系を脅かす地球環境問題へと，部分から全体へ，表層から深層へ，例外的問題から日常的問題へ，単純から複雑へと拡大深化してきた。尾関周二はこうした経緯を踏まえて次のように指摘している。「私見によれば，環境問題は，拡大・深化しつつ，おそらく重層的な仕方で第三段階に入りつつあるように思われる。第一段階の公害問題，第二段階の地球環境問題，そして，第三段階は，生命・人間そのものの根源的な危機の直観に促され，現代文明への懐疑の深まりとともに，ある意味での環境問題の内面化，反省化，哲学思想化ともいえる段階に至りつつあるようである」[1]。

　21世紀は「環境の世紀」と言われるが，自然と調和した環境共生社会＝循環型社会への転換はまさに人類史的課題であり，21世紀の学問・科学もそのような歴史的課題に応えることが要請されていよう。とりわけ新たな学問・科学として形成途上にある環境科学＝環境学の責務は重大であり，その一翼を占める環境思想史研究もそのような課題に応える学問としての確立が求められている。そのことは翻って，従来の学問・科学のあり方，思想史研究のあり方が問われているのだと言ってよい。

1．欧米の環境思想史研究から何を学ぶか

　日本環境思想史研究はいまだ未開拓の分野である。そのような状況の下，日本環境思想史を構想していくためには，比較的に進展している欧米の環境思想史研究から学ぶことは不可欠である。以下，そのような問題意識から邦訳のある著作を中心に欧米の環境思想史研究を概観してみたい。

(1) 現代の環境運動の始まりとアルド・レオポルドへの関心
——1960年代——

　現代の環境運動，そして環境研究は 1962 年のレイチェル・カーソンの『沈黙の春』[2] の刊行を始点とすると言ってよい。現在では環境科学－環境思想の古典と言ってよい本書は，第 2 次世界大戦後急速に普及した合成化学殺虫剤（彼女は「殺生剤」と言う方がふさわしいとする。17 頁）の大量散布の危険性を豊富なデータをもって告発したものであり，本書冒頭の「明日のための寓話」に記される生態系の破壊された〈沈黙の春〉のイメージはまさに現代の黙示録と言えよう。しかし本書は告発の書と評するだけでは十分ではない。例えば，「地球の大陸をおおっている土壌のうすい膜——私たち人間，またそこにすむ生物たちは，みなそのおかげをこうむっている。もし，土壌がなければ，いま目にうつるような草木はない。草木が育たなければ，生物は地上に生き残れないだろう」(68 頁)という書き出しに始まる「五　土壌の世界」では，「土壌の世界——真っ暗な土のなかにうようよとうごめいている生物については，ほとんど研究されていない。でも，探ってみればみるほど，こんなにすばらしい世界がまたとあるかと思う。土壌の有機体のあいだにはりめぐらされている複雑な糸，土壌の生物と土壌の世界，また地表の世界との関係，こうしたことは，ほとんど何もわかっていない」(69 頁)という畏敬と驚異の入り交じった思いを前提に，物質循環を支えるバクテリア・菌類・藻類の活動をはじめ，原生昆虫・小動物から哺乳類に至るまでの「土壌の世界でいとなまれる生活」が簡潔に描写される。そして「このように土壌の世界は，さまざまな生物が織りなす糸によって，それぞれたがいにもちつもたれつしている。生物は土壌がなければ育たないし，また逆に土は，生物の社会が栄えてこそ，生きたものとなれる」(72 頁)と結論づけられる。このような本書の認識は彼女の他の著作『センス・オブ・ワンダー』[3] につながるものであるが，ホリスティックな世界像をその特徴とする現代の環境思想の具体例の一つとしても捉えることができよう。

　『沈黙の春』の刊行も大きく貢献した環境問題への関心の高まりの中で，アメリカにおいて 60 年代半ばから急速に注目されるようになったのが，ア

ルド・レオポルドの『野生のうたが聞こえる』[4]であり，本書も現在では環境倫理学－環境思想の古典の位置を占めている。本書では，その後，環境倫理学の論点の一つとなる「土地倫理」land ethic が述べられるが，まず彼は倫理学と生態学を次のように結びつける。これを受けて，後にシュレーダー＝フレチェットは環境倫理学とは生態学と道徳哲学の結合したものだと明確に定義づける[5]。「倫理は，相互に依存しあっている個体なり集団なりが，お互いに助け合う方法を見つけようと考えはじめることが出発点」であり，生態学者はこれを「共生」と呼ぶ（316頁）。この「共生」の場である「共同体」の拡大に伴い，倫理規範は「個人どうしの関係」から「個人と共同体の関係」，さらには「個人と土地との関係」に拡張される。「土地倫理」とは，このように「共同体という概念の枠を，土壌，水，植物，動物，つまりはこれらを総称した「土地」にまで拡大した場合の倫理をさす」（318頁）。それに伴い，「土地倫理は，ヒトという種の役割を，土地という共同体の征服者から，単なる一構成員，一市民へと変える」（319頁）。このような土地倫理の主張は，「人間は，実のところ，生物の集団のなかの一構成員にすぎないのだということは，歴史を生態学の立場から解釈してみればうなづける。歴史上の出来事の多くは，これまでは，人間の企ての結果という解釈しかされていなかったが，実際には，人間と土地との，生物を媒介にした相互作用の結果だったのである。土地の特性は，そこに住む人間の特性と同じように，こうした出来事に強い影響を及ぼしていたのだ」（320頁）という環境史の視点をもたらした。あるいは農民の土地利用の実態にふれながらギャレット・ハーディンの言う「共有地の悲劇」を思わせる理解も見られる（324-26頁）。本書の末尾の一節が，後述するシューマッハーの『スモール イズ ビューティフル』の冒頭に引用されていることからもわかるように，後続の環境思想に与えた本書の影響は絶大なものがある。まさに本書は環境思想の古典と言ってよい。

　こうした中，1967年には本格的な環境思想史研究の嚆矢と言ってよいリン・ホワイト・ジュニアの「現在の生態学的危機の歴史的根源」[6]が発表された。そこでは，現在の生態学的危機をもたらした思想的根源としてキリスト

教的世界観が次のように厳しく批判される。「キリスト教の，とくにその西方的な形式は，世界がこれまで知っているなかでももっとも人間中心的な宗教である」(87頁)。「キリスト教は古代の異教やアジアの宗教（おそらくゾロアスター教は別として）とまったく正反対に，人と自然の二元論をうちたてただけでなく，人が自分のために自然を搾取することが神の意志であると主張したのであった」(88頁)。「地球の環境の崩壊は，西欧の中世世界に始まる精力的な技術と科学の産物であり……自然は人間に仕える以外になんらの存在理由もないというキリスト教の公理が斥けられるまで，生態学上の危機はいっそう深められつづけるであろう」(95頁)。後述するように，このような彼の主張に対してはそのキリスト教理解が一面的だという批判がなされることになる。

(2) 環境思想の展開——1970年代——

1971年，アメリカでは環境運動の高揚の中で，空前の規模で第1回アース・デーが取り組まれた。『沈黙の春』刊行10年に当たる翌72年，ストックホルムで開催された国連・人間環境会議では初めて国連レベルで環境問題が論議された。このような状況下，ローマクラブの「人類の危機」に関するレポートである『成長の限界』[7]が刊行され，従来の生産と消費のあり方を変えなければ今後100年で経済成長は限界に達するだろうと警鐘を鳴らした。本書はベストセラーとなり「成長の限界」なる語は人々の間に普及した。同年発表されたクリストファー・ストーンの「樹木の当事者適格」[8]は，従来人間の保護・管理の対象としてしか位置付けられてこなかった自然や生物に人間と対等の法的人格を認めたという点で，その後形成・整備されていった環境法の先駆的論文であるが，またそれは「レオポルドの予言が，法律的なリアリティを持ちつつあることを示した記念碑的な論文といえる。その点で，本論文は，ソロー，ジョン・ミュア，アルド・レオポルドと続くアメリカ自然保護思想の伝統を，忠実に受け継いだものなのである」[9]。

1973年，現在では環境思想の古典の一つと言ってよいエルンスト・シューマッハーの『スモール イズ ビューティフル』[10]が刊行された。彼は「唯物

主義」に支えられ欲望をあおり消費を重視する現代経済学を批判し，経済活動における規模の問題を論じ発展途上国における「中間技術」の役割を提唱するとともに，従来全く省みられなかった「仏教経済学」に積極的意義を認めた（この語に初めて接したときの驚き！）。後述するアルネ・ネスは，彼の思想に基づきキリスト教的「エコソフィS」が作り上げられる可能性があると評価している[11]。同年，ノルウェーの哲学者アルネ・ネスはディープ・エコロジーの記念碑的論文である「シャロー・エコロジー運動と長期的視野を持つディープ・エコロジー運動」[12]を発表した。その後環境思想の主要潮流の一つとなったディープ・エコロジーは，「環境汚染と資源枯渇に対する取り組みであり，主たる目標は「発展」をとげた国々に住む人々の健康と物質的豊かさの向上・維持におかれている」「シャロー・エコロジー運動」に対するものであり，それは次のような特徴を持つとされる。①「環境という入れもののなかに個々独立した人間が入っているという原子論的イメージではなく，関係論的で全体野（total field）的なイメージ」をとる。②「人間中心主義」を拒否し，「原則として生命圏平等主義に基づく」。③「生態学の原則」に基づく「多様性と共生のふたつの原理に基づく」。④「反階級制度の姿勢をとる」。⑤「環境汚染や資源枯渇に対する闘いを支持する」。⑥「乱雑さとは区別された意味での複雑性を支持する」。従って「人間の場合，労働の断片化ではなく協同的な分業をよしとする」。⑦「地域自治と分権化を支持する」。

1974年刊行されたジョン・パスモアの『自然に対する人間の責任』[13]は，環境倫理学とキリスト教思想との関係を知る上で重要な著作であると評価される[14]ものであるが，人間の自然理解と人間の自然に対する責任をテーマにして，従来の人間中心主義的見解を内在的に批判・超克しようとしたものであり，リン・ホワイト・ジュニアの場合とは異なり生態学的破壊に対する西欧の伝統の二面性（促進と抑制）が指摘される。また，レオポルドのいう「新しい倫理」は既に19世紀にヴィクトル・ユゴーが注意していたと指摘する（3頁）。翌年，ピーター・シンガーの『動物の解放』[15]が刊行された。著者は代表的な動物権利論者であり，以降〈動物の権利〉をめぐる論争が惹起

され，〈動物の権利〉をめぐる問題は環境保全との関連で環境倫理学の重要な論点となっていく。彼の編集した『動物の権利』(邦訳は1986刊)[16]は「欧米のアニマルライト（動物の権利）市民運動の全貌を初めて日本に紹介するものである」[17]。1979年に刊行されたジム・ラヴロックの『地球生命圏——ガイアの科学』[18]は，「クジラからヴィールスまで，樫の木から藻類まで，生きとし生けるものすべては全体でひとつの生命体をなしているという仮説……その生命体は，みずからの相対的必要に応じて地球の大気をコントロールする能力をもち，構成要素ひとつひとつのそれをはるかに超えた機能と力をそなえている」(33-34頁)と捉え，惑星地球を一つの巨大な生命体と見る「ガイア仮説」を述べたものである。「ガイア仮説」についてアルネ・ネスは「ラヴロックのガイア仮説は，科学的価値はさておき，新しい研究領域の扉を開けただけでなく，尊敬と誇りの新たな高揚を呼び起こした」[19]と評している。ラヴロックは後『ガイアの時代』[20]を刊行し，前著に対する批判に応えさらに仮説から一歩進んで「ガイア理論」を展開している。

(3) 環境思想の多様な展開と体系化の試み —— 1980〜90年代 ——

1980年代に入ると環境思想は多様な展開を見せるとともに，研究の一定の蓄積を基に環境思想の体系化の試みも現れ，また後述するマーチャント，トマス，イムラー，ナッシュ等の本格的な思想史的研究も登場してくる。

1980年に刊行されたキャロリン・マーチャントの『自然の死』[21]は邦訳で680頁の大著であるが，西欧の科学技術の歴史を遡り，機械論的世界観と家父長制度に基づく価値体系の連関を明らかにしたエコフェミニズムの立場からの思想史的研究である。近代以前の有機的自然観-世界観の破壊の上に成立する，ベーコンに始まりデカルトによって確立する近代的な機械論的自然観-世界観を批判する彼女の筆致は極めて辛らつである。同書はスーザン・グリフィンの『女と自然』と共に「エコフェミニストの古典」として認められており[22]，その後の環境思想研究に大きな影響を及ぼした。翌年刊行されたモリス・バーマンの『デカルトからベイトソンへ——世界の再魔術化』[23]は，17世紀から現代に至る西洋の支配的な意識形態であるデカルト的

パラダイムを厳しく批判し、それに代わる「参加する意識」に基づく新たな全体論的(ホリスティック)パラダイムの必要性を主張しているが、機械論的なデカルト的パラダイムに対する批判は、著者自ら述懐するように、マーチャントの理解に負っている。

1981年、環境倫理学の草分けの一人とされるシュレーダー=フレチェット編集の『環境の倫理』[24]が刊行され、環境倫理学の課題とその理論的探究を俯瞰している。翌年、「道具主義的な単なる環境工学」にすぎない「環境主義」environmentalism に対してソーシャル・エコロジーを主張するマレー・ブクチン（彼は自らの立場をエコアナキズムとも言う）の主著 THE ECOLOGY OF FREEDOM が刊行されたが、まだ邦訳されていない。彼の REMAKING SOCIETY (1989)[25] は邦訳されているが、そこでは「今日のエコロジー的な議論に対するソーシャル・エコロジーのもっとも重要な貢献のひとつは、社会を自然に対立させる基本的な問題点は社会と自然のあいだではなく、社会発展の内部で形成されるという観点である。すなわち、社会と自然の分断は、その最も深い根源を社会の領域のなかに、つまりしばしば「人類」という言葉の広範な使用によって曖昧にされる人間と人間の根深い対立のなかに有している」（42頁）と指摘されている。後述するナッシュのブクチン評価は極めて高いものがあり、次のように評している。「急進的な環境理論の第一線で、マレー・ブクチンほど長く、かつ熱心に研究した人はいない」。「レイチェル・カーソンの『沈黙の春』(1962) はブクチンの激しい思想の多くを盗用したもので、「人間の自然支配は、人間自身の人間支配から生まれた」というテーゼを、はっきりと打ち出したのはブクチンの本 (OUR SYNTHETIC ENVIRONMENT 私たちの合成環境, 1963) であった」[26]。

1983年に刊行されたキース・トマスの『人間と自然界』[27]は、16世紀から18世紀後半に至る近代イギリスにおける自然観の変遷を論じた重厚な思想史的研究である。関連文献の博捜、現代の文化人類学や文化記号学の研究成果への目配りなど学ぶべき点は少なくない。「ユダヤ=キリスト教の遺産は根底的に両極対立的なものだった」（24頁）とする彼の基本的立場は前述のパ

スモアと同じである。翌年,「人間を含むあらゆる種類の生物の,すべての社会行動の生物学的基礎を対象とする科学的研究」[28]と定義される社会生物学という新分野を 70 年代に切り開いた先駆者であるエドワード・ウィルソンの『バイオフィリア』[29]が刊行された。「バイオフィリア」とは「生命もしくは生命に似た過程に対して関心を抱く（人間に先天的に備わった－佐久間）内的傾向」を言うが,「バイオフィリアという概念の何が新しいのか？ それは,この概念が生み出すパースペクティヴの広がりである,と訳者は考える。バイオフィリア概念を導入することで,ウィルソンは,これまで倫理的な視点から語られることの多かった自然保護の問題を,生物学の視野のなかに取りこむことに成功している。さらに,人はなぜ生物に魅かれるのか,生物学という学問の存立基盤は何かといった問題にまで,議論の射程を伸ばしている」[30]と評されている（私は「バイオフィリア」という概念に接したとき思わず「万物一体の仁」という儒教の概念が浮かんだ）。環境科学は従来の科学の個別専門化を超えた融合的な性格を有しているが,環境思想の領域にあってもウィルソンがそうであるように自然科学者の提言が重要な役割を果たしている。

　1985 年,ハンス・イムラーの『経済学は自然をどうとらえてきたか』[31]が刊行された。本書は,重農学派（フィジオクラート）からイギリス古典経済学,マルクス経済学に至る経済思想史の読み直しを「経済理論における自然」を軸に行い,マルクス経済学を含む近代経済学において主流となった労働価値説に対して自然価値説を唱えたフィジオクラート（「自然の支配」が原義）特にケネーの主張を再評価しようとしたものである。彼は,ロック,スミス,リカードゥのイギリス古典経済学及びマルクスの経済理論における自然は労働に従属しており具体的な有限の社会的生産力及び自然的生産力として把握されず,抽象的な永遠に存続する単なる経済活動の手段にすぎないとする。このような自然観の形成が,ベーコン,デカルト,ニュートンによる近代的自然観の形成とパラレルであることは注目される。本書における古典の読み直しは環境思想史研究のあり方を示すものと言ってよい。

　1988 年,社会的実践にも強い関心を持つインドのヴァンダナ・シヴァの

『生きる歓び——イデオロギーとしての近代科学批判』[32] が刊行された。本書はマーチャントの『自然の死』の思想史的理解を踏まえたものであり、エコフェミニズムの代表的著作であるとともに第3世界からの発信としても貴重である。彼女の『緑の革命とその暴力』(1991)[33] は、インドのパンジャブ地域における緑の革命の実態を踏まえ、緑の革命を支えた農業観（それは現代最先端のバイオテクノロジーを駆使する農業観にもつながっている）を、持続可能性に支えられた在来の農業観と対比させながら、原理的に厳しく批判しており、その舌鋒は鋭いが極めて説得的である。持続可能な社会とそこにおける農業のあり方を展望していく上で教えられる点が多い。翌89年、アンナ・ブラムウェルの『エコロジー——起源とその展開』[34] が刊行され、1880年以降の西欧のエコロジー運動の起源とこの運動の展開の背後にある諸思想が考察されている。特に、従来明らかにされることのなかったエコロジー思想の西欧的特性を指摘していることは本書の特徴である。同じく89年、ロデリック・ナッシュの『自然の権利』[35] が刊行された。本書はアメリカにおける〈革命思想としての環境倫理思想〉の形成過程について思想史的な観点から概観したものであり、現代の環境運動における環境倫理学の意義についても言及している。環境思想史（著書、運動、思想）を学ぶ上で極めて有益である。

　1990年、エコフェミニズムの思想と運動の成果を記したイレーヌ・ダイアモンドとグロリア・オレンスタイン編集の『世界を織りなおす——エコフェミニズムの開花』[36] が刊行された。同書はエコフェミニズムとディープ・エコロジーの異同などを含め、エコフェミニズムの問題圏を知る上で有益である。「本書をあの非凡で、ひかえめだった女性、レイチェル・カーソンにささげる」に始まる「わたしたちすべてがレイチェル・カーソンから受けている恩義を、美しいことばで表現してくれたグレース・ベイリー」（編者による謝辞、14頁）の短文が同書冒頭に載っている。「カーソンはフェミニストを自認していなかったとはいえ、人間による自然界の理不尽な支配に対して感情的に、そして科学的に応答した最初の人が女性だったのは、偶然ではない」（編者による序文、15頁）という本書の指摘を見ても、カーソンがいかに環境

科学－環境思想史上重要であるか改めて考えさせられる。翌年刊行されたクライヴ・ポンティングの『緑の世界史』[37]は，環境史の立場からの世界史を記述したものとしては最も早いものの一つである。「本書には，歴史上の偉大な英雄も政治家もほとんど登場しない。主人公は地球の環境であり，声を上げることのできない自然や生き物，自然の生態系の一員として生きてきた先住民である。人類の活動をポジとすれば，これはネガの部分に光を当てた世界史ということもできるだろう。／本書を読めば，その膨大なデータと思いもかけなかった視点からの切り込みに，圧倒されるに違いない」（下，訳者あとがき，281頁）と評されている。アルド・レオポルドの環境史の視点の指摘からほぼ半世紀経って，その具体的成果が現れたのである。

　環境思想の蓄積の中で，漸く簡便なアンソロジーが編まれるようになってくる。アンドリュー・ドブソン編集の『原典で読み解く環境思想入門』[38]が1991年刊行され，日本では小原秀雄監修の『環境思想の系譜』（東海大学出版会）が1995年刊行された。後者は英語文献の抄訳を「環境思想の出現」，「環境思想と社会」，「環境思想の多様な展開」の3巻にまとめている。

　1997年，テオ・コルボーン，ダイアン・ドマノスキー，ジョン・マイヤーズにより『奪われし未来』[39]が刊行された。本書は広く迎えられ，初版は4年間で16ヵ国語に翻訳された（増補改訂版430頁）。増補改訂版の帯コピー「『環境ホルモン』すべてはこの一冊から始まった」は決して誇大な宣伝文句ではない。環境ホルモン（「内分泌攪乱化学物質」をこのように呼んだ最初は97年5月のNHKの科学番組である）の危険性に警鐘を鳴らした同書の意義は決定的であり，またそれは従来の科学の方法（化学，疫学等）に再考を迫るものとなった。同書も随所でレイチェル・カーソンの『沈黙の春』にふれており，いかに『沈黙の春』が現在に至る環境運動－環境思想において歴史的意義を持つものであるか繰り返し考えさせられる。

2．欧米からの提言と日本環境思想史研究の模索

(1) 欧米からの提言

　アルド・レオポルドの『野生のうたが聞こえる』はわずかに日本へ言及していた（341頁）にすぎないが，先に引用したようにリン・ホワイト・ジュニアの「現代の生態学的危機の歴史的根源」は人と自然を二元論的に理解するキリスト教と対比的にゾロアスター教以外のアジアの宗教を捉えていた。シューマッハーの『スモール イズ ビューティフル』は，「唯物主義」を基調とする「現代経済学」に対して「簡素と非暴力」を旨とする「仏教経済学」の意義を例えば次のように指摘する。「仏教経済学が適正規模の消費で人間としての満足を極大化しようとするのに対して，現代経済学者は，適正規模の生産努力で消費を極大化しようとするのである」（75頁）。環境思想への仏教の寄与という論点は彼から始まると言ってよい。

　パスモアの『自然に対する人間の責任』は，「自然崇拝と，これに結びつく精神，つまり最も繊細なしかたで自然を観想することを好むという精神——西欧で〈お月見〉などということが考えられるだろうか——が，何よりもまず目・鼻・耳に不快感をもたらすあの日本の工業文明の発展を阻止しないできたのである」（41頁）と日本の現状を批判し，「自然崇拝の伝統があるにもかかわらず，今日の日本ほど生態学的な破壊の顕著なところはどこにもない」（307頁）と指摘する。「日本語版への序文」でも，「生態学上，日本は人間のなしうる最善と最悪を示す一つの適例」であるとされ，本文の指摘とややニュアンスは異なるが「注意深い環境保全とむだの多い消費とが，かくも顕著に同歩調で進んでいるところもどこにもない」と指摘されている。トマスの『人間と自然界』も，「現代でも，日本人は自然を崇拝しているといわれているが，にもかかわらず日本の工業的汚染を阻止できなかった。生態学的問題は西洋固有のものではない」（23頁）と指摘し，上記のパスモアと同様の見解を示している。

　このような欧米からの問いかけに私たちは答える責務があるが，その場

合，アラン・リピエッツの『緑の希望――政治的エコロジーの構想』[40]の次のような指摘は重要である。彼は，「東洋的な「高いところに立って物事を眺める意識」すなわち，個別的結果よりもむしろ全体の大きな運動を重視する見方」を「責任回避的」と批判しつつ，「東洋的な「全体（Tout）」とドストエフスキー的な「他の誰よりも責めを負わねばならない私」とを融合することは，おそらく 21 世紀にとっていちばん大きな道徳的課題になるだろう」（23-24 頁）と指摘する。ナッシュ『自然の権利』の「日本語版への序文」における，環境倫理学が学問として明確化され，現実問題へ応用されるためには，「東洋の哲学と西洋の哲学との融合」が必要であるという提言に応える場合にも，リピエッツの指摘は踏まえられねばならないだろう。

(2) 日本環境思想史の模索

欧米において環境思想の画期となった 1970 年代前半に刊行された宇沢弘文『自動車の社会的費用』（1974，岩波新書）は，自動車交通を例に「外部不経済」あるいは社会的費用の問題を論じた先駆的なものである。著者は，「社会的費用の発生をみるような経済活動自体，市民の基本的権利を侵害するものであるという点から，許してはならない」（175 頁）と主張するが，有数の近代経済学者の一般読者向けの発言としても注目すべきである。70 年代後半に発表され，その後文庫化され版を重ねている鶴見和子『南方熊楠――地球志向の比較学』[41]は，後述するように，日本環境思想史を構想する上で最も重要である南方熊楠に関する最適の入門書であり，研究書である。日本環境思想史における南方熊楠の位置は本書によって定まったと言えよう。

経済学にエントロピー理論を組み込んだ〈広義の経済学〉を主張し，地域の生活者の立場から経済学を再構成している玉野井芳郎は『エコノミーとエコロジー』（1978，みすず書房），『生命系のエコノミー』（1982，新評論），『生命系の経済に向けて』（1990，学陽書房）等を著している。彼の『科学文明の負荷――等身大の生活の発見』（1985，論創社）におけるマルクスの労働過程論批判に対しては，韓立新「マルクスの労働概念とエコロジー」[42]が批判

している。ただし両者いずれも前述のイムラーの著作に見られるような労働価値説批判のパースペクティブはない。循環型社会の構築に向けて現代科学技術批判は環境科学の重要な課題であるが，河宮信郎『エントロピーと工業社会の選択』(1983)[43] は持続可能な社会に向けての科学技術の役割を考えるうえで最適の文献の一つである。

　1990年代に入り，日本においても漸く環境倫理学，環境哲学，環境思想を標榜する著作が登場するようになってくる。岡島成行『アメリカの環境保護運動』(1990，岩波新書) はアメリカの環境保護運動を知るための格好の入門書であるが，現状とともにその歴史や思想史的背景等にもふれており，「ヘンリー・デビッド・ソローからジョン・ミューア，アルド・レオポルドを経て確立してきたアメリカの自然保護思想は，レイチェル・カーソンらによって，もうひとつ広い範囲の環境保護運動という形に脱皮した」(195頁) と著者が概括するアメリカの環境思想の流れについても簡便に知ることができる。また同書の随所に見られるが，特に「終章　人と自然」における日本の環境教育，環境科学，大学の果たすべき役割等に関する提言は正鵠を得たものであり参考となる。前掲の加藤尚武『環境倫理学のすすめ』(1991) は「本邦初の「環境倫理学」入門の書である」(同書カバー宣伝文)。著者は代表的な環境倫理学者で精力的に活躍しているが，彼の『技術と人間の倫理』(1996，NHKライブラリー) の基本的立場は，「近代は，それを生み出した科学技術とともに，全面的に否定できるようなものではない。むしろ大事なことは，技術が歴史を変える力を持つことが明らかになってきたときに，その方向付けをしっかりする，舵取りを間違えないということである」(273頁) というものである。同書には熊沢蕃山と安藤昌益を論じた「第10章　江戸時代の森林保護思想」がある。

　反公害運動－環境運動で活躍してきた宇井純の編集によって徳川期の文献を含む環境思想文献のアンソロジー『谷中村から水俣・三里塚へ――エコロジーの源流』(社会評論社)[44] が1991年刊行された。「まえがき」には編集経緯が次のように述べられている。「元来日本思想史の専門家によって用意されているはずのこの巻を，社会運動に関係した一介の技術者が今まとめなけ

ればならないところに，問題の大きさの一端があらわれている。私自身も，運動の中で歴史をふり返ることが大切だと感じ，人にも伝えながら，この規模で系譜をたどる仕事に取組んだのは初めてであった。ここに集めたものは，編者が無から出発して，運動の中で考えるために必要と思われる記述であるが，全く頼るべきもののないところで，やむなく自分用に作った見取図のようなものである。おそらく大きな空白や，時には錯誤に類するものまで含まれていることだろう。……批判を前提としてこの時期に見取図を用意することを決心した」。彼の日本思想史研究への不満はまさに歴史的意義を持つものだと言ってよい。

　翌 1992 年，ベストセラーとなった中野孝次『清貧の思想』（草思社）が刊行された。「日本には物作りとか金儲けとか，現世の富貴や栄達を追求する者ばかりでなく，それ以外にひたすら心の世界を重んじる文化の伝統がある。……現世での生存は能う限り簡素にして心を風雅の世界に遊ばせることを，人間としての最も高尚な生き方とする文化の伝統があったのだ。……わたしはそれこそが日本の最も誇りうる文化であると信じる。今もその伝統──清貧を尊ぶ思想と言っていい──はわれわれの中にあって，物質万能の風潮に対抗している」（まえがき，2 頁）。「いま地球の環境保護とかエコロジーとか，シンプル・ライフということがしきりに言われだしているが，そんなことはわれわれの文化の伝統から言えば当り前の，あまりに当然すぎて言うまでもない自明の理であった，という思いがわたしにはあった。かれらはだれに言われるより先に自然との共存の中に生きて来たのである。大量生産＝大量消費社会の出現や，資源の浪費は，別の文明の原理がもたらした結果だ。その文明によって現在の地球破壊が起ったのなら，それに対する新しいあるべき文明社会の原理は，われわれの先祖の作り上げたこの文化──清貧の思想──の中から生まれるだろう，という思いさえわたしにはあった」（同上，4 頁）。著者はこうして，I では本阿弥光悦，鴨長明，吉田兼好，芭蕉，良寛，池大雅，与謝蕪村らの「清貧の思想」が外国人読者を想定して紹介され，II では「清貧の思想」の内容及び諸相が述べられている。『谷中村から水俣・三里塚へ』は史料集であり，『清貧の思想』はエッセイで

あるが，まさに両著は環境思想史研究の先駆であった。これらが日本思想史研究の専門研究者ではない人々の手によって成ったことは，日本思想史研究の側からの環境思想史研究が立ち遅れていることを端的に示している。環境思想への関心の増大を背景に，加茂直樹・谷本光男編『環境思想を学ぶために』（世界思想社）が 1994 年に刊行される。

　1995 年には関西唯物論研究会編『環境問題を哲学する』（文理閣）が刊行された。この頃から現代社会の諸問題に実践的関心を持つ哲学研究者の集団的研究が現れてくる。そのような研究者の代表的存在である尾関周二の『現代コミュニケーションと共生・共同』（1995, 青木書店）の「第IV章　共生・共同の理念──「リベラリズム」を超えて」における，共生と共同に関する哲学的考察，現代日本の文化・精神状況を踏まえた「共同的共生」と「共生的共同」の区別と関連の考察は興味深く，また，「動物の権利」思想やディープ・エコロジー等への目配りのきいた言及を含む「第V章　人間と自然の共生──自然へのコミュニケーション的態度」も示唆に富む。翌 96 年，『環境哲学の探求』を編集した尾関周二は本稿「はじめに」に引用したように，環境問題の拡大・深化を 3 期に区分して特徴づけている。同書に収録された論文はいずれも環境哲学の論点の整理及び理解に役立つが，特に「第I章　環境問題と人間・自然観」（尾関周二）におけるキャロリン・マーチャントの批判的評価，「第IV章　環境，所有，風土」（市川達人）における所有論，風土論，「第V章　エコロジーとフェミニズムをつなぐもの──共生の論理」（武田一博）におけるエコフェミニズムをめぐる論点整理などは参考になる。

　1998 年，日中両国研究者による共同研究である岩佐茂・劉大椿編『環境思想の研究──日本と中国で環境問題を考える』（創風社）が刊行された。同書には岩佐茂「日本における環境思想研究の現状と動向」があるが，このような概観は初めての試みである。同年刊行された山折哲雄編著『アジアの環境・文明・人間』（法蔵館）もアジア各国研究者による共同研究であり，アジア諸国の伝統文化に見られる環境観，「近代化」の中におけるそれらをめぐる状況，環境に対する危機意識や新たな環境観のアジア諸国における様態等を知る上で有益である。翌年刊行された農山漁村文化協会編『東洋的環境思

想の現代的意義——杭州大学国際シンポジウムの記録』(農山漁村文化協会)も日中両国研究者による共同研究である。「人間と自然が対立する西洋思想対人間と自然が合一する東洋伝統思想という単純図式が不十分であることは、ほぼ共通理解となった」(14 頁)と同シンポジウムの意義が指摘されているが、収録論文の中にはこの「単純図式」に基づいたものも見受けられる。「日本的・東洋的自然観を西欧的自然観に対置して、その自然との親和性などを称揚するにとどめるのでなく、……日本的・東洋的自然観において蓄積されたリアルで合理的な発想を科学的思考との緊張関係のなかで吟味しつつ、西欧近代の自然観の原理的問題点や限界を克服していくのに寄与させるとともに、自然と人間の共生を可能にする脱近代的な新たな自然観の形成に役立てていくという態度が重要である」(278-79 頁)という尾関周二の指摘は、日本環境思想史研究の方法を考える上でも重要であろう。また、中国思想(孟子、荀子、老子、荘子、墨子、風水等)における環境思想の指摘は史料的にも教えられることが多い。日本の環境思想では、神道、熊沢蕃山、安藤昌益、今西錦司等が取り上げられている。

　2000 年に刊行された長崎大学文化環境研究会編『環境と文化——〈文化環境〉の諸相』(九州大学出版会)は〈文化環境学〉を構想した研究であるが、同書には井上義彦「三浦梅園とカントに見る自然観」と陶山訥庵の農政論の意義を論じた拙稿「近世対馬と陶山訥庵」の二つの環境思想史関係の論文が収録されている。同年刊行された尾関周二『環境と情報の人間学——共生・共同社会に向けて』(青木書店)は「環境化」を「環境・生命をめぐる問題性の進展とその自覚」と捉え、アリストテレス、デカルト、カント、マルクス等の古典にも立ち返りつつ、現代の情報化をめぐる議論や生物学の成果にも言及して、幅広い視野から人間学を論じており、そのアクチュアルな問題意識とともに、環境思想を考える上でも参考になる点が多い。翌年刊行された尾関周二編『エコフィロソフィーの現在——自然と人間の対立をこえて』(大月書店)は 5 年前に出版した『環境哲学の探究』の続編と言えるものであるが、「多くの執筆者の関心の〈現在〉が、環境倫理学の論争の基軸をなす自然中心主義と人間中心主義をめぐる論争にあった……したがっ

て，その論争を少しまとまって色々な角度から考えたい読者には，とくに格好の本となったと思われる」(227-28頁)。「第5章 東洋思想からの人間－自然関係理解への寄与の可能性——仏教思想を中心に」(亀山純生)は日本環境思想史を構想する上で参考になるが，また機械論的自然観の確立として環境思想史においてしばしば批判的に言及されるデカルトの自然概念を再評価する「第4章 環境哲学の構築に向けて」(河野勝彦)や，「コミュニケーション論的転回」に加え「環境論的転回」の視点の必要性を説く「第6章 環境倫理の基底と社会観」(尾関周二)なども示唆に富む。

3．日本環境思想史の構想

既にふれたように，現代の環境哲学・環境思想の構築に際して，非欧米的な思想の寄与を想定し，例えば仏教，儒教，老荘思想等の環境思想を再評価しようとする研究があるが，これらは日本環境思想史研究に密接に関連するものである。ただし日本環境思想史研究の固有の課題を考えるならば，環境思想史の立場[45]から列島における思想的営為を再評価する，あるいは新たに発掘することであると言えよう。そのような視点に立って，ここでは日本思想史の〈読み直し〉によって試論＝私論的に日本環境思想史の骨組みを描いてみたい。

(1) 南方熊楠 (1867～1941) ——日本環境思想史の基軸——

熊楠は柳田国男と並んで民俗学の創唱者として知られているが，明治維新の真っ直中に生まれ，太平洋戦争の開始された年に没している。その生涯は近代日本の歩みと重なっており，戦後をひとまず除けば日本環境思想史の終点に位置する人物と言ってよい。鶴見和子の先駆的指摘を受け熊楠を日本環境思想史の基軸と評価するのは，次のような理由による。①当時の西欧の最新の学問であるエコロジーを紹介した（彼は「植物棲態学」と訳している）[46]。また，アメリカ環境思想の先駆者ソローに言及している（ただし彼がその環境思想に注目したか否かは不明である）[47]。②神社合祀反対運動の指導的

存在となる中で，エコロジカルな視点からの環境保全，民俗の尊重，中央に対する地方＝地域の重視という立場を明確にした。③彼は生物学を中心に当時の欧米の自然科学に精通していたが，西欧の科学的論理に拝跪することなく仏教の論理に基づく東西思想の〈融合〉を主張した。〈南方曼陀羅〉と称される彼の認識の枠組み[48]は仏教的論理の新たな可能性を先駆的に示すものである。④後述するように，日本環境思想史の起点に位置付けられる熊沢蕃山（1619～91）に言及している（この点は鶴見和子氏を含む従来の熊楠研究では全く注目されていない）。こうして日本環境思想史は17世紀の蕃山から熊楠に至るほぼ250年の時期をさしあたり対象とすると言ってよい。

　紙幅の関係もあるのでここでは上記の②について具体的に述べておきたい。明治政府は近代化のために急速な中央集権化を図ったが，市町村合併が行政におけるその具体策であったとすれば，神社合祀は国民教化におけるその具体策であった。1906年に出された1町村1社を原則とするいわゆる神社合祀令の下で，神社合祀は強力に展開され，1911年末までに全国で8万の神社が合併もしくは廃止された。熊楠の住む和歌山県は三重県に次いで廃止率が高く神社数は従来の4.7分の1に減少した[49]。彼は当初から神社合祀に反対したが，1912年2月9日付けの白井光太郎宛書簡に載る「神社合祀に関する意見」[50]では，次の理由を挙げ神社合祀に反対している。①「神社合祀で敬神思想を高めたり」と評するのは誤りでむしろ逆である。「田舎には合祀前どの地にも，かかる質樸にして和気藹々たるの良風俗あり。平生農桑で多忙なるも，祭日ごとに嫁も里へ帰りて老父を省し，婆は三升樽を携えて孫を抱きに娘の在所へ往きしなり」。「大字ごとに存する神社は大いに社交をも助け，平生頼みたりし用談も祭日に方つき，龎闘なりし輩も和熟親睦せしなり」。ところが合祀社は遠方の新たに設立されたものであるため，このような良俗はなくなり「敬神の実を挙げ得ず」。②合祀に至る経緯において種々の不明朗な事件が生じたりするので，「合祀は民の和融を妨げ，加えて官衙の威信をみずから損傷する」。③従来地方の神社は社殿，社地及び「神林」（鎮守の杜）があり，また祭礼はその地方に多くの収入をもたらし，祭礼に関連して生活する人々も多かったが，「合祀は（そのような状況を変え）

地方を衰微せしむ」。④「わが国の神社，建築宏大ならず，また久しきに耐えざる代りに，社ごとに多くの神林を存し，その中に希代の大老樹また奇観の異植物多し。これ今の欧米に希に見るところで，わが神社の短処を補うて余りあり」。「千百年を経てようやく長ぜし神林巨樹は，一度伐らば億万金を費やすもたちまち再生せず。熊沢伯継の『集義書』に，神林伐られ水涸れて神威竭く，人心乱雑して騒動絶えず，数百年して乱世中人が木を伐るひまなきゆえ，また林木成長して神威も暢るころ太平となる，といえり」。くだくだしい説教等をまたず「ひとえに神社神林その物の存在ばかりが，すでに世道人心の化育に大益あるなり」。それゆえ「神社合祀は国民の慰安を奪い，人情を薄うし，風俗を害することおびただし」と結論するのである。⑤「合祀は愛郷心を損ず」。「愛郷心は愛国心の根本なり。英国学士院バサー氏いわく，人民を土地に安住せしむるには，その地の由緒，来歴を知悉せしむるを要す，と」。「古来神社は皆土地と関係あり，合祀しおわればすなわち土地と関係なき無意味のものとなる」。⑥「西洋諸国，土一升に金一升を惜しまず鋭意して公園を設くるも，人々に不快の念を懐かしめず，民心を和らげ世を安んぜんとするなり。わが邦幸いに従来大字ごとに神社あり仏閣ありて人民の労働を慰め，信仰の念を高めると同時に，一挙して和楽慰安の所を与えつつ，また地震，火難等の折に臨んで避難の地を準備したるなり」。また「佐々木忠次郎博士は……我が邦の大字ごとにある神林は欧米の高塔と等しくその村落の目標となる，と言えり。漁夫など一丁字なき者は海図など見るも分からず，不断山頂の木また神社の森のみを目標として航海す」。災害等の後に「神林を標準として地処の境界を定むる例多し」。また逆に「合祀伐木のため飲料水濁り，また涸れ尽くせる村落あり」。「今のごとく神林伐り尽されては……鳥獣絶滅のため害虫の繁殖非常にて，ために要する駆虫費は田畑の収入で足らざるに至らん」。まさに「神社合祀は土地の治安と利益に大害あり」。⑦「神社合祀は勝景史蹟と古伝を滅却す」。⑧「合祀は天然風景と天然記念物を亡滅す」。「小生思うに，わが国特有の天然風景はわが国の曼陀羅ならん。……無用のことのようで，風景ほど実に人世に有用なるものは少なし」。「わが国の神社には，その地固有の天然林を千年数百年来残存せるも

の多し。これに加うるに、その地に珍しき諸植物は毎度毎度神に献ずるとて植え加えられたれば、珍草木を存すること多く、偉大の老樹や土地に特有の珍生物は必ず多く神林神池に存するなり」[51]。

(2) 熊沢蕃山（1619～91）──環境保全論の嚆矢──

　蕃山は後述する荻生徂徠と並ぶ前期経世論の代表的存在であり、その特有の心学や人情事変論等も研究史において注目されてきた。日本環境思想史の具体的記述を彼から始める理由は以下のとおりである。列島の基幹的生業であった農業においては、耕地面積の拡大と単位面積当たりの収穫量の増大の二つの側面から生産力の増大が図られたが、この時代には、前代に引き続き耕地面積の拡大のために開発が推進される一方で、既耕地の荒廃をもたらしかねない開発が反省されるようになり、農業技術の発展と相まって単位面積当たりの収穫量の増大を図る肥培管理に力点を置く集約的農業が重視されてくる。

　蕃山は農本主義の立場に立ち、発展しつつある商品－貨幣経済の権力的統制を主張するとともに、新田開発に反対し特有の治山治水論を述べる[52]。その論理は『大学或問』上[53]では次のごとくである。まず彼は「山川は国の本なり」とする。近年山々が荒廃し河川が浅くなったのは、生活が奢り特に寺院建立のための材木や薪炭用に木々を伐採したからである。乱世となり戦争が続けば人口は減少し、戦費が甚大となり奢る余裕などなくなり、荒廃した山々や河川は再び旧来の姿に戻るだろう。しかし乱世を望むのは人道に反するから「政にて山茂り川深くなる事」を考えねばならない。「仁政」を行い資金を確保すれば、「山川の政」を実施することはたやすい。吉野・熊野・木曽等の山々の樹木の伐採を禁止し、それに従事していた人々は他の生業への転換を図る。そして「草木なきはげ山を林となす事」を実施する。「杉・桧並に雑木、山々に多き時は、夏は神気盛になりて、夕立たびたびすべければ、池なくとも日損（旱魃）なかるべし」（彼は「松山は山土・田地ともに悪し」とする）。また「諸国川堤の普請は、俗に飯上の蝿を追ふというが如し。今の地理の勢（土地の状態のなりゆき）に不叶。永久の道は、山林茂

り，川深くなるにあり」とし，その具体策を提言する。流域に新田を開発し灌漑しようとするからかえって旧来の田畑を損耗してしまう。それゆえ「新田の多きは国の為よろしからず。おこさざるにはしかじ」と断言されるのである。

(3) 『農業全書』——列島の実態に見合った農業生産の主張——

　列島各地域の実態に見合った農業技術のあり方や農業経営の心得を記した「農書」は，その一部が16世紀後半に成ったと推定される『清良記』に始まるが，徳川期に入ると数多く現れる。その代表的なものが刊本農書の嚆矢である1697年に刊行された宮崎安貞（1623〜97）の『農業全書』[54]である。同書では，先進的な畿内を中心とした具体的な農業技術が紹介されるとともに，①農事には「才覚機転」を用いることが大切であり，②耕地規模は家内労働力よりもひかえめにして，「深く耕し，委(くわ)しくこなし，厚く培(つち)かふ」ことが大切だとされたが，まさにこれは集約的農業の基本を示したものだと言ってよい。

　郡奉行として対馬藩の農政を担当した陶山訥庵（1657〜1732）は，自給自足的・集約的対馬農業の確立を念願し，そのためには対馬農業の最大の害獣となっている猪の絶滅（殲猪）こそ「農政の先務」であると位置づけ，藩の総力を挙げて実施した。1687年幕府より出された「生類憐れみ令」を憚り「猪鹿追い詰め」と称されたこの事業は，1700年の開始以来8万頭を超える猪を殺して終了し，以後対馬から猪の姿が消えたのである。彼は殲猪に対する批判に対して次のように答えている。対馬島内の猪を絶滅させたとしても，島外にはなお猪は生息しているのであるから，「天理にて自然と生じたる獣」を殺し尽くすことにはならないが，一島に生存してきた獣を一種でも絶滅させることは快いことではないから，他地域で生存させる方途があるならそうすべきだとして（口上覚書），実際対馬の猪の子が釜山の倭館近くの無人の孤島に放たれたのである。また彼は農政の指針を『農業全書』から学び，「田家の鑑にして国郡の宝なり」（農業全書約言）と激賞する同書及びその要文を抜粋した「農業全書約言」を対馬の郷村に配布した。彼は先に指摘

した『農業全書』の特質の①を「人事にて天災を軽しむる道理」(民事紀聞附録)と指摘し,彼に私淑した松浦桂川(1737～92)は,「天道任セ」の対馬農業に対比させて積極的・主体的な営農姿勢を「人力ヲ以天工ヲ奪」うものとしている(桂川答問書)[55]。

(4) 荻生徂徠 (1666～1728) ——有限の資源の身分的消費——

　近世特有の思想領域である経世済民の思想(その略語の「経済」は明治期にeconomyの訳語として定着する)は,文字どおり「世を経め民を済う」全領域を指すが,徂徠門下の太宰春台(1680～1747。『経済録』を著す)を境に,農本主義を前提に商品経済の権力的統制を特色とする前期経世論と,商品経済を積極的に活用し重商主義的政策を主張する後期経世論に分けられる。前期経世論では儒教的経済政策の基本である「入るを量りて出づるを制す」を踏まえ,生産の拡大よりも資源配分と消費の抑制が主張されることが多い。荻生徂徠は『政談』巻2[56]で次のように述べ,有限の資源を適切に用いるために「上下ノ差別ヲ立ル」制度の必要を論じ,そのような制度に従うことが「礼」であるとした。「総ジテ天地ノ間ニ万物ヲ生ルコト各其限リアリ。日本国中ニハ米ガ如何程生ル,雑穀如何程生ル,材木如何程生ジテ何十年ヲ経テ是程ノ材木ニ成ト言ヨリ,一切ノ物其限リ有事也。其中ニ善モノハ少ク,悪モノハ多シ。依之衣服・食物・家居ニ至ル迄,貴人ニハ良物ヲ用ヒサセ,賤人ニハ悪モノヲ用ヒサスル様ニ制度ヲ立ルトキハ,元来貴人ハ少ク賤人ハ多キ故,少キモノヲバ少キ人用ヒ,多キモノヲバオヽキ人ガ用レバ,道理相応シ,無行支,日本国中ニ生ル物ヲ日本国中ノ人ガ用ヒテ事足コト也」。この主張は〈身分的消費〉という点に時代的制約があるが,「一切ノ物其限リ有事也」という〈資源の有限性〉の自覚は注目される。

(5) 石田梅岩 (1685～1744)
　　　——「正直」と「倹約」,ホリスティックな世界像——

　石田梅岩は庶民の思想教育運動である石門心学の祖であるとともに,徂徠が幕閣周辺で活躍した特権的儒者であったのとは対照的に,農民に出自し商

人としての生活を送った後に市井で講説した儒者であった（従来の研究では彼は儒者として位置付けられないことが多いが，彼自身は明確に儒者と自覚していた）。徂徠とは異なり仏教・老荘・神道等にも寛容であり，その意味でも彼は非特権的な儒者であった。彼は「正直」と「倹約」を主張したが，従来の理解は正鵠を得ていないと思われる。彼に先立つ元禄期の町人思想家として知られている西川如見（1648～1724）の『町人嚢』には，「吝嗇」は「私欲」から「倹約」は「天理」から出るものとし，「一粒の米，一枚の紙も無用に費し失ふは，則天下の用物を費し失ふ道理なれば，天地造化の功をそこなふの咎あり。此こゝろを守りつゝしむ人は，君子の倹約にかなふべし」という一節がある。梅岩の倹約論も恐らくこれを踏まえており，「私欲」のないことが「正直」であり，「私欲」よりなす「倹約」は吝嗇とされ，「正直よりなす倹約」が主張される（倹約斉家論）。彼は「倹約」を端的に「侈ヲ退ケ法ニ従フコト」（都鄙問答）とするが，「約ト云ハ倹約ノミニアラズ。法式ニ依テ行フ所ナリ。法ハ聖人ヨリ立テ本天ヨリ出ル所ナリ」（石田先生語録105）と言われる場合，ここでの「倹約」が狭義の倹約すなわち「分限」に応じた消費あるいは節約（語録1では「世界ノ為ニ三ツ入ル物ヲ二ツニテスムヤウニスル」と述べられる。このような考えに基づく彼のエピソードが語録や門人の編纂した「石田先生事蹟」に載っている）の意であり，「法式」及び「法」が「礼」を指すことは明らかである。彼が重用する『論語』において，「約」あるいは「倹」が「礼」の実践との関わりで述べられていることも想起しよう。すなわち彼における（広義の）「倹約」は狭義の倹約の意を含みながら，「礼」にかなった実践（実定法的な秩序の遵守から道徳的実践に至るまで）を意味している。『倹約斉家論』の「倹約序」の定義「倹約は財宝を①節く用ひ，我分限に応じ，過不及なく，②物の費捨る事をいとひ，③時にあたり法にかなふやうに用ゆる事成べし」に即して言えば，②が狭義の倹約を，①と③が「礼」にかなった実践を示していると言えよう。いずれにせよ消費の抑制が人の生き方の根本に据えられていることは注目してよい。

梅岩はまた生物の相互依存性あるいは共生的世界観を明確に述べている。「惣テ天地ノ間ニ生ジタル物ハ互ニ養ハルゝ者」とされ（語録31），「天道ハ

生々シテ無窮。其ノ生ル物互ニ物ヲ助クル道也。譬ヘヲ以テ云ハン。草生ジテ其草ヨリ虫ヲ生ジテ此ヲ育フ。其ノ虫又小鳥や或ハハチ（蜂）ナドヲ育フ。其ノ小鳥ガ又タカ（鷹）ノ類ヤ又人ヲ養フ。又其ノタカナド人ノ用ヲナス。又五穀ハ人ヲ養フガ道ナリ」（語録315）と述べられる。この場合，「私心ナキ時ハ殺生スルトテモ人ヲ害フ者ニハアラズ。義ニ依テナレバ人ヲ誅シ魚鳥ヲ殺シ玉ヘドモ人徳アル聖人ト云」とされ，続いて「森羅万象悉ク相互ニヤシナハル、者ナレバ，汝一人仲間ヲ除コト（殺生を一切しないこと）ハナルマジ。向後仲間入シテ世界平等ノ心トナラルベシ。コノ心ヲ悟ル時ハ虫一疋モ無益ニ殺サズ。木切レ一本モ無益ニ費サズ，五穀一粒モ麁末ニセズ，已レガ勝手ニ私シテ人ノ心ヲ害ハズ」と述べられる（語録6）。「天道」のダイナミックな「生々」作用，生物の相互依存性と殺生の不可避性の自覚，それゆえの謙虚な消費態度——まさにホリスティックな世界描写と人間把握の一例と言えよう[57]。

(6) 安藤昌益（1703？〜62）——「自然」そして米の根源性——

　医師であった安藤昌益は，「不耕貪食」の支配者が「直耕の転子」である農民を搾取・支配する階級社会の政治的・イデオロギー的抑圧を激越に批判した思想家として知られている。彼は誰もが農耕に従事する無差別平等の社会である「自然の世」に対して，近世社会を含む階級社会を「法の世」と捉え，文字及び儒・仏・老荘・医術をはじめ既成の学問すべての，階級支配を隠蔽するイデオロギー性を剔抉し指弾する。それは通用の「天」「地」の字が既にイデオロギー性に深く侵されているとし，それに換え同音でその自然的意味を表す「転」「定」の字を用いるほどに徹底している。彼は「転定」・人・米粒は類似の構造を有していると捉え，根源的食糧である米を生産する稲作農耕こそ人々が従事すべき生業とされ（商業は厳しく批判される），それゆえに他の誰とも異なって農民こそ「直耕の転子」と捉えたのである（以上，自然真営道，統道真伝）。

　このような昌益は自然の相互依存性をどのように捉えたか。親-子，大-小，多-（少）の概念を駆使する自然の「食道」（食の法則）に関する『統

道真伝』人倫巻[58])の所説を紹介しておきたい。①ある物が他のある物を生み出し，(ある物がある物を食う場合) その食われる物が食う物の親である。これが「自然親子ノ道」である。人は米穀を食うから人の親は米穀であり，穀物は糟粕を食うから，糟粕は穀物の親である。人は「鳥獣虫魚」の肉を食うけれども，それらは人と同じように米穀の子であるから「米穀 (ノ) 補助」にすぎず人の親ではない。②米穀は小粒だが多量に生じるので，その「精」が凝集して大なる人を生じる。鳥獣虫魚のいずれの場合も，小さく数が多い物の精が凝集してより大きな物を生じ，そのより大きな物は小さく数が多い物を食う。大きな物が増えると，その大きな物の精が凝集してさらに大きな物が生じ，その大きな物はそれに次ぐ大きな物を食う。鳥獣虫魚はすべて皆このような大一小の関係にある。これは「自然」が気の「運回」によって人と万物を生み出し，それぞれの「食道」を示し，それによって「常ヲ得ル」(生命を維持させている) すぐれた働きである。だから「ソノ食トスル所ノ物ハ，其ノ物ノ親ナリ。食ス所ノ物ハ，其ノ食セラルル物ノ子ナリ」とされるのである。

(7) 海保青陵 (1755〜1817) と本多利明 (1744〜1821) ——開発と交易——

 18世紀後半に至る商品経済の一層の発展とそれに伴う消費社会の進展を背景に，〈有限の資源の身分的消費〉という考えは，荻生徂徠の孫弟子に当たる後期経世論の代表的思想家である海保青陵においては既に否定されている。彼の用いる「経済」は徂徠学の重要概念である「礼楽刑政」に関わる「儒者ノイフ経済」の意味ではなく，「金銀ノ事」に関わるものであった。このような用法が既に「大坂ノ経済家」(彼が高く評価する升屋小右衛門＝山片蟠桃等を指すのであろう) の間に見られると彼は指摘している。彼は，「富国ノ術ハ国 (藩) ヘ入ル金ノ入ル (こと) ノ多キヨフニスル事ナリ」と捉え (以上，本富談)[59)，「田モ山モ海モ金モ米モ，凡ソ天地ノ間ニアルモノハ皆シロモノ (代物＝商品) ナリ。シロモノハシロモノヲ生ムハ理ナリ」として，「シロモノウリカイ」(商品経済) の発展があらゆるものを商品化していくことを指摘し，商品生産こそ富国の捷径であることを強調する。よく知られて

いるように，彼は「君ハ臣ヲカイ，臣ハ君ヘウリテ，ウリカイナリ」(以上，稽古談) と述べ，君臣関係すら商業の論理で説明していたのである。

青陵とともに後期経世論を代表する本多利明は，青陵より広い西洋知識に支えられ富国の具体策として「四大急務」を指摘したが，海外貿易のための船舶の建造と並んで開発用の火薬の製造・金属鉱山の開発・蝦夷地を主とする諸島の開発が挙げられている（この開発と交易による富国の主張の背景には特有のマルサス的人口増大論がある）。彼は，「日本は海国なれば，渡海・運送・交易は固より国君の天職最第一の国務なれば，万国へ船舶を遣りて，国用の要用たる産物及び金銀銅を抜き取りて日本に入れ，国力を厚くすべきは海国具足の仕方なり。自国の力を以て治めるばかりにては，国力次第に弱り，その弱り農民に当たり，農民連年耗減するは自然の勢ひなり」と指摘し，「異国交易は相互に国力を抜き取らんとする交易なれば，戦争も同様なりき」（以上，経世秘策）[60]と把握する彼の認識は，キリスト教を肯定的に評価し西洋の政治形態を範とすべきであるとする主張とともに，鎖国禁教下にあって確かに注目すべきものであった。

このように後期経世論の主張はその後の日本の進路を先取りしていたが，彼らにあっては列島の自然は商品生産のための開発の対象としてしか位置付けられていず，そのこともまた近代日本の開発のあり方を予告するものであった。

(8) 二宮尊徳 (1787～1856) と大原幽学 (1797～1858) ── 自然と労働 ──

19世紀に入ると，商品経済の発展の一方で荒廃しつつある農村の復興をめざし，農村における具体的実践を踏まえた自然－労働観や生活意識の倫理化を図る主張が現れてくる。刻苦勉励の少年期を送り20歳の時に没落した生家を復興した体験を持つ二宮尊徳は後に「報徳仕法」と呼ばれることになる計画的な農村復興策の実践者として知られるが，「自然」に対する「作為の道」である「人道」こそ人の務めるべき責務であるとし，農業労働の根本的意義を理論付けた（二宮翁夜話）[61]。従来の研究ではこのような「自然」に対する「作為」の重視が評価されるけれども，彼にあっても労働対象として

の自然はなお人間の諸活動の根底的基盤であった。彼の理論的主著と言ってよい35の円図を儒仏の用語を交えた短文で解説した『三才報徳金毛録』では,「もし田圃なければ, 人倫をしてつひに人倫たらざらしむるを得んか」,あるいは「田徳あるが故に衣食住あり。衣食住なければ人界にあらず。衣食住あるが故に人界たり。人界に処する者は田圃より貴きはなし」と述べられ,「因果輪廻」は「米の種を蒔けば, 米の穂を生じ, 米の花を発き, 米の実を結ぶ」という例で説明されている。まさにこのような彼の理解は自らの体験に根ざしたものであった。

　下総の農村で農民指導者として活躍し, 世界最初の協同組合と評される「先祖株組合」(共有地を前提とする共同的な村落経営) の結成で知られている大原幽学は, 朱子学的用語を用いて「性学」を主張した。彼は「天地の和則性, 性則和」として自然の調和的あり方によって人間を把握し,「人は天地の和の別神霊(わけみたま)(神道用語。分霊ないし分身) の長たる者故, 天地の和の万物に逮(ゆ)き及ぼす如くの養道を行ふこそ人の人たるの道とす」(微味幽玄考)[62]と述べられる。同書でしばしば用いられるこの「人は天地の和の別神霊」という把握は彼の人間観の特徴である。それに基づき具体的な生活指針として説かれる「分相応・器量相応」は目新しい主張ではないが, それが上からの教説としてではなく彼自身もそこで生きる具体的な農村生活を背景に説かれるのである。彼は自らの出自である武士を理想視し,「分相応」に見られるように実定法的な社会秩序の遵守を主張したが, 彼の指導した村落経営(例えば, 彼の活動の中心地であった長部村〈千葉県干潟町〉には門人達の修練のための教導所「改心楼」が彼の設計により建造された) が幕府より異端視され, 自死するという悲劇の人であった。

(9)　**田中正造 (1841〜1913)** ―― **公害反対運動の先駆** ――

　1891年の帝国議会第2議会で政府に質問書を提出して以降, その生涯をかけて足尾銅山(古川鉱業の所有) 鉱毒問題(96年の渡良瀬川の氾濫以来鉱毒被害は深刻化し, 彼はこの問題を流域被害民の人権問題として捉えるようになる) を追及した田中正造の思想と行動は既によく知られており, 公害反対運動の

先駆としての評価も定まっているから，紙幅の関係上繰り返さない。ここでは彼が 1911 年,「栃木群馬茨城埼玉千葉及び東京の一府五県の（「利根川を中心と為せる」）治水の要道を研究する」ために組織した「下野人の学術的実地調査の研究会」である「下野治水要道会」（下野治水要道会趣意）[63] の歴史的意義についてふれておこう。彼が闘った足尾銅山鉱毒問題から現代の環境問題に至るまで，政府等の組織する調査委員会は被害の実態を明らかにし汚染源を特定し被害民に補償をしていく上で極めて不十分な役割しか果たさないことが多く，むしろ汚染企業等を擁護し被害の実態を隠蔽することすらまれではなかった。したがって，高度成長期に顕在化した四大公害の一つである水俣病問題に見られるように，被害民の立場に立った調査研究活動の役割は極めて重要であると言ってよい。彼が組織した「下野治水要道会」はまさにそのような市民的調査研究活動の嚆矢であった。

おわりに

日本思想史研究において民衆思想史研究という新しい研究領域を切り開いていった安丸良夫は，従来の研究方法を批判して次のように述べている。「民衆的諸思想を研究するさいに，自然と人間との分裂や，経験的合理的認識の発展や，自我の確立などを分析基準とするのは，理念化された近代思想像に固執してそこから歴史的対象を裁断するモダニズムのドグマである。近世から近代にかけて，こうしたモダニズムの方法をとれば，あらたな思想形成の方向がみられるのは，ほとんど例外なく支配階級の立場かその周辺部にうまれた諸思想である。これらの思想のあたらしさは，それぞれの歴史的段階で「近代化」の方向へ指導権をもっていたり，あるいはもっとも鋭くその方向を見とおしていたもの（支配階級の改良的分子）のあたらしさである」[64]。この指摘は日本環境思想史研究の場合にもほぼ当てはまると言ってよい。近代的世界観を支えてきた「デカルト的パラダイム」や労働価値説等の限界が特に 20 世紀後半の生態学的危機によって現実のものとなっている現在，その危機の中から新たな研究方法と思想史像を構想していかなければならない

だろう。その場合,「モダニズムのドグマ」によって切り捨てられてきたものを再評価していくことは重要な一歩となるに違いない。

注

1) 尾関周二編『環境哲学の探求』(1996, 大月書店) 9頁。
2) Rachel L. Carson, *SILENT SPRING* (1962). 青樹築一訳『生と死の妙薬』(1964, 新潮社。『沈黙の春』と改題し, 1984, 新潮文庫)。同書の引用は新潮文庫版に拠り, 頁数を記す。同書の意義について後に次のように指摘される。「国際的で長期的なエコロジー運動は, 大まかに20年以上前のレイチェル・カーソンの『沈黙の春』をもって始まった」(アルネ・ネス, 後述の『ディープエコロジーとは何か』335頁)。「多くの人が, レイチェル・カーソンの著書『沈黙の春』の初版が出版された1962年を, 現代の環境運動のはじまりの年としてきた」(アンドルー・ドブソン, 後述の『原典で読み解く環境思想入門』15頁)。
3) *THE SENSE OF WONDER* (1965), 上遠恵子訳『センス・オブ・ワンダー』(1991, 佑学社)。
4) Aldo Leopold, *A SAND COUNTY ALMANAC* (1949), 新島義昭訳『野生のうたが聞こえる』(1986, 森林書房。改訳し, 1997, 講談社学術文庫)。同書の引用は講談社学術文庫版に拠り頁数を記す。
5) 後述の『環境と倫理』上, 序文参照。
6) Lynn White Jr., *The Historical Roots of Our Ecological Crisis* (1967), 同氏著 *MACHINA EX DEO* (1968) に収録。青木靖三訳『機械と神』(1972, みすず書房。後「みすずライブラリー」の1冊, 1999) の「第5章 現在の生態学的危機の歴史的根源」。同論文の引用は「みすずライブラリー」版に拠り頁数を記す。
7) Donella H. Meadows, Dennis L. Meadows 他, *THE LIMITS TO GROWTH* (1972), 大来佐武郎監訳『成長の限界』(1972, ダイヤモンド社)。同書の20年目の新版と言ってよい Donella H. Meadows, Dennis L. Meadows 他, *BEYOND THE LIMITS* (1992), 茅陽一監訳『限界を超えて』(1992, ダイヤモンド社) の「監訳者あとがき」によれば, 同書は世界中で29の言語に翻訳され900万部も売れたという。
8) Christopher Stone, *Should Trees Have Standing?* (1972), 岡嵜修・山田敏雄訳「樹木の当事者適格」(『現代思想』1990年11月号)。なお, 同論文が訳載された『現代思想』1990年11月号は,「木は法廷に立てるか——エコロジーを超えて」という特集を組んでおり, K. S. Shrader-Frechtte の *Technology, the Environment and Intergenerational Equity*「テクノロジー・環境・世代間の公平」等が掲載されている。
9) 畠山武道「(「樹木の当事者適格」) 解説」, 『現代思想』1990年11月号, 96頁。
10) Ernst F. Schumacher, *SMALL IS BEAUTIFUL* (1973), 斎藤志郎訳『人間復興の経済』(1976, 佑学社), 小島慶三・酒井懋訳『スモール イズ ビューティフル』(1986, 講談社学術文庫)。同書の引用は講談社学術文庫版に拠り頁数を示す。

11) Arne Naess, translated and edited by David Rothenberg, *ECOLOGY, COMMUNITY, AND LIFESTYLE* (1989), 斎藤直輔・開龍美訳『ディープエコロジーとは何か』(1997, 文化書房博文社), 302頁参照。「エコソフィS」というのはネス特有の用語。彼は, エコロジーと哲学に共通した諸問題を研究する「エコフィロソフィー」のうち, 個人の決断を導く価値基準及び世界観を「エコソフィー」と呼ぶ(同上書61頁参照)。Sはシューマッハーの頭文字であろう。

12) Arne Naess, *The shallow and the deep, long-range movement* (1973). edited by Alan Drengson and Inoue Yuichi, *THE DEEP ECOLOGY MOVEMENT* (1995) に収録。同書の大部分は, 井上有一監訳『ディープ・エコロジー』(2001, 昭和堂)として邦訳されている。同論文は31-41頁に収録されており, 引用はそれに拠る。同書は現時点におけるディープ・エコロジーの最良の入門書であろう。

13) John Passmore, *MAN'S RESPONSIBILITY FOR NATURE* (1974). 間瀬啓允訳『自然に対する人間の責任』(1979, 岩波現代選書。1998, 特装版)。同書の引用は特装版に拠り頁数を示す。

14) 加藤尚武『環境倫理学のすすめ』(1991, 丸善ライブラリー) 222頁参照。

15) Peter Singer, *ANIMAL LIBERATION* (1975), 戸田清訳『動物の解放』(1988, 技術と人間)。ピーター・シンガーは国際生命倫理学会の初代会長であり, この分野の代表的な哲学者である。

16) edited by Peter Singer, *IN DEFENCE OF ANIMALS* (1985), 戸田清訳『動物の権利』(1986, 技術と人間)。

17) 前掲『動物の権利』(訳者あとがき) 354頁。

18) Jim E. Lovelock, *GAIA* (1979), 星川淳訳『地球生命圏——ガイアの科学』(1984, 工作舎)。

19) 前掲『ディープエコロジーとは何か』218頁。

20) Lovelock, *THE AGES OF GAIA* (1988), 星川淳訳『ガイアの時代』(1989, 工作舎)。

21) Carolyn Merchant, *THE DEATH OF NATURE* (1980), 団まりな・垂水雄二・樋口祐子訳『自然の死』(1985, 工作舎)。

22) 後述の『世界を織りなおす』37頁参照。

23) Morris Berman, *THE REENCHANTMENT OF THE WORLD* (1981), 柴田元幸訳『デカルトからベイトソンへ——世界の再魔術化』(1989, 国文社)。

24) edited by K. S. Shrader-Frechtte, *ENVIRONMENTAL ETHICS* (1981, 第2版は1991), 第2版は京都生命倫理研究会訳『環境の倫理』(上下2冊, 1993, 晃洋書房)。

25) 藤堂麻里子・戸田清・萩原なつ子訳『エコロジーと社会』(1996, 白水社)。

26) 後述の『自然の権利』390頁。

27) Keith Thomas, *MAN AND THE NATURAL WORLD —— Changing Attitudes in England 1500 — 1800* (1983), 山内昶監訳『人間と自然界——近代イギリスにおける自然観の変遷』(1989, 法政大学出版会)。

28) Edward O. Wilson, *ON HUMAN NATURE* (1978), 岸由二訳『人間の本性に

ついて』(1990, 思索社。1997, ちくま学芸文庫)。引用はちくま学芸文庫版394頁。
29) Edward O. Wilson, *BIOPHILIA* (1984), 狩野英之訳『バイオフィリア』(1994, 平凡社)。
30) 前掲『バイオフィリア』(訳者あとがき) 250-51頁。
31) Hans Immler, *NATUR IN DER ÖKONOMISCHEN THEORIE* (1985), 栗山純訳『経済学は自然をどうとらえてきたか』(1993, 農山漁村文化協会)。
32) Vandana Shiva, *STAYING ALIVE —— Women, Ecology, and Survival in India* (1988), 熊崎実訳『生きる歓び——イデオロギーとしての近代科学批判』(1994, 築地書館)。
33) *THE VIOLENCE OF GREEN REVOLUTION* (1991), 浜谷喜美子訳『緑の革命とその暴力』(1997, 日本経済評論社)。
34) Anna Bramwell, *ECOLOGY IN THE 20TH CENTURY —— A History* (1989), 金子務訳『エコロジー——起源とその展開』(1992, 河出書房新社)。
35) Roderick Nash, *THE RIGHTS OF NATURE —— A History of Environmental Ethics* (1989), 松野弘『自然の権利』(1993, TBSブリタニカ。1999, ちくま学芸文庫)。同書の引用はちくま学芸文庫版に拠り頁数を示す。
36) edited and with essays by Irene Diamond and Groria F. Orenstein, *REWEAVING THE WORLD —— The Emergence of Ecofeminism* (1990), 奥田暁子・近藤和子訳『世界を織りなおす——エコフェミニズムの開花』(1994, 学藝書林)。
37) Clive Ponting, *A GREEN HISTORY OF THE WORLD* (1991), 石弘之・京都大学環境史研究会訳『緑の世界史』(上下2冊, 1994, 朝日選書)。
38) edited by Andrew Dobson, *THE GREEN READER* (1991), 松尾眞・金克美・中尾ハジメ訳『原典で読み解く環境思想入門』(1999, ミネルヴァ書房)。
39) Theo Colborn, Dianne Dumanoski, John Peterson Myers, *OUR STOLEN FUTURE* (1996), 長尾力訳『奪われし未来』(1997, 翔泳社。増補改訂版は原著2000, 邦訳は長尾力・堀千恵子訳, 同社から2001)。
40) Alain Lipietz, *VERT ESPERANCE* (1993), 若森章孝・若森文子訳『緑の希望』(1994, 社会評論社)。
41) 鶴見和子『南方熊楠——地球志向の比較学』(1978, 講談社『日本民俗文化大系』第4巻, 1981, 熊楠の文章の引用を省略して講談社学術文庫)。
42) 後述の『環境思想の研究』所収。
43) 現在は絶版であり, 河宮信郎『必然の選択』(1995, 海鳴社)の1-6章が, 同書の改訂版にあたる。
44) 同書に収録された徳川期の文献は次のわずか4点にすぎない。宮崎安貞『農業全書』凡例,『百姓伝記』巻七防水集, 蔡温『農務帳』, 大蔵永常『広益国産考』砂糖の事。琉球王国最大の政治家と評される蔡温 (中国名。具志頭親方文若と称す。1682~1761) が1734年示した『農務帳』(琉球の自然の特色を踏まえた集約的農業の確立を企図) を収めたのは著者の識見である。なお本稿に関連するものとしては, 南方熊楠「神社合併反対意見」(抄), 田中正造「下野治水要道会趣意」が載っている。
45) 環境思想史の課題についてはさしあたり次のように考えている。自然観・環境観,

特に自然・社会と人間の相関的認識の歴史的展開を究明する，またそれを通じて現代の環境運動の思想の歴史的前提を究明する．

46) 鶴見和子前掲書226-27頁参照．明治44年11月19日付けの川村竹治宛書簡（『南方熊楠全集7』，1971，平凡社所収）では，「近ごろはエコロギーと称し，この（諸草木）相互の関係を研究する特種専門の学問さへ出で来たりおることに御座候」と述べられている．

47) 彼は，1905年，『方丈記』の英訳 *HOJOKI ―― A JAPANESE THOREAU OF THE TWELFTH CENTURY*（同上『全集10』，1973所収）を当時ヨーロッパ有数の日本研究者である Victor Dickins と共訳し（著者名は熊楠が先），「王立アジア協会雑誌」に載せた．『方丈記』の著者である鴨長明を「12世紀の日本のソロー」と紹介している．鶴見和子は「わたしは南方熊楠を，20世紀の日本のソローとよびたい」と述べ，両者を比較している（前掲『南方熊楠』233-36頁参照）．

48) 〈南方曼陀羅〉についてはさしあたり，鶴見和子前掲書及び中沢新一『森のバロック』（1992，せりか書房）参照．

49) 鶴見和子前掲書223頁参照．

50) 同上『全集7』（1971）所収．この「神社合祀に関する意見」（原稿）と『日本及日本人』580，581，583，584号（1912）に収録された「神社合併反対意見」（同上『全集7』所収）とは文章に異同がある．特に後者が未完のため，後述する反対理由の⑧が欠けている．また反対理由の⑤は後者の方が文意を取りやすいので，後者に拠った．以下，史料からの引用は煩雑になるので頁数は略す．

51) 1909年3月，彼が大阪毎日新聞に投稿したものの掲載されなかった文章には，「今迄数百千年斧を入れざりし神社領の樹林は実に年来の濫滅を免れ居たる諸生物の救命場（アサイラム）」とある（中瀬喜陽『覚書　南方熊楠』1993，八坂書房，235頁）．

52) 蕃山の治山治水論に自然保護の観点から注目した早い例は，古島敏雄「公害と蕃山の自然破壊観」（「日本思想大系月報」14，1971，岩波書店）である．

53) 『大学或問』からの引用は『日本思想大系30　熊沢蕃山』（1971）に拠る．

54) 『農業全書』からの引用は『日本思想大系62　近世科学思想　上』（1972）に拠る．

55) 以上の陶山訥庵に関する論述については，拙稿「近世対馬と陶山訥庵」（前掲『環境と文化』所収）参照．

56) 『政談』からの引用は『日本思想大系36　荻生徂徠』（1973）に拠る．

57) 以上の石田梅岩に関する論述については，拙稿「石田梅岩の思想」（「季刊日本思想史」65号，2004，ぺりかん社）参照．

58) 『統道真伝』からの引用は『安藤昌益全集　二十』（1983，農山漁村文化協会）に拠る．一部読み下して引用した．

59) 『本富談』及び『稽古談』からの引用は，それぞれ『海保青陵全集』（1976，八千代出版）及び『日本思想大系44　本多利明　海保青陵』（1970）に拠る．

60) 『経世秘策』からの引用は前掲『日本思想大系44』に拠る．

61) 『二宮翁夜話』及び『三才報徳金毛録』からの引用は『日本思想大系52　二宮尊徳　大原幽学』（1973）に拠る．

62) 『微味幽玄考』からの引用は前掲『日本思想大系52』に拠る．

63)「下野治水要道会趣意」からの引用は『田中正造全集　第五巻』(1980，岩波書店)に拠る。
64)安丸良夫『日本の近代化と民衆思想』(1974，青木書店) 13頁。

＊本稿は，平成14－15年度科学研究費補助金（研究課題：日本環境思想史史料の基礎的研究）による研究成果の一部である。

第II部

文化環境

第5章
『長崎名勝図絵』の世界
―― 近世長崎の挿絵資料 ――

若 木 太 一

要　旨

　景観詩と同じく，明・清代には中国から多くの地誌や名勝誌が渡来した。これらに影響を受けて画かれた屏風絵，山水画などには八景詩・十境詩などの類が添えられることが少なくない。実際各地の名勝地，大名庭園などでは詩会・歌会などが催された。和歌や漢詩，俳諧，あるいは名所旧跡をめぐる紀行文の類は夥しい数になるであろう。これは庭園造型が盛んにおこなわれた室町時代以来のことで，近世初頭には大名たちが庭園を造り，富商や隠者たちも物見遊山や茶室や草庵などで交遊し，景観を楽しんだ。

　人々は庭園をデザインし，樹木や花を植え，林泉をしつらえ，その理想化した自然の中での清閑な日常，あるいは名勝地への旅を楽しんだ。これは徳川時代文化の内的な成熟を象徴する日常生活の余裕と質の向上であり，美的な欲求がそうした流行をうながしたと見ることができよう。

　旅の案内書には近世初期の『京童』（中川喜雲）をはじめ『東海道名所記』『江戸名所記』（浅井了意）などがあるが，その後美麗な挿絵入りの名勝誌類が陸続と出版された。近世中期には図絵類が流行する。秋里籬島と竹原春朝斎らによる細密な図絵を挿絵とした『都名所図会』（安永9年刊）は，京都の神社仏閣，名所旧跡を案内し，詩歌・俳諧や伝説・名物などまでを詳細に記し，その後のスタイルを確立した。その後，『大和名所図会』（寛政3年刊），『住吉名勝図会』（寛政6年刊）など幕末にいたるまで全国各地の名勝図絵，地誌類が編纂され，出版された。

　本稿では，長崎聖堂助教饒田喩義・集義編『長崎名勝図絵』をとりあげて，長崎での図絵編纂とその世界を紹介する。

はじめに

　『長崎名勝図絵』5巻は，長崎聖堂の助教饒田喩義西疇の編述，打橋竹雲喜篤の図画になる長崎の歴史・文化・地理，あるいは名所や人物，またその作品などを網羅した代表的名勝誌である。本書においては，長崎の全体像が挿絵と文章によって，歴史説話や伝承をも交え，表現しつくされている。

　本稿では，『長崎名勝図絵』の挿絵及び記事を起点に，それ以前と以後の長崎を描いた諸作品を採りあげ，表題ごとに歴史的時間軸に沿って比較検討を試みる。

　元禄以前に長崎の遊郭を評判した『長崎土産』(延宝9年序・刊) があるが，この他長崎の景観，地理，人物，史跡などを図絵化したものがある。

①『長崎虫眼鏡』元禄17年 (1704) 1月刊　江原某著，弄古軒菅秋序
　　　　大坂高麗橋壱丁目　冨士屋長兵衛板行
②『増補華夷通商考』宝永5年 (1708) 3月刊　西川如見著，宝永6年錦山楼泉生序
　　　　寺町五条上ル町　梅村弥右衛門／寺町松原上ル町　今井七郎兵衛　同刻
③『長崎聞見録』寛政12年 (1800) 9月刊　廣川獬著，寛政9年自序
　　　　京都書林浅野弥兵衛等四書肆，大坂書林岡田新治郎等二書肆

　『長崎虫眼鏡』は，江原某が長崎という場所を世の人に知らせる案内書で，「長崎興建」と長崎の町建ての歴史に始まり，「御奉行御代々」「御制札写」「御公儀御船」「御船蔵」「御番所」あるいは「十禅寺唐人屋敷」「出嶋町」などと公儀に関わる場所，外国人の来朝，漂着の歴史的変遷，輸入品，外国との海上路程，日用の唐音など長崎の概観を著したものである。

　『長崎聞見録』は京都の医師廣川獬が，寛政2年以来二度，あしかけ6年の長崎遊学の間に見聞した習慣・歳時，唐人屋敷・出島，唐人・阿蘭陀人・朝鮮人などの風俗，あるいは珍しい動植物・食物・医薬品など，146項目につ

いて，図入りで紹介した本である。

　如見の『増補華夷通商考』は元禄5年に著者の承諾を得ないまま出版されたが，これを不満とし，増補版を出版した。しかし挿絵は，世界図，人物図，唐船紅毛船など数枚である[1]。

1．『長崎図志』を参照した『長崎名勝図絵』

　長崎聖堂祭酒向井紫冥の後序によれば，本書は文政初年に奉行筒井和泉守の命を受けて饒田氏が着手し，息集義の増補を経て幕末の慶応3年（1867）1月に完成をみた。編集は細部にわたるまで行き届いており，書物として完成している。しかし明治4年（1871）には長崎聖堂が終焉を迎え，出版されることなく写本として聖堂文庫（長崎市立博物館）に稿本のまま伝えられた。

　本書の成立にかんしては，すでに指摘されているように内容の記述に釈元亨慧通編輯・橘文龍淵蔵増補『長崎図志』が参照されている[2]。この越中哲也氏蔵の橘文龍増補本『長崎図志』の序文には『長崎図志』原序ともいうべき釈元亨慧通の「證録」が記されている。それによれば，慧通は「癸巳春」すなわち正徳3年（1713）春には『長崎志』編集を進めており参照すべき諸書を吟味していることを述べ，「乙未仲冬長至日」すなわち正徳5年（1715）には一応書き終えていることがわかる。すなわち『長崎図志』の成立は正徳5年11月とみてよいであろう。

　一方挿絵については，『長崎名勝図絵』と同じように『長崎古今集覧名勝図絵』（石崎融思画）などが類書として構想されており，相互に関連をもちながら編集されたと考えられる。長崎での名勝図絵制作は，近世中期の名勝図絵刊行時代の流行に乗ったものといえる。

　『長崎名勝図絵』と『長崎図志』との全体の構成を比較するとおよそ次の通りである。

第5章 『長崎名勝図絵』の世界　　　　121

	『長崎名勝図絵』総計298項目	『長崎図志』総計450項目
首巻	**総概之部**　12項目 長崎興地・長崎景勝・長崎総図・長崎名義・長崎江海・長崎橋梁・長崎要略・長崎十二景・長崎八景・稲佐六景・長崎産物・異国海路里数	○興地・建置・形勝
巻之一	**東辺之部**　74項目 聖堂・水神社・演劇場等	△山水　瓊杵山等54項目 △海　四岐洋等22項目 △巌石　竜頭巌等27項目 △島嶼　金嶼等28項目
巻之二上 巻之二下	**南辺之部**　49項目 皓台寺・大音寺・大光寺等 **南辺之部**　32項目 梅園社・思案橋・遊女街等	△原谷　上高原等22項目 △坂路　幣振坂等10項目 △泉井　柳泉水等24項目 △洞堅　浪霧洞等28項目 △水磯　知涸頭等20項目 ○国社志 △廟制　大神廟等25項目 △叢祠　水神祠等26項目 △書院　立山書院等11項目
巻之三	**西辺之部**　90項目 体性寺・福済寺・法泉寺等	△寺像志　神宮寺等10項目 △寺像　75項目 △外制　神通寺等10項目 △府庫　長崎西衛等21項目
巻之四	**北辺之部**　38項目 諏訪社・荒神堂・大悲庵等	△倉敷　△船庫　△唐館 △紅毛庫　△新貨庫　△硝庫 △西泊堡　△東泊堡　△砲台

		△守舶所　△橋道 31 項目
		○官制志
		△職官　△市舶司　△歴官
巻之五上	**市中之部上**　14 項目	△監　△州判　△按撫
	哨吶吹・西国巡礼・出立等	△代官　△未考　15 項目
巻之五下	**市中之部下**　21 項目	
	水神祭・尋迷子・節分恵方祝等	（簡略化項目も含む）

　『長崎図志』と『長崎名勝図絵』の項目を羅列すると上記の表のようになるが，二書の編纂意図が異なるので同列に比較することはできない。分量から言えば『長崎名勝図絵』は『長崎図志』の十倍ほどもあるが，項目数では『長崎名勝図絵』は二分の一である。

　両書の特徴をあげれば次のようにいえよう。

① 『長崎図志』は古『長崎志』を参照して項目別に編纂されており，『長崎名勝図絵』は地域別に編纂されているものの，空間的な視点から把握されている点は基本的に共通する。

② 『長崎図志』が地域や施設を採りあげるさいに簡略で網羅的な記述をしているのに対し，『長崎名勝図絵』は項目を絞り込み歴史・伝承を詳しく記述している。

③ 『長崎名勝図絵』は出版には至らなかったが，本文と挿絵が揃った完成稿で版下にも使える。これにたいして，『長崎図志』は本文の項目のみあげて内容の記述がないものがあり，また「図志」と名付けながら図がなく，未完成の状態である。

④ 『長崎図志』は慧通の個人的な意図で編集されているが，『長崎名勝図絵』は長崎奉行の命を受けて聖堂助教らが半ば公的に編纂したものである。

⑤ 『長崎図志』の簡素な記述に対して，『長崎名勝図絵』には寺社の由来，名所・旧跡などの伝承等の他に漢詩・和歌・俳諧など景勝を詠じた

文事にかんする作品や作者が多く採りあげられ，楽しめるように工夫されている。

なお，『長崎名勝図絵』の内容には，たとえば長崎聖堂の成立について書いた朝倉元礼の「孔子廟記」などを掲載するが，その原物は現在長崎市立博物館の聖堂文庫に保存されており，原資料を参照しながら執筆，編纂した過程を推測することができる。

2．『長崎古今集覧』『長崎古今集覧名勝図絵』と『長崎名勝図絵』

松浦東渓編『長崎古今集覧』は，序文によれば寛政元年に38歳で唐人番の職を退き，かねてから念願の本書の執筆にとりかかり，文化8年（1811）4月に完成したと記している。全部で「遂為十四巻又附録外国集覧十巻」，すなわち計24巻が予定されていた。現存するのは，『長崎古今集覧』13巻[3]および『長崎古今集覧名勝図絵』3冊[4]で，越中哲也氏はこれらの翻刻・複製の解題で次のように推定されている。

「松浦東渓が長崎古今集覧を編纂した時，君舒のように附図をつける計画もあったようである。然し東渓は専門の画人ではないので，詩友で画をよくした打橋竹雲に話し，竹雲は更に唐絵目利き荒木為之進（元融）にも協力を依頼しているようである。（中略）竹雲，元融の手元でその名勝図絵は一応完成し，いよいよその稿本を梓行しようという時になってそれがなくなったのである。」

また越中氏は，この『長崎古今集覧名勝図絵』の図が饒田喩義編・打橋竹雲図画『長崎名勝図絵』に使用されているが，石崎融思の名が記されていないことから，なんらかの「人間関係」が隠されているようだと推測している。さらに融思の『長崎古今集覧名勝図絵』の唐蘭館の図を川原慶賀が「唐蘭館絵巻」に写していることも指摘されている。

現存する『長崎古今集覧名勝図絵』の序文は天保12年（1841）に石崎融思が記したもので，それによれば本書は安永の頃役人大塚良夫が官職を辞した後，融思の父荒木元融，松浦東渓らが企画していたが果たすことなく死没

した。その後打橋竹雲が加わったものの唐館や出島については詳細な図が描けなく，融思が仕事上「華蛮之館及両舶望洋備防御之地」にも出入りしてよく識るところから遺漏がないように原稿を補った。まさに本屋に渡す直前に某客が原稿のすべてを奪い取り返さなかった。竹雲は書面で返却するように催促したが返答はなく，竹雲は文政12年に没した。越中氏は，この「某客」は奉行筒井和泉之守の命を蒙った聖堂助教饒田喩義ではなかったかと推測している。すなわち饒田氏は官命を承けた時，すでに竹雲の『長崎古今集覧名勝図絵』がほぼできていることを知り，使用方を申し入れ借用したのではないか。不足の分を融思に画かせたが，融思は竹雲の名でこれを画いた，というのである。

　これを裏付けする資料を見いだせないが，一説として後考にまちたい。

　この経緯を図示すれば次のようになるであろう。

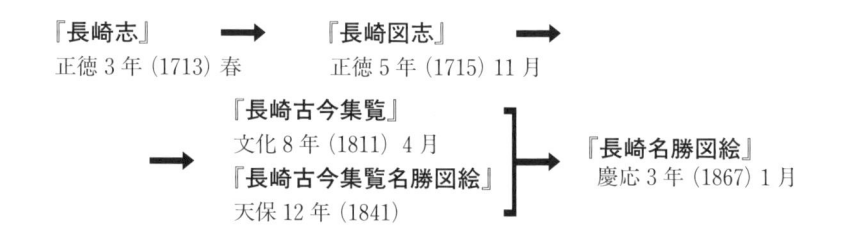

```
『長崎志』          ⟶   『長崎図志』         ⟶
正徳3年(1713)春        正徳5年(1715)11月

        『長崎古今集覧』
        文化8年(1811)4月           ⟶  『長崎名勝図絵』
        『長崎古今集覧名勝図絵』           慶応3年(1867)1月
        天保12年(1841)
```

　ここで『長崎古今集覧名勝図絵』⟶『長崎名勝図絵』への流れを顕著に示す事例を具体的に見ておこう。

　『長崎名勝図絵』巻之二には「唐館図」がある。これは南西の方から見た鳥瞰図で，その全体が見渡せる。大門を入り，二の門から緩やかな坂を登ると土神堂がある。この前の広場に踊り舞台を設え，ここで「唐人踊り」などの演芸が催された。**図1**は『長崎古今集覧名勝図絵』の「館内唐人踊之図」で，これを原図として**図2**の『長崎名勝図絵』の同じ「館内唐人踊之図」が画かれていることは一目瞭然である。『長崎名勝図絵』には，右下の雲形の

第 5 章　『長崎名勝図絵』の世界　　125

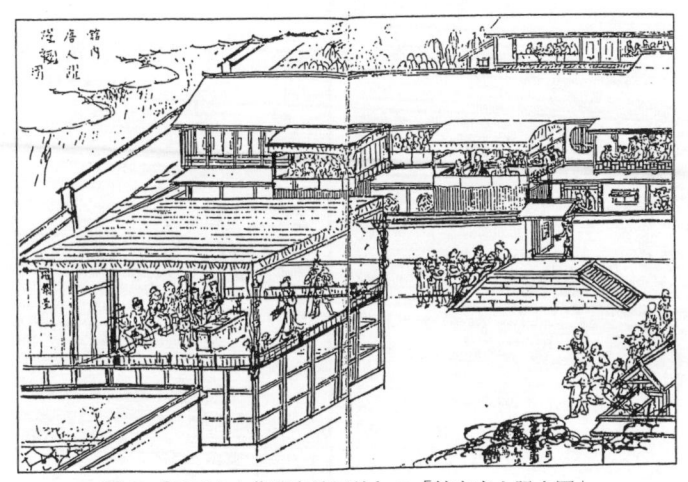

図1　『長崎古今集覧名勝図絵』の「館内唐人踊之図」

図2　『長崎名勝図絵』の「館内唐人踊之図」

図3 『長崎古今集覧名勝図絵』の「新地南門より唐人屋敷え荷物運之図」

図4 『長崎名勝図絵』の「新地南門より唐人屋舗エ手廻リ荷物運之図」

内に「己卯冬日石崎融思照写」と署名されており，文化2年（1819）の絵であることが判る。

また，次の図3は『長崎古今集覧名勝図絵』の「新地南門より唐人屋敷え荷物運之図」の原図で，図4は同じく『長崎名勝図絵』の図である。

この他にも「伊王島俊寛僧之墓」，「茂木浦」，「孟涵九浄瑠璃ヲ習フ図」，「四国順礼発足」など多数が指摘でき，また「皓台寺」など寺社図はほとんど原図と清書図の関係にあることが認められる。

原図と清書図といった関係だけでなく，前に示したように記録や伝承が年を経て次々と蓄積し，世代が替わればさらに増殖を重ねて展開していくように，画図の場合も模倣，模写され同様な展開をたどったことが推測できる。

また中には「長崎八景之図」や「日見桜」などのように除かれた画もある。

3．「遊女街」の図絵

　ここで丸山・寄合町として全国に知られた「遊女街」の図を検討しておく。**図5**は『長崎古今集覧名勝図絵』の「丸山町」で，**図6**は『長崎名勝図絵』の「遊女街」である。両者の関係は前述のように原図と清書図ということが明らかである。**図5**は文字を書き込んでいない空白のカッコがあり，**図6**には「梅園天神」「二重門」あるいは「芝居地」などと書き込まれている。なかでも「梅園天神」の下の二階建ての建物には「花月」と丸枠の看板が画かれているのが注意される。

　次に『色道大鏡』（藤本箕山著，延宝6年頃成立）と『長崎土産』（著者未詳，延宝9年刊）に画かれた丸山遊郭を比較すると年代的に違いが見える。

　『色道大鏡』18巻14冊は箕山が半生をかけて全国の遊郭を実地調査した色道書である。『長崎土産』5巻は長崎の丸山遊郭を紹介した遊女評判記で，西鶴の『好色一代男』の成立に影響を及ぼし，地方遊郭の実態と時代の風俗を描いた注目に値する作品である。丸山町は全34軒中，変化なしがおよそ

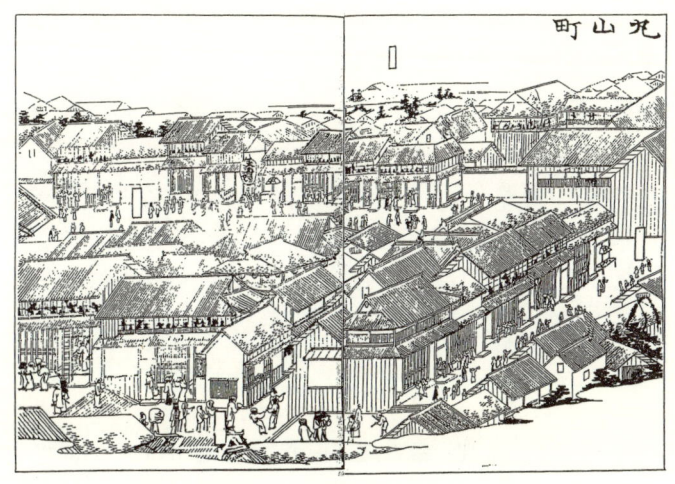

図5　『長崎古今集覧名勝図絵』の「丸山町」

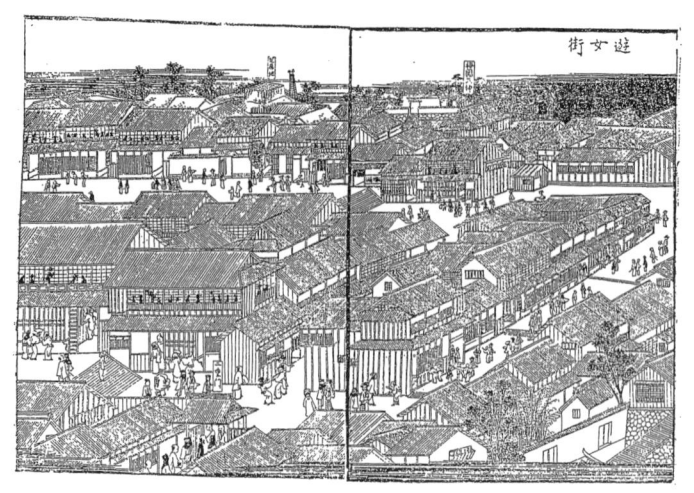

図6 『長崎名勝図絵』の「遊女街」

18軒，息子・後家等に代替わりしたのは7軒，その他経営者が替わったり廃業したりが9軒ある。

　寄合町は全51軒中，変化なしがおよそ22軒，代替わり8軒，経営者の交替または廃業が21軒である。

　この数値は『長崎土産』の著者の調査もれなどもあろうから（「追加」の分も加えてはいる）およその数であるが，この5年余の間にどちらの町も半数以上が世代交替や経営者が替わったりしている。華やかな一面，激しい有為転変が知られる[5]。

　さらにまた同じ「長崎土産」と称する本ではあるが，名所案内から観光案内へと，近代への展開を見ることができる。

① 　延宝版『長崎土産』（遊女評判記）
　　　　　　大本，6巻5冊。著者未詳。挿絵有り。延宝9年（1681）序・刊。
② 　弘化4年版『長崎土産』（名所案内）
　　　　　　半紙本，2冊。磯野文斎編著，画。弘化4年（1847）長崎大和屋由平刊。

③　明治版『新々長崎土産』(名所案内風戯作)
　　　　洋装本1冊。喫霞病仙(鈴木天眼)著。明治22年(1889)初版、同23年増補再版。
④　昭和版『長崎土産』(長崎案内)
　　　　洋装本1冊。渡邊庫輔著。昭和8年(1933)刊。
このほか、幕末・明治の古写真や絵はがきの類が観光用に大量に作られ販売された。これも景観の美を求めた痕跡として記憶されるべきであろう。

4．『長崎古今集覧』『長崎古今集覧名勝図絵』の展開

　『長崎名勝図絵』は、前述したように近世中期の図絵物出版の盛行にのって編纂されたものであったが、結果的には幕末の大きな動きの中で出版の機会を失ってしまった。鎖国の終焉とともに長崎奉行の解任や長崎聖堂の終焉、漢学から国学へという時代の流れは、長崎をただの地方の港町に変貌させた。『長崎名勝図絵』の流れに連なるものとして、弘化4年版の礒野文斎編『長崎土産』が簡便な長崎の名所案内として登場するが、これは江戸で修行した画家の書名どおりの土産品で、長崎版画や長崎地図などと同質のものであった。そうした中で『長崎名勝図絵』はきわめて充実した豊かな内容をもっており、完結した作品と見るべきであろう。
　『長崎古今集覧』は『長崎志』(長崎実録大成)正編・続編の系譜に属するものと見ることができよう。また『長崎古今集覧名勝図絵』は『長崎名勝図絵』の源泉として存在したことは述べたとおりである。『長崎名勝図絵』の長崎八景・十二景など詩歌や伝承と挿絵の関係については細部の調査を残しているが、それは次の課題としたい。

注

1)　近世中期の代表的な名勝図絵をあげておく。
　　安永9年　1780　『都名所図会』刊

天明6年	1786	『同』再刊
天明7年	1787	『拾遺都名所図会』刊
寛政3年	1791	『大和名所図会』刊
寛政6年	1794	『住吉名勝図会』刊
寛政8年	1796	『和泉名所図会』刊,『摂津名所図会』後半4冊刊
寛政9年	1797	『東海道名所図会』刊,『伊勢参宮名所図会』刊
寛政10年	1798	『摂津名所図会』前半8冊刊
寛政11年	1799	『都林泉名勝図会』刊,『日本山海名産図会』刊
享和元年	1801	『河内名所図会』刊
文化元年	1804	『播磨名所巡覧図会』刊
文化2年	1805	『木曽路名所図会』刊
文化3年	1806	『唐土名勝図会』刊,『薩藩名勝志』成
文化8年	1811	『紀伊国名所図会』初編刊
文化9年	1812	『紀伊国名所図会』2編刊,『名山図会』刊
文化11年	1814	『近江名所図会』刊,『阿波名所図会』刊
文政7年	1824	『鹿島名所図会』刊
天保5年	1834	『江戸名所図会』前半10冊刊
天保7年	1836	『江戸名所図会』後半10冊刊
天保8年	1837	『日光山志』刊
天保9年	1838	『紀伊国名所図会』3編刊
天保13年	1842	『藝州厳島図会』刊
天保14年	1843	『三国名所図会』成
弘化元年	1844	『尾張名所図会』前編刊
弘化4年	1847	『金毘羅参詣名所図会』刊
嘉永6年	1853	『讃岐国名所図会』刊
安政5年	1858	『利根川図志』刊
慶応2年	1866	『淡路国名所図絵』刊

2) 越中哲也解題『長崎図志』(純心女子短期大学長崎地方文化史研究所編, 1991年)。
3) 森永種夫校訂, 長崎文献叢書第2集第2巻『長崎古今集覧』上下 (長崎文献社, 1976年)。
4) 越中哲也校訂, 長崎文献叢書第2集第1巻『長崎古今集覧名勝図絵』(長崎文献社, 1976年)。「長崎古今集覧名勝図絵について」と題する考証には画図それぞれ『長崎名勝図絵』との対比がなされており, 両書の影響関係を明らかに示している。
5) 若木太一,「遊女評判記の世界――『色道大鏡』と延宝版『長崎土産』」(『語文研究』86・87号, 1998年)。

[付記] 図版は,『長崎古今集覧名勝図絵』は長崎文献叢書 (長崎文献社刊),『長崎名勝図絵』は長崎史談会翻刻本 (同会発行) によった。いずれも原本は長崎市立博物館の所蔵である。

第6章
クルト・ジンガーの『鏡，刀，勾玉』を読む

園田尚弘

要　旨

『鏡，刀，勾玉』はユダヤ系ドイツ人クルト・ジンガー　Kurt Singer が英語で日本について書いたものである。ジンガー（1886～1962）は，1932年から1939年まで日本に滞在し，その間の日本での観察と経験，思索をまとめたものが本書である。執筆されたのは，第2次世界戦争末期から戦後にかけての時期であるが，出版されたのは1973年であった。

ジンガーはこの本のなかで，日本人の性格，日本社会の基本的構造，日本文化の特質について，きわめて洞察力に富んだ見解を展開している。ジンガーは自らの文化的背景となっているギリシャ・ローマ以来のヨーロッパ文化の伝統を明確に意識しながら，それと対照的な文化として日本の文化を考察している。その立場は一方的に日本の文化，社会を否定したり，肯定したりしていない。ジンガーはまた，1938年に，3ヵ月間中国旅行をおこなっており，その成果はこの本のなかの最も啓発的章のひとつにまとめられている。日本とヨーロッパ，日本と中国のそれぞれが，比較的に記述され，比較文化的に興味深く，また，文化相対論の視点に立った書物として，もっと広く知られてよい本である。

第6章　クルト・ジンガーの『鏡，刀，勾玉』を読む　　　　　133

はじめに

　ジンガーの『鏡，刀，勾玉』は数多い「日本論」のなかでもかなり高い水準の本であろうと思う。私のこの感想を説得性のあるかたちで展開することが本稿の目標である。本書は英語で書かれていて，1973年に英国ロンドンで初めて出版された。戦後の日本を考察の範囲から除いていること，今日的課題を提出し，それに答えるといったたぐいの本でないことからか，あまり評判になった形跡がないが，比較文化の書として，また教養書としても，もっと読まれてよい本である。
　ここで本稿の課題を達成するために，どのような方法をとるかを前もって，述べておきたい。
　まず『鏡，刀，勾玉』をルース・ベネディクトの『菊と刀』と比較してみたい。というのもベネディクトの本はおおよそ半世紀前に出版されたにもかかわらず，日本論の白眉と考えられているからである。
　つぎにジンガーの観察と思索を今日の視点から検討してみたい。
　検討の方法を論ずる際にどうしても触れておかねばならない問題がある。それは『鏡，刀，勾玉』の編集のあり方に関係している。私は最初，この本を英語で読んだ。つぎにドイツ語訳で読んだ。驚いたことにドイツ語訳には英語版には含まれていない部分が大量に含まれていた。ある評者はドイツ語訳を出版したズーアカンプ社の編集方針を批判している[1]。しかしジンガーの原稿を知らないものが，容喙できる種類の問題ではない。英語版はなるほど，すっきりとした構成である。こうした形の原稿がジンガーの手によって大体出来上がっているのなら，残された原稿を詰め込んだと見られるドイツ語訳の編集方針を批判することも是認されるかもしれない。しかし英語版の編集の際，相当の部分を取捨選択したとすれば，ドイツ語訳にも言い分はあるだろう（ドイツ語訳の解説で訳者のヴォルフガング・ヴィルヘルムは英語版はジンガーの原稿を大幅に省略している，と書いている）[2]。ドイツ語訳には，たとえば，英語版にはない16世紀以来日本を訪れた外国人の日本評

についてジンガーがコメントした相当のページ，さらに漱石の『こころ』をジンガーが詳細に解説，批評した部分が，掲載されている。ジンガーは，他の民族を理解するのに良い方法として，芸術作品，文芸作品に接することを勧めている。人々の精神の高さも平俗さもそのなかに記されていると考えるからである。そうした意味では，この章は読者がぜひ読みたい部分である。また英語版の冒頭では，なめらかに本文に入り込めない気がする読者もいるのではと思われる。ドイツ語訳に接すると，そうしたひっかかりが解消する。主観的感想といわれれば，それまでであるが，筆者にはドイツ語訳のほうが，始まりの部分は無理がないように思われた。しかしドイツ語訳にも見出しが多すぎる気がする。ジンガー自身が，このように細かに見出し，小見出しをつけているのだろうか。

いずれにしても，ジンガーの生の原稿を見ることができないものは，決定的なことをいうことはできないが，本書は貴重，重要な本なので，ジンガーの原稿の状態の報告，ないし原稿に関する研究と，編集の方針を明確に示したテクストの出版が望まれる。テクストの現状がこのような不完全な状態なので，ここでは，英語版を基本におき，欠けている部分で重要な箇所を，ドイツ語訳で補いながら，ジンガーの日本論を検討していくことにしたい。

1．クルト・ジンガーの略歴と著書

クルト・ジンガー Kurt Singer は1886年ドイツのマグデブルクで生まれた。ベルリンやフライブルク，ストラスブール大学で哲学，法学，社会学を学んだ。経済誌の編集の仕事に携わった後，ジンガーはハンブルク大学で働いている。経済関係の著書『記号としての金銭』などを書いたほか，ジンガーは当時の秘教的エリート集団であったゲオルゲクライス（詩人シュテファン・ゲオルゲをとりまくサークル）にも近かった。哲学者として，プラトン研究の仕事を行い，『創始者プラトン』などの著書もある。1931年，ハンブルク大学の講師時代に，かねてその文化に関心を寄せていた日本に来て，東京帝国大学で経済学および社会学を講じている。ユダヤ系ドイツ人で

あったジンガーは，1933年ナチス政権成立後，ナチスとそれに同調する日本政府の圧迫で教壇に立つのが，難しくなっていった。1935年には辞職に追い込まれ，仙台の第二高等学校にドイツ語とドイツ文学の教師の仕事が見つかり，1938年まで仙台で働いた。しかし1938年には再び失職し，1939年にはオーストラリアに亡命せざるを得なくなった。後年ジンガーはこうした経緯に関して，「日本に住む外国人は，本国で好ましい人物でなくなると，ただちに冷遇される」と述べている[3]。しかし日本での生活はジンガーにとって知的緊張に富んだ日々であったらしく，「正直なところ，私は8年の間わずか15分の休憩時間といえども，退屈を覚えたことはなかった」[4]と述べている。なおジンガーは，1938年には3ヵ月中国にも旅行をしている。

　8年間に及ぶ日本滞在の経験を生かして，日本人の性格と日本文化について執筆されたのが，『鏡，刀，勾玉』である。題名にあげられている三つのものは，三種の神器と言われ，日本の皇室で代々伝えられてきたものである。ジンガーは，鏡は公平と正義の，刀はあらゆる英知の，勾玉を温和と敬虔の象徴とする解釈にしたがって，これを日本人の精神の尺度を述べていると考えて，この題名にしている。執筆時期は1944年頃から戦後直後と考えられている。しかしこの書以前にも日本の文化について，いくつかの論文が書かれているので，それらは，本書の執筆の準備として，役立っているかもしれない。

　オーストラリアに渡ったジンガーは当初，敵性外国人として扱われ，苦難をなめている。後にシドニーで大学の教壇にたったが，ナチス時代にこうむった被害の補償金を受け取ったのを契機にヨーロッパに帰り，アテネで1962年に死亡している。

2．『菊と刀』を鏡として

　日本論の古典と称される『菊と刀』とジンガーの著書を比較してみよう。それによって『鏡，刀，勾玉』の性格が幾分でもあきらかになるのではないだろうか。ジンガーはこの本を1944年ごろから書いている。ベネディクト

も同じ頃，正確には 1944 年 6 月に研究の要請をうけ，1946 年に本を出版している。ベネディクトの研究は時局的要請と密接に結びついている。文化人類学者として著名であったベネディクトは日本と交戦中に日本を研究するという課題をあたえられた。戦争遂行中に起こる問題，さらに，日本降伏後の占領政策の立案の参考とするためにベネディクトの助力が求められたのである。ベネディクトは専門に日本を研究したことはなかったし，また一度も日本を訪れたこともなかった。文化人類学では，フィールドワークは今日では必須のことと考えられるが，ベネディクトにはその必須条件が欠けていたわけである。そこで彼女は豊富な資料とともに，日本に詳しい日系アメリカ人や，戦争中に捕らえられた日本軍の捕虜から得た知識を十分に活用することで，その不利を補った。

　ジンガーの著書も扱っている日本の時期は『菊と刀』の場合と同じく太平洋戦争までの時期である。執筆の動機はベネディクトの場合ほどさしせまった外からの要請と結びついてはいないが，それでも，国際的関係を改良したいという個人的願望と結びついている。ジンガーは，この著書で，戦後の発展に影響を与え，諸民族の間の新しい平和な政治的，精神的秩序の創出に寄与したいと願ったが，この願いは実らなかった。また日本人と日本文化の研究はジンガーの哲学的人間探求とも関わっている。

　叙述のスタイルについては，両者の間に相当の開きがある。ベネディクトの叙述はあくまでも学術的，即物的であり，日常生活上の微妙な感情も明晰に概念化し，わかりやすく説明する。それは彼女の本の優れた一面だとすれば，ジンガーの叙述は観念的，哲学的スタイルをとっている。しかもその議論には日本と中国の文化，芸術への愛情ある理解が見てとれ，議論はイメージにあふれた筆致で展開されている。

　一般にベネディクトの著書は識者によれば，次のような諸点が高く評価されている[5]。

① 日本論であるが，日本とアメリカの文化比較にもなっている。
② 文化相対論の視点に立っている。
③ アメリカ文化の脱構築に達している。

④ 未開民族の文化研究をある程度近代化した日本人に適用し，都市人類学への先鞭をつけた。

これらの点についてジンガーをベネディクトに比較すれば，たとえば，文化相対論の立場からの文化比較，自分のよって立つ文化への反省といった点では，ジンガーがより根本的ではないかと思われる。

ジンガーはベネディクトと同様に，その著書で，日本人の性格，日本人の文化を考察しているが，文化人類学者でないので，興味の中心が極めて高級な芸術の究極の精神の探求に向かい，著書はおのずから，哲学的，思弁的傾向を帯びている。その意味では，新しい学問への道を開くといった，影響力は示していない。

いずれにしろ，こうした主張はきわめて目の粗い議論なので，以下では，ジンガーの叙述を追いながら，ジンガーの著書の特質を明らかにしていきたい。

3．ジンガーの見るところ

(1) 日本人の性格

ジンガーはこの本で考察しようとしたのは次のような点であると述べている。まず日本人は他の民族に比べて不可解であるか，次に日本人の本質的特徴はどんなものか，日本の社会は西洋の政治社会とどのように異なっているか，日本社会は他と異なった文化を生み出し，それを護ってきたかといった問題である。

西洋人からみて，日本人の性格は矛盾に満ちているという意見が広まったのはいつからだろうか。ヨーロッパの宣教師たちが，16世紀に日本人と接触し始めたころ，これらの宣教師たちは日本人が不可解に見えるとは考えなかった。ジンガーは，これらの宣教師たちの視野の広さが，異なる民族を理解する場合の基盤となっていたことを指摘している。17世紀，18世紀に日本を訪れた外国人の記録に日本人が不可解とは記されてはいない。近代に入って，アメリカ，ヨーロッパの政治的，経済的，軍事的圧力が日本人の上

にのしかかるようになって以降，日本人の態度，言葉に率直さが薄れていったようにみえる。日本人の性格について集められた情報によれば，日本人は内気で傲岸，丁寧で乱暴といった，矛盾した性格を呈することになるが，ジンガーに言わせれば，そうした矛盾した心理現象は，フランス人にも，ドイツ人にも，ロシア人にも見受けられる。日本人に見られる心理現象は，近代ヨーロッパ，あるいは古代ヨーロッパにそれに見合うものが見つかるのである。だから，ジンガーに従えば，それらの間には，規模の大小，強さの程度が異なるだけなのである。ジンガーは，とりわけ日本人の振る舞いや，心理を不可解とする立場をとっていない。多くの日本人論に見られる方法，「民族の特徴を，ある主要な根本的特徴や動機を強調することで規定しようとするのは，疑問の多いやりかたである」と批判する。日本の場合は，とくにそうしたやり方は不適当である。というのも，日本では，性格上の多彩さを薄めようとする傾向があるからである。

　日本人が不可解であるという日本人観は『菊と刀』の分析の最初の設問でもあった。様々の矛盾した日本人像をどのように説明，解釈するかが，ベネディクトにとっての大きな問題であった。『菊と刀』というタイトル自体が，日本人の相反するように見える性格を，つまり荒々しい武力を尊重し，反面物静かに花を愛でる美的傾向を象徴的に表わしているのである。ベネディクトはこの問題に，「各々その所を得る」[6]という日本人のヒエラルヒー信仰，階層制度への信頼によって解答を与えようとした。ジンガーは日本人が不可解に見えるのは複雑だからではなく，あまりに単純だからだと，説明する。西洋人の目には，日本人のこころが異質で測りがたく見える。しかしジンガーによれば，それは日本人の心理に矛盾が種々入り込んでいるからというより，日本人が矛盾を矛盾と感じないというところから来ている。ジンガーにとって日本人は決して不可解な存在ではないのである。

　それでは，日本人の根本的性格とはジンガーによれば，どのようであるか。日本人の性格について知ろうとする場合に，外国人が困難を覚えるのは，日本人が自分自身の性質，性格について反省してこなかったというところにある。日本人は自分たちの性格を説明するのが不得手である。和辻哲郎

の『風土』(1935年)はしかし日本人の民族性をかなり説得的に説明していると，ジンガーは考える。和辻によれば，モンスーン型の気候風土に対応して，日本人の性格は自然の暴威に耐えるために忍耐強く不安定な環境に順応していく。心理的には安定していない。和辻の説明に対し，ジンガーは，ほとんど同じような風土にありながら異なった性格を示す民族があるという。

ジンガーがむしろ注目するのは，日本人にとって子供時代が天国であることである。母親の背中に負ぶわれ，やさしい声で，子守唄で寝かしつけられる日本の子供時代は，ジンガーにとって，日本人が大人になっても密かにあこがれる状態に思われる，この束縛のない子供時代はだんだんに束縛の多い少年時代に移行していく。ジンガーは教育の過程をヨーロッパの場合と比較する。日本の場合と違って，ヨーロッパの人間は，束縛の多い幼年時代をすごし，年齢が長ずるにしたがって，自主的に判断，行動することが許される。ヨーロッパの幼年期は父親の権威が強く，父親の威圧的姿は，成人の精神生活にも影響を及ぼす。これに対し，日本では，家庭生活における父親の権威は強大ではなく，母親と密着した幼年期が過ごされる。女性に比して，日本人男性は威厳がなく，魅力が乏しく，武勇が尊ばれる割に女性的性格が隠れている。生育の過程は，このように，日本と西洋とでは，明らかな対照をなしている。日本における教育過程とヨーロッパのそれとの違いについてはベネディクトの関心をもひきつけたと見え，彼女も日本の幼児期が自由に恵まれていることを指摘している。年齢が上がるにしたがって束縛が加えられる日本と，長じるにしたがって自由と主体的判断が許される西洋の生育環境の明らかな対照はジンガーとベネディクトが共通にとりあげている事柄である[7]。

英語版には欠けているが，日本人が残酷か否かという問題にジンガーが取り組んでいる部分は興味深い。ジンガーは大戦中における捕虜に対する日本人の態度，また東京裁判において裁かれた非人道的行為については，直接知らないから，または記録に接することができないからという理由で，考察に含めていない。

ジンガーが引用する西洋人の日本人評は親切という評価を下している。ま

たジンガー自身，日本人の残酷さはいわゆるサディストの残酷さではないという。日本人のあいだでの他人の苦痛に対する無関心，同情の欠如は目立っている。日本人は感情的民族だといわれるが，技術的計算から出た行動をとる冷酷な面がある。しかしある民族にとって敵対する民族はたいてい「残酷」であった，とジンガーはいう。彼の判断では，日本人がとりわけ残酷であるということはない。第2次世界戦争中のアジアにおける日本人のサディスティックな蛮行は，不安感から，自らの支配力についての不安の念から来たのだと，ジンガーは説明する。

　近代の日本人の性格を知るのに最適な文学作品は夏目漱石の小説『こころ』だと，ジンガーはいう。日本ペンクラブも真っ先に翻訳さるべき作品として推奨した。

　この小説を分析しているジンガーは，「先生」の絶望がヨーロッパの人間を納得させないという。なぜ一度叔父から裏切られた経験によって全世界が信用できないということになるのか分からない，そこには，考えるという意思と用意が見られないと，ジンガーは評する。それでは感情が思考にまさっているのだろうか。ジンガーの観るところ，この小説の主人公は不信の念が強く，愛は持続的でない。その意味で，感情が思考に勝っているわけでもない。

　この小説を悲劇とみなすならば「言葉のない悲劇」とジンガーは形容する。つまり，登場人物はお互いのコミュニケーションをとろうとしない。ジンガーの言葉をかりれば，「言語恐怖症」にかかっているのである。

　ジンガーは日本人ほど誤解され，他の民族に知られていない民族はないという。それは日本人が物事を直截に表現せず，あいまいにしておく傾向があるからである。自分を隠そうとするのだ。こうした傾向はアジアの民に共通した傾向として，ジンガーはむしろヨーロッパの徹底した明確化の傾向より高く評価している。しかしヨーロッパ人のありかたと比べると，日本人の心理的統一のなさ，精神的奥行きのなさ，平板さ，パーソナリティの欠如は歴然としている。時と場合に応じて神道，仏教，時にはキリスト教徒にもなることを矛盾とも思わないのは，矛盾の統一に努める西洋人にとっては驚きで

ある。西洋人の心は，ジンガーによれば戦場である。

　ベネディクトもまた性格上の統一を求める欧米人と，相反する事柄を並存させたまま生活する日本人との差異を指摘する。欧米人の場合は「一般に自らの性格のなかにゲシュタルトを作り上げる。それが人間生活に秩序をもたらす」[8]と説明する。

(2) 日本社会の基本的構造

　ジンガーにとって，ヨーロッパの若い国と比べると，日本はゆっくり成長する有機的生物，樹や珊瑚に似ているように見えた。しかしそれが民族の同一性から説明できないことを知っていた。ジンガーは，日本人は元々三つの民族から成っているという立場に立っている。また政治的にも平穏な時代が続いたわけでもないことを，歴史にくわしい学者として，よく知っていた。近代化に舵を切った後でも，成文法よりは慣習が重んじられる社会であること，経済的発展にもかかわらず，民衆が貧困と束縛に耐えていることを指摘する。日本人の労働者の忍耐振りはヨーロッパではとても考えられない類のものだと指摘する。

　日本社会のこの有機的成長，持続という現象は，ジンガーの考えによれば，日本人が自然の教えに従ってきたからだという。日本社会の基本的構造を論ずるに際して，ジンガーは自分の考えは戦前の観察に基づいている，と断り，次のように述べている。「私は日本を再び訪れることはなかったし，最近の日本に関する文献を読んでも，新たに論証しなおすほど重要な材料はなかったので，日本の敗北と占領下に実施された種々の改革についての言及は差し控えた。私は，ところどころで最初の草稿の現在形の動詞を過去形に改めたが，別に学者ぶったわけではない。というのは，私は，いまなお戦後の法制上の変化は，長い間には幾つかの社会関係に影響するかもしれないが，何世紀にもわたり，独自の有機的論理にしたがって成長してきた，日本社会の基本的形は，きわめて不安定な政治的環境のもとで，すぐには変化するはずはない，と考えたいからである。もし私が間違っていれば，日本はもはや私の知っている日本でなくなったことになる。そのときは，私の叙述

は，社会史のなかでも記憶にあたいする，特異な国の特異な時代の終章を記録したことに成るだろう」。日本語訳をしている鯖田豊之は訳者あとがきで，この箇所を本書のキーポイントと書いている[9]。鯖田にとっては「変わらざる日本」「変わる日本」が問題であるように見える。しかし大切なのはジンガーが何を日本社会の基本的パターンとみなしたかという点にある。それが今日でも妥当するのであれば，ジンガーの指摘はあたっているのであり，妥当しないのであれば，日本は変化したのである。日本が変化するのは，長い目で見れば当然である。鯖田訳で「たやすく変化するはずはない」という箇所は，原文では，not readily と書かれており，「すぐには変化しない」であり[10]，これは「たやすく変化するはずはない」とは，少しニュアンスが違うのではないだろうか。

　またこの箇所に続く段落で，ジンガーは日本の戦後について述べ，法制度上の改革だけでは十分ではなく，制度改革より日本の国際的環境のほうが，周辺の平和にとって重要な意味をもつと指摘している。ここも，日本が変わる，変わらないという議論より，何を根拠にこうした指摘がでてくるのかを考えるのが重要だろう。ジンガーにとっては，封建時代の日本は，たとえ，西洋の基準にはずれるとしても，そこには「良い生活」があったのであり，封建時代の日本は，決して好戦的ではなかった。しかしこの判断は議論の余地があるだろう。筆者は必ずしも，ジンガーの見解に与しない。16世紀の朝鮮出兵に対する認識がジンガーと筆者とでは異なる。朝鮮人の立場に立てば，ジンガーの見解には異論が出されると思う。

　日本社会の基本的構造として，まずジンガーが挙げているのは，「調和の流れ」の法則である。日本では全体の調和が重んじられ，個人の論理的正当性の主張が全体の調和のため抑えられることが，強調されている。これは日本が島国であることからは説明できない。日本人は民族的には単一ではない。しかしヨーロッパのように，民族間の対立が伝統的に都市間の対立というかたちをとってこなかった。そこには「戦いは万物の父である」といったヘラクレイトスの意味での対立，競争，戦いがなかった。ジンガーは，西洋文明の基礎としての自由な競争，論戦の場としての都市の重要な役割を指摘

している。田園の趣が濃く残っている日本では、ヨーロッパ的な都市はほとんど成立しなかった。ギリシャのアゴラ、ローマのフォールムのように、市民が自由に論戦をたたかわせ、弁論を楽しむ伝統は日本では成立しなかった。日本では、行政の中心に人口が集まり都市らしき体裁をとっただけであり、例外的に商人の自治都市ができたが、それとても、ヨーロッパのように、市民が誓約を交わし、自ら町を守るということはしなかった。日本で自由の基盤が弱いのは、競争する都市の伝統がないためだとジンガーは説明している。これはなかなか説得性のある説明だと、私は考える。ジンガーの日本社会についての説明には平等（ベネディクトによれば平等はアメリカ社会の基盤である）の視点が弱いと私は考えていたが、ここで展開される都市比較によって、かれが、自由や平等の理念の視点から、日本の文化を批判するといういきかたをとっていないだけだということがわかった。つまり彼は、日本はヨーロッパと別の原理で動いていると考え、そのことを是認している。

日本社会における「少数者の法則」についても議論されている。ここでは日本の諸集団に共通する性格が説明されている。西洋化が始まって以来、日本でも軍隊、政党、官僚機構がつくられたが、これらの国家的規模の大きな組織の中でも、相変わらず、旧来の藩、派閥といった、小さな集団の結びつきが優先される。同い年のものの結びつきは世界中にその例が見られるが、日本の旧制高等学校生徒たちの結びつきは、強固で独特であり、ジンガーもこれを取り上げている。親分子分関係をジンガーは古代ローマの社会関係と似ているととらえている。日本ではいまでもこの社会関係ははばをきかせている。これに比すると、家族制度の厳格で儀式的ありかたは、日本を論じる際にはよくもちだされるが、ジンガーに従えば、これは、日本人の流動的で、柔軟な生活様式とは対立し、外国から移入されたものとしている。また国民をまとめるために考案された近代の神格化された天皇制の神話は、ジンガーによれば、不自然であり、狂信的日本人以外には信奉されなかった。

英語版にはない「隠れた敵対感情」の分析は、ヨーロッパや日本の全体主義をも視野に入れているので、ジンガーの政治との関係が分かって、興味深

い。

　一般に日本人は好戦的と言われるが，ジンガーに言わせると，攻撃的力を見せながら，実際には，封建時代に二度しか戦争をしていないのは，歴史的には珍しい。ベルグソンは人間社会の始まりの段階では，社会は戦闘的であったといったが，日本の政治はベルグソンのいう「攻撃的かたち」にしたがってできているようにみえる。個人的には日本人は攻撃的でないが，日本に対し批判的言行が現れると，これに対し身構える，といった観察をジンガーはしている。

　個人生活での清潔，上品，社会生活での無頓着，表面的な丁寧さでもって，日本人が利己的ではないとは言い得ない。丁寧さの背後に古くからのひととひとのあいだの敵対感情が隠されている。もともと権威に依存している日本人は自由をなかなか受け入れない。もともと自由は人間性を前提にしているが，日本ではこれは重んじられない。日本人にあっては，集団帰属性が強く，自己は集団の細胞とみなされる。「権利のための闘争」も日本では歪められた形になり，強者の権利の主張となる。こうした精神風土は伝統的に全体主義的である。イタリアやドイツの全体主義が政治的観念としては近年の産物であるのに対し，日本の全体主義は伝統的で，時間をかけてできあがったものである。このような日本社会の分析を行ったジンガーは，敗戦後天皇を退位させなかった連合軍の処置を賢明と評している。

　戦後における天皇の処遇に関しては，ベネディクトもまた，天皇の退位をもとめなかったアメリカの政策を賢明とみなしている[11]。

　こうした判断の根拠となる思想的背景をジンガーは日本の天皇をめぐる神話とそれに対する日本の庶民の態度のなかに求めている。これも英語版では省かれている「帝国の秘薬」の章でジンガーは太陽神の子孫としての天皇とそれに連なる日本国民の信仰を日本の国家本質の秘薬と解している。「日本人は神々に由来し，それにより神々の本質を共有する民族である。かれらは一貫して〈天と地のはじめから〉いける神々のひとつの王朝によって，つまり，アマテラスオオミカミの子孫によって支配される」。ジンガーのこの解説はたとえ，第2次世界大戦までは多くの日本人に当てはまるとはいえ，今

日の日本人にとっては，縁遠くなっているのではないだろうか。政治的支配者を太陽と関係づける神話は日本に限ったことではない，等のジンガーの指摘は正鵠を得ているが，天皇をめぐる市民の意識は1945年以降かなり変化している。

近代日本の歴史的評価と戦後の日本の進路の問題といまもアクチャルにからむ部分を，帝国の秘薬と題された日本人の宗教生活を扱う部分と共に，英語版の編者は，なぜ省いているのだろうか。大きな疑問が残る。

(3) 日本文化と中国文化

文化は高級な思想，芸術作品から，日常の立ち居振る舞いまで含む広い概念であるが，ここでジンガーが考察の対象にしているのは，相当に高級な芸術である。

ジンガーは日本文化の通暁者として，世界における日本文化の特色を説明している。日本文化の特色は，西洋の文化と比較した場合，日本の文化が日常生活をあまり離れていないことである。しかし，一般に文明がひとつの概念で包摂できないように，日本の文化の貴族性もその特色とされる。

日本の文化は，天才を抑圧し，才能を縦横に伸ばさせるというふうには働かない。日本はミケランジェロもシェークスピアもゲーテもうまなかった。日本の文化は模倣が多いという評がなされることが多いが，ジンガーは，「日本文明の特色は，外国に多くを負うことではなく，過去において，他の諸国民の文化生活に比較的僅かな貢献しかしてこなかったことに求められる」という。これは平凡だがなかなかの卓見だと思われる。民族の選り抜きの文化が他の民族になかなか受け入れられないということには，それが民族独特の感受性を含んでいるという事情もあるかも知れないが，日本文化の場合は，「最大限の創造より最大限の連続の実現を，個人の強さや緊張感よりも社会的団結や同質社会の実現を念願し続ける」日本的精神の特色からきている。

ジンガーは日本文化を中国の文化とも比較する。ジンガーにとって，二つの文化は独自のものである。日本の文化は中国の文化から大きな影響を受け

たが，それは，日本の文化の独自性を鮮明にすることに役立った。ジンガーの言葉を借りれば，「中国は日本人の精神を中国とは正反対の可能性にめざめさせる重要な仕事を，日本人に対しておこなってきたように思われる。日本は中国に触発された衝動を自己を発見する手段に変え，日本の文化が，中国とは，別の固有の法則によって，生きて行けることを立証した。日本文化独自の法則の存在は，単純な身振りから形而上学的構想にいたるまで，生活のあらゆる分野にはっきりと認められる」。こう述べて，ジンガーは両方の文化の詳細な議論にはいっていくが，その東洋の芸術文化への造詣の深さには驚かされる。それは，ベネディクトのアジア文化についての広い知識とちがって，高級な伝統的芸術への傾倒からうまれる理解ではないだろうか。ベネディクトがアジアの生活習慣の基礎になっている価値観を学問的に，概念的に説明するところに，非凡さがあるとすれば，ジンガーの議論は日本と中国文化芸術への愛情ある理解とイメージ豊かな筆致にその特徴があるだろう。ジンガーは 1949 年に「日本の詩について」と題した文章を雑誌『ノイエ・ルントシャウ』に発表している。日本の芸術に対する準備があったことを窺わせる。

　ジンガーは中国人と日本人のことに臨んだ際の象徴的態度の比較から始めている。ジンガーは，大柄な中国人が，「落ち着いた，静かなまなざしで，世界を見つめ」大空を背景にくっきりと立っている姿を想像する。身振りはまろやかで，威厳があり，重々しいところがある。これに対し，動作はすばやく機敏だが，貫禄のない日本人の姿が対峙される。

　中国人の思考は宇宙の調和の原則の上に立てられているが，このような中国人の壮大なヴィジョンに対して，日本人は無関心である。日本人の「非宇宙的世界観」を支配するひとつの世界観を探すと，それは諸行無常という法則である。世界の不変性や同一性といった観念は日本人には無縁で，最終的にいつでも自己に回帰する。ジンガーは，二つの文化を比較する際に，優劣をつけていない。その特色を冷静に記述している。

　中国文化においても日本の文化においても，儀礼と作法が重視されるが，日本においては，中国から移入したままが行われるのではなく，簡素化され

たり，改変されて独自の要素が加えられている。日本人は無意識に太古からの要素を付け加えて，もとの中国のものとは違った形に作り変えている。

ジンガーは，中国人と日本人の精神的傾向を図式的にまとめている。「中国人の心のふるさとは『空間』に，日本人の心は『時間』に」求められる。

ジンガーは東洋の伝統的芸術の愛好者として，書，詩歌，舞踊，絵画を比較し，中国と日本の芸術の特色をとりだしている。

中国の書は全体として均衡がとれている。しかも内容的には対立を含むドラマティックなものだが，日本の書は独唱に似ていて，その美しさは「直線的なところにある」。ジンガーは詩歌においても，絵画においても，日本人が，中国から，題材，手法においても多くのものを受け入れたことを指摘しているが，たんに模倣に終わっているという説には反対している。日本の芸術が独創的なものを付け加えているという。たとえば，日本の山水画の独創性は，禅に裏付けられた，激しい気迫にみちたその精神性に特徴が見られ，それは静的で，落ち着いた中国の絵には見られないという。

(4) 武 士 道

この本の最終章は武士道を扱っている。

ジンガーは，侍は長く日本人の理想像であったという。イギリスの「ジェントルマン」，中国の「君子」などは「個人としての性格や態度の素晴らしさ」によって規範的存在に押し上げられた。これらの理想像と並ぶのが，ジンガーによれば，日本では侍であり，侍が従う掟である武士道である。

鎖国によって世界から閉ざされていた日本が，日露戦争によって，世界の注目を浴びたとき，日本人の性格を解明する必要が叫ばれたとき，新渡戸稲造が書いた『武士道』がその答えを用意しているように思われた。

武士道を空疎な作り事とみる学者もいた。しかしジンガーによれば，武士道は「さまざまな思想，さまざまな理想をひとつの類型にまとめたもので，はじめは藩主や支配者，後には軍事専門家や愛国主義者によって権威づけられた」。ジンガーは，武士道の内容は禅に裏打ちされた，生死を達観する落ち着いた静観的態度であり，すべての活動はそこでは，精神修養の刻印を帯

びるとして、伝統的な本来の武士道と近代の国家主義者によって捏造された武士道を区別している。

　ルース・ベネディクトもまた国家主義者、ゆきすぎた愛国主義者によってゆがめられた武士道について書いている。しかし彼女にとって武士道は近代の評論家、著作家によってつくられた造語であり、その実態は多様な意味を有している「義理」のなかのいくつかの徳目から作られている。もともと義理を恩の中で、返済可能な恩返しとみなすベネディクトは、武士道が階級を超えた民族的感情を背景にもっているとは考えてはいない。侍を日本人の理想像と考えるジンガーとは大きな開きがある[12]。

　武士の理想は桜の花にたとえられる。第2次世界戦争中の日本兵の鈍感さと「とめどのない蛮行」と桜の花が簡単には結びつかないことをジンガーは認めている。しかしジンガーは日本の歴史から一人の平家の若武者をとりあげる。勇気があり、また美を愛するものがジンガーの武士道の理想的イメージであるらしい。源氏との決戦の前夜、落ち着いて笛の音を楽しんだ平家の若武者の姿は、ジンガーにとって埋もれた日本の過去から救出すべきイメージと見えた。

　いずれにしろ、軍国主義に陥り、敗戦の憂き目にあった日本は、本来の日本のありようから道を外れた結果であると、ジンガーの眼には見えた。ジンガーに従えば、日本の伝統の中に眠る理想的イメージを回想する時、「清算が」果たされ、再生への一歩が踏み出されることになるのである。

4.『鏡、刀、勾玉』の価値

　筆者のコメントを挟みながら、ジンガーの日本についての基本的考えをみてきたが、ここで、ジンガーの観察と思索が今日でもなお通用するのかという問題を考えてみたい。ジンガー自身も言っているように、ジンガーの思索と説明は第2次世界戦争前の観察に基づいている。戦後の日本についてジンガーが知るところは少ない。戦後の日本に暮らしてきたものにとっては、この60年近くは変化に富んだ期間であったように思われる。この場合ジン

第6章 クルト・ジンガーの『鏡，刀，勾玉』を読む　　149

ガーの本は価値がなくなっているのだろうか。
　日本人の幼児期と西洋人のそれとの大きな違い，ロゴスを重視する西洋人と他者の前でのびのびと話すことをしない日本人，他者から自分を隠す日本人，全体の調和のために個性の伸長を抑える日本社会，他の文化に影響を与えることが少ない日本の文化，連続性を重視する日本の伝統など，ジンガーが西洋の社会と文化と対比しながら指摘している特徴は今日でもあまり変わっていない。
　その比較の視座は西洋を絶対視することなく，また日本の文化を広い視野のなかで眺めるという説得性を備えている。その意味で，さきに『菊と刀』の優れた点としてあげた特徴を備えていることが示されたと思う。さらに長年の日本滞在によって，日本人と日本文化に通じているジンガーの本には，ベネディクトの本にみられる奇妙な誤解，たとえば恩や義理についての誤解などがみられない。
　『鏡，刀，勾玉』のドイツ語訳をしているヴォルフガング・ヴィルヘルムは，この本が日本人に向けて次のようなメッセージを発しているという。ジンガーは，日本人に自分たちが「世界の中心であるという要求，失われたあるいは未来の楽園で，救済の守り手であるという要求を放棄することを呼びかけている。日本は自らの状況に応じて無批判に外国のものをとりいれたり，軽蔑して突き放したりせず，精神的島国状態の魔法の圏を打破し，真に実りある対話への準備をするべきである。つまり相互の成熟，お互いの討論，自己の拡大，克服，充実への準備をするべきである」[13]。ここに引用したジンガーのメッセージとされるものの前半については，おそらく現在は克服されていると思われるが，メッセージの後半は今でも耳を傾ける価値を有している。ヴィルヘルムはさらに，この本は日本人が，西洋の精神に対し，批判的に，自己批判的に，そして前提なしに自己を開くだけでなく，自民族の歴史的遺産に光を当て，新しい眼で見るように勧めている，と解説している。日本人に自らの過去の文化を尊重するように勧めているというのはその通りだと思うが，ジンガーはそれほど積極的に日本人に自己克服を勧めているのだろうか。戦前，戦中の極端な日本中心主義，愛国主義に批判的ではあ

るが，それは日本が，本来の伝統的ありかたから逸れているからというのが，ジンガーの主張ではなかろうか。その部分は日本に関する分析を超え，日本の将来に関する当為（ゾレン）に関することではある。この点では，筆者はジンガーの立場に同調することはできない。

　筆者にはこの本で語られる日本人の姿があまりにも喜びが少ないように見える。幼年期の黄金時代が過ぎると，「世を捨て」「自己放棄」しなければ，個性的生き方が難しい日本人のすがたはあまりありがたくない。ジンガーの理想的日本人のイメージは，美を解する武人の姿であるように見える。滅亡前の平家の公達を形容して，ジンガーは，「英雄的な沈着さ，洗練された情熱，雄々しい大胆さ，精神的超越」のイメージで賞讃している。ジンガーに勧められてこの過去の理想的イメージに従って生きていこうという気になる日本人は多くないだろう。ジンガーが観察，分析した日本人の特徴は今日においても大いに妥当するとしても，将来の日本人像が後ろ向きの理想像では，それにしたがう人は多くはないだろう。とはいえ，ここまでジンガーの叙述をたどってきた人は，この本が優れた文化論，比較文化論，日本論であることを納得することであろう。

　付記　*Mirror, sword and jewel* の日本語訳は，おおむね『三種の神器』（鯖田豊之）によっている。

注

1）アヒム・エシェンバッハ：クルト・ジンガーと現代の記号論　26頁（講談社『三種の神器』解説に所収）。
2）Wolfgang Wilhelm : Zur Einführung : Kurt Singer und Japan p.8 in *Spiegel, Schwert und Edelstein*. edition Suhrkamp 1445. Frankfurt a.M. 1991.
3）Richard Storry：Introduction p.11 in：*Mirror, sword and jewel*. Kodansha International. Tokyo and New York 1990.
4）*ibid.*
5）青木保：『日本論の変容』（中央公論社，1990），佐伯・芳賀編『外国人による日本論の名著』（中公新書832，1987）などを参考に筆者が論点を整理した。

6) Ruth Benedict: *The chrysanthemum and the sword*. Tuttle Publishing 2000. 『菊と刀』, とくに第2章, 第3章を参照。
7) *ibid.* 第12章「子供は学ぶ」参照。
8) *ibid.*, p. 197.
9) 鯖田豊之:『三種の神器』訳者あとがき, 246頁。
10) Kurt Singer: *Mirror, sword and jewel.* p. 60.
11) *The chrysanthemum and the sword.* p. 309.
12) *ibid.*, p. 175.
13) Wolfgang Wilhelm: *Zur Einführung.* p. 26.

第 7 章
史学と詩学のあわいに
――出来事の語りにおける仮構性をめぐる考察――

葉 柳 和 則

要 旨

　20世紀はそれ以前のどの世紀にも増して変動と災厄を経験した。その経験を次の世代へと受け渡すという課題は、「出来事はいかにして言葉へともたらされるのか」という方法的な問いと結びついて、1990年代以降、人文・社会科学にとって最もアクチュアルなテーマの一つとなった。

　野家啓一は、90年代において超越的な「『起源』と『テロス』とに枠取られた特殊ヨーロッパ的な歴史哲学」は終焉を迎えたという認識のもとに、この地点においてなお「歴史」を語りうる思想的立場、すなわち「歴史の物語り論」を展開する。そしてこのような歴史観の比喩的形象として、個々の人間の物語り行為によって織りなされる「小さな物語りのネットワーク」を提唱する。

　ところが、「物語りえないものについては沈黙せねばならない」というテーゼをその中心に据えているがゆえに、野家の歴史哲学に対しては、「表象の限界」、「歴史修正主義」といった観点から、存在論的、実践的、そして倫理的な批判が加えられることになった。

　こうした論争の背景には、野家の物語り概念がリアリズムの圏内にとどまっているという問題がある。「歴史の物語り論」と同様に、ヘイドン・ホワイトの提唱する「歴史の修辞学」もまた方法的かつ倫理的な批判にさらされた。しかし、ホワイトは、リアリズム批判としての「モダニズムの語り」と「歴史の修辞学」を結びつけることで、アポリアからの出口を見出した。

　フロイトがトラウマをめぐる議論の中で明らかにしたように、「語りえぬもの」の由来たる「出来事」は事実性を超えた次元を内包している。それゆえ、その出来事を語る試みは仮構の物語を経由せざるをえない。モダニズム文学もまたこうした問題意識を共有している。そこでは「語りえぬもの」をそれでもなお語ることの可能性が探求されてきた。例えば、マックス・フリッシュのテクストは、一人称の「私」という形式において「語りえぬもの」はいかにして語りうるかという問題を繰り返し前景化している。その思想と方法は、語られたものの仮構的性格という観点から見たとき、フロイトの精神分析と同型を描く。

　つまり出来事を経験することと、それを他者へと伝達することとの間には、仮構的なものの領域が避けがたく介在するのであり、この仮構の語りに耳を傾けることによって初めて、「語りえぬもの」から「小さな物語りのネットワーク」への通路は開かれるのである。

第7章 史学と詩学のあわいに

はじめに

　ある出来事をめぐってインフォーマントから聞き取りを行うとき，その聞き取りを元に報告書をまとめるとき，あるいは文書館の片隅で過ぎし時代の記録を繙くとき，いや，研究に関わる場面だけではなく，夕餉の後祖父母の昔語りに耳を傾け，喫茶店で友と体験談を交わすとき，私たちは物語るという行為を媒介にして経験した出来事を伝達し合う。

　だが，出来事がいかに臨場感をもって詳細に描写されようとも，物語り行為に宿命づけられた絶対的な事後性故に，語られる出来事は知覚に直接与えられるものではない。物証があったとしても事の本質は変わらない。私たちが知覚しているのは出来事の痕跡であって，出来事それ自体ではないのである。事後性の相の下に置かれた想起と解釈と語りという言語的媒介を経て初めて，出来事の経験は声を与えられ，聞き手に届けられる。

　それはすなわち，出来事は象徴記号の媒介作用の中で，選択され再構成されるということであり，それはとりもなおさず，選択されなかったものを文脈から排除するという作為もまた必然的に働いているということを意味している。このような意味において，出来事についての物語り行為はミメーシス的契機とともにポイエーシス的契機をも含んでいる。過去の出来事を言語によって再現する行為としての史学は本来，虚構をめぐる学知としての詩学と境界を共有しているのである。

　史学と詩学のあわいにおける「出来事はいかにして言葉へともたらされるのか」という問いは，決して私たちの生活世界と無縁なものではない。冒頭で挙げたようなインタビューの現場で，フィールドノートを書きつける際に，あるいは日常のさりげない会話の中において，つまりは，あらゆる物語り行為の瞬間に，たとえ暗黙のもの，ないしは自明視されたものとしてであれ，不可避的に立てられるものとしてこの問いはある。

　1990年代以降，この問いが人文・社会科学にとっての最もアクチュアルな課題の一つとして前景化してきたのは，20世紀という人類史上かつてな

かった変動と災厄の時代の経験を次の世代へと受け渡すための方途を探求することが，証言を為しうる世代の加齢と死を前にして一刻の猶予も許さぬものとなっているからである。

しかしながら，出来事の記述をめぐるこのような探求は現在，「表象の限界」，「物語りえぬもの」，「歴史修正主義」といった問題に直面することによって，理論的，実践的，そして倫理的側面において容易には解消しがたい困難に陥ってしまったように見える。本稿の課題は，このアポリアの典型的現れである野家啓一の「歴史の物語り論」とその比喩的形象である「小さな物語りのネットワーク」をめぐる論争を，物語り行為の仮構的性格に関する議論の文脈の中で再検討することであり，さらにはこの「ネットワーク」が「表象の限界」を越え，「物語りえぬもの」へと至る通路を拓く可能性を探ることである[1]。

1．物語りえないものについては沈黙せねばならない

1996年に出版された野家啓一の『物語の哲学』は，出来事の物語り的な再構成の問題を90年代初頭から繰り返し取り上げてきた野家の「方法序説」として位置づけられている。この書において野家は，90年代において，「『起源』と『テロス』とに枠取られた特殊ヨーロッパ的な歴史哲学」，すなわちミクロな領域から世界レベルに至るまで，出来事をあまねく意味づけてきた「大きな物語」がその信憑性を決定的に喪失した時代と捉えている（野家［1996：7］）。

歴史を「始まり」と「終わり」との間で生起する出来事の目的論的な連鎖として描こうとする形而上学的なパラダイムが「終焉」を迎えたことは，同時に新しい歴史哲学の「始まり」の条件でもある。

われわれは今，大文字の「歴史」が終焉した後の，「起源とテロスの不在」という荒涼とした場所に立っている。しかし，その地点こそは，一切のイデオロギー的虚飾を脱ぎ捨てることによって，われわれが真の意味での

「歴史哲学」を構想することのできる唯一の可能な場所なのである。(野家 [1996：13])

「超越論的歴史」に終止符が打たれたとは言っても歴史それ自体が消滅するなどということはありえない。この「荒涼とした場所」において，なお出来事は生起し続けている。しかし，「神」ないしその代替物の視点から地上の出来事を説明するための形而上学はもはや信憑性を喪失している。これは歴史が「神の視点」から解放され，「人間の視点」へと連れ戻されたということでもある。しかしながら，それは同時に，「今-ここ」で生起している出来事を見通すこと，自らの立っている場所を確認することが極めて困難になったということをも意味している。野家はこのような状況の中にこそ，出来事を「大きな物語」に回収することなく記述するための方途を見出す契機を認めるのである。

野家は議論を始めるにあたってまず歴史記述における物語行為の存在論的な優位性を確認する。

コンテクストから孤立した純粋状態の「事実そのもの」は，物語られる歴史の中には居場所を持たない。脈絡を欠いた出来事は，物理的出来事ではあれ，歴史的出来事ではないのである。ある出来事は他の出来事との連関の中にしか存在しないのであり，「事実そのもの」を同定するためにも，われわれはコンテクストを必要とし，「物語文」を語らねばならないのである。(野家 [1996：11 f.])

歴史的事実はそれ自体として存在しているのではない。出来事を物語るという行為によって初めて歴史なるものに存在論的場所が与えられるのである。さらに言えば，物語ることなしに人間は出来事と自分自身とを関係づけることはできない。その意味において，人間は物語る欲望に取り憑かれた存在である。それは同時に，我々が「物語る」ことを止めない限り，歴史には「完結」もなければ「終焉」もないということをも意味している。

つまり,「大きな物語」なき時代にあってなお,出来事を語るという試みは続けられる。それを可能にする方途として野家は,個々の主体の物語り行為を結びつけ織り合わせることで生成する「小さな物語りのネットワーク」を提唱する(野家[1996：144])。

> 歴史は超越視点から記述された「理想的年代記」ではない。それは,人間によって語り継がれてきた無数の物語文からなる記述のネットワークのことである。[……]このネットワークに新たな物語文が付け加えられることによって,あるいはネットワーク内部のすでに承認された物語文が修正を被ることによって,ネットワーク全体の「布置」が変化し,既存の歴史は再編成されざるを得ない。その意味において,過去は未来と同様に「開かれている」のであり,歴史は本来的に「未完結」なのである。(野家[1996：12])

「多様な声を響かせながら増殖していく」「小さな物語りのネットワーク」は,「大きな物語」が信憑性を失った時代における魅力的な歴史のヴィジョンである(野家[1998：20])。なぜならそこには,個々の主体が自己の物語に閉塞することなく,歴史に参加し,自らの情報環境を書き換えてゆくための通路が確保されており,さらに,その比喩的形象は上下や中心といった概念を持たないままに網状のリンクを増殖させてゆく現代のメディアやリアリティの在り方を反映しているように見えるからである。

ところが,「歴史の物語り論」は,それが提唱された直後から,激しい批判に晒されることになった。歴史記述における物語行為の存在論的優位性を強調するために野家は,ヴィトゲンシュタインの『論理哲学論考』の末尾のテーゼになぞらえて,「物語りえないものについては沈黙せねばならない」という「歴史哲学テーゼ」を繰り返し強調しているが(野家[1996：148 ff.]),とりわけこのテーゼに対して強い異議申し立てが行われたのである。

2. 語ることはできない，しかし語らねばならない

「歴史の物語り論」に対していち早く批判の声を上げたのは高橋哲哉であった[2]。高橋は，トラウマ記憶の問題を手がかりにして，野家のテーゼが排除し，抑圧するものの存在を明るみに出してゆく。

> トラウマ記憶が「物語りえぬもの」であるのは，「物語りえぬものについて物語ることはできない」という単なるトートロジーによってではない。トラウマ記憶はまた，物語られなければいつまでも生還者を苦しめ続ける記憶でもあり，その意味では，安全な環境の確保など幾つかの条件を満たしたうえで，物語られることが必要な記憶である。(高橋［2001：71］)

こう述べることで高橋は，「語ることはできない，しかし語らねばならない」というトラウマ記憶が孕む本来的な矛盾を，野家の歴史哲学はそもそも考慮していないと暗に指摘しているのである。

高橋は批判を，存在論的なレベルにとどめてはおかない。「語りえぬ経験」を何としても語ろうとする声に沈黙を強いることは，さらに倫理的な誤りをも犯しているとされる。しかもここでの倫理的問題は，伝統的な倫理学の範疇を超えて，時代のアクチュアルな問題と密接に結びついている。

> この［語りうるものの歴史の］明証性に依拠して，〈語りえぬものについては沈黙しなければならない〉とアプリオリに言えるとしたら，たしかに記憶の試練の大半は姿を消すことになるだろう。記憶しなければならないものは原理的に記憶可能であり，解釈可能であり，物語ることが可能であるという〈可能なもの〉の圏域のなかで，すべてが進行することになるだろう。しかし，そのときひとはもしかして，結果的に「征服者」による「歴史の治世」に奉仕し，記憶の抹消という〈完全犯罪〉にわれしらず加担することになってはいないだろうか[3]。(［　］内は葉柳による補足，以下同)(高

橋［1995：5］)

　「歴史の物語り論」は，歴史記述の多元性をその前提としている。にもかかわらず「語りえぬもの」には歴史への参与を認めないとすれば，巨視的なレベルから微視的なレベルに至る言説の政治の中で，抑圧され隠蔽されている「小さな声」たちによりいっそうの沈黙を強いることになる。そのとき「小さな物語りのネットワーク」というヴィジョンには，文字通りの幻と化してしまう危険すらあるのである。

3．合理的受容可能性

　「歴史の物語り論」に向けられた倫理的批判に応えて野家は，中村雄二郎との電子往復書簡の中で，歴史記述は倫理の問題と不可分であることを自身が見逃しているわけではないと主張する。

　　記憶の言語化の過程には，選択と排除，誇張と矮小化，抑圧と隠蔽などの解釈学的契機が不可避的に入り込んできます。そこにこそ，「記憶のレトリック」あるいは「記憶のポリティクス」が成立する余地があり，また歴史記述に「倫理」の次元が要請される理由だと思われます。(野家［2000：40 f.］)

　野家が「歴史の物語り論」には歴史記述の政治-倫理が「不可避的に」内在すると述べるのに対して，高橋はさらなる批判を加える。いわく，修正主義者たちの「国民の物語」と抑圧された声たちとの間において，「どちらを選ぶべきかは，やはり「歴史の物語り論」自体からは出てこない」(高橋［2001：43］)，と。
　この発言に典型的に見られるように，「歴史の物語り論」を批判する際に高橋は「「国民の物語」を排除する」，「どちらを選ぶべきか」といった言い回しを繰り返し使用する (高橋［2001：43］)。しかしこうした二項対立に基

づく選択と排除の論理によって，「小さな物語りのネットワーク」が内在させている問題点を剔抉することはできるのだろうか。

「歴史の物語り論」の中にも確かにある種の対立の契機は組み込まれている。しかしそれは，「固定的なモノフォニー（単一の声）の特権化」と「動的なポリフォニー（多数の声）のネットワーク」との対立としてまとめることのできるものであり，「多数の声」の中の一つが「国民の物語」であることを無前提に排除してはいない。その意味で高橋の批判は野家の問題設定を捉え損ねている。それどころか，「選択と排除」を通じて一つの物語を「正しい」歴史として特権化しようとする点で，高橋と修正主義者たちの論理は同型であるとさえ言えるのである（野家［1998：71 f.］，高橋［2001：50］，内田［2001：173］）。

野家は，「多数の声」の中の一つとしてならば，「国民の物語」を（そしておそらく高橋の主張をも）排除することはできないことを認める。その上で野家は「歴史の物語り論」を精緻にし，かつその倫理的脆弱さを克服するために，「国民の物語」のような統合表象を解体する批判的概念装置を「物語りのネットワーク」の内部に導入してゆく（野家［1998：20］）。

ある歴史観を恣意的に特権化し，それを唯一のものとして錯視する/錯視させることに歯止めをかける方途の一つは，自らの視点の限界性についての自己言及的な眼差しを持つことである。

> 歴史は常に有限のパースペクティブをもった一定の視点からしか語り得ないものです。ただ，重要なことは，いかなる視点に立ってどのようなパースペクティブから語っているか，その歪みや先入見に自覚的であることです。その自己言及的な自覚こそが，歴史認識の「客観性」へ通じる唯一の通路にほかなりません。僕自身の考えでは，この視点拘束性の自覚を深化させるものこそ「歴史の物語り論」の立場なのです［……］。（野家［1998：33］）

しかしながら，自らの語りの視点拘束性に対する自己言及的な自覚を促す

だけでは,「国民の歴史」のような確信犯的な歴史記述の恣意性に対して有効な歯止めをかけることはできない。それを意識してか野家は,「われわれは常にすでに「物語り」のネットワークの中に生きているのであり,必要に応じて都合のよい「物語り」を勝手に選べるわけでは」ない,という点に注意を向ける（野家 [1998：20]）。

ある「物語り」がネットワークに参加するための前提として野家が挙げるのは,「合理的受容可能性（rational acceptability）」という要件を備えているか否かである。

> 「合理的受容可能性」の概念をもう少し具体的に敷衍するならば,［……］「現在への接続と他者の証言との一致,そして物的証拠という僅かに許された三種類の手続き」ということになるでしょう。これはもちろん,歴史記述において「物語り」が備えるべき必須の三要件にほかなりません。逆に言えば,これこそが歴史をフィクションから区別する境界線であり,歴史記述が遵守するべき最低限の「論理」だと言うことができます。（野家 [1998：71]）

「合理的受容可能性」の「三要件」を満たさない歴史記述は,恣意的なものだと見なされてネットワークの中で孤立し,反響を失ってゆく。それゆえ,「三要件」を導入することは,物語りのネットワークの内部において必然的に生じる「多様な声」の間の矛盾や葛藤を解消する論理を「歴史の物語り論」にもたらすことになるのである。

だが他面において,この「合理的受容可能性の三要件」を設定することによって,「歴史の物語り論」は自らの存在論的な拡がりに歯止めをかけることにもなった。このことは,思い出が「物語りのネットワーク」に編み込まれる過程についての野家の説明の中に端的に現れている。

> 思い出は断片的であり,間欠的であり,そこには統一的な筋もなければ有機的連関を組織する脈絡も欠けている。それらの断片を織り合わせ,因果

の糸を張りめぐらし,起承転結の結構をしつらえることによって一枚の布にあえかな文様を浮かび上がらせることこそ,物語行為の役目にほかならない。物語られることによってはじめて,断片的な思い出は「構造化」され,また個人的な思い出は「共同化」される。(野家 [1996 : 113])

「物語りのネットワーク」がこのような過程を経て生成してゆくのなら,物語り相互の間の関係性は絶えざる書き換えへと開かれていくかもしれない。しかし同時に,「起源とテロスの不在」の時代においてなお,個々の物語りはかの「三要件」を満たし,「始まりと終わり」や「起承転結の結構」を備えたものでなくてはならないということも強調されている。そこでは,「断片的」で「間欠的」でしかありえず,いかにしても「統一的な筋」や「有機的連関」の中に置くことのできないもの,野家の言う「思い出」にとどまるより他ない経験は,存在論的に貶められ,歴史記述への参加の資格を剥奪されているのである。

これはすなわち,「トラウマ記憶」は野家の想定する歴史の中に居場所を与えられないままであるということを意味している。なぜなら脈絡の欠落こそがトラウマを構成する原理だからである。

それ[トラウマ記憶]はストーリーへと加工されず,時間に定位されず,始まりも途中も終わりも持たない(物語記憶の特徴は始めと途中と終わりがあることだ)。(ヴァン・デア・コーク&ヴァン・デア・ハート [1995=2000 : 70])

脈絡を欠いているがゆえに,トラウマ記憶は自らを現在へと接続させてゆく通路を持っておらず,他者の証言との一致や物的証拠もまた,多くの場合欠落している。あるいはそうした要件が抹消されたからこそトラウマがトラウマのままにとどまっているとも言える。それどころか,物語的な文脈付けに抵抗する記憶があるという事態こそが,トラウマの存在を証していると考えることすらできよう。それゆえ,トラウマ記憶を言葉へともたらそうとすれ

ば,「因果の糸」がもつれ,寸断され,「起承転結の結構」など見出せそうにもない語りとなるより他ないのである。

　ここまで見てきたように,「合理的受容可能性の三要件」を理論装置に組み込むことによって,「歴史の物語り論」は「国民の物語」と自らとの間にある差異を明確にすることを試みたが,それと引き替えに,「語りえぬもの」の抑圧に対する高橋の批判に応えることからはいっそう遠ざかってしまうことになったのである。

4. 空気としてのリアリズム

　野家が「歴史の物語り論」の出発点に置いたのは,歴史記述における物語り行為の存在論的優位性であった。実在としての歴史と物語り行為との間の存在論的関係の逆転は,19世紀末から20世紀にかけての「言語論的転回」というパラダイム転換の中で生じたものであり,「歴史の物語り論」もその圏内に位置づけられる。しかしまたこのパラダイム転換は,「語りえぬもの」を言語へともたらすというアポリアに向き合うことをも,その理論-実践的課題として内包している。この課題を前景化する最初の試みの一つがフロイトの精神分析であった。精神分析には生理学から哲学まで同時代の様々な学問的系譜が流れ込んでいるが,現在においてますますアクチュアリティを放ちつつあるのは,言語の科学としての精神分析という系譜である。自由連想法に端的に見られるように,精神分析の治療場面において医師と患者とを媒介するのは言語以外の何ものでもない。だが,この言語実践が探求しているのは,「語りうるもの」ではない。患者たちの存在のうめきにも似た言葉に耳を傾け,「語りえぬもの」の痕跡を探し出そうとしたところにフロイトの精神分析の核心はある。

　　フロイト一流の力とは,語りえぬものを語ること,あるいは少なくとも語
　　ろうと試みることであり,それはつまり,語りえぬものを前に口を閉ざす
　　というテーゼの拒絶なのだ。(ブルーム [1995=2000:175])

第7章 史学と詩学のあわいに

とすれば，精神分析の基本的スタンスは野家の歴史哲学のアンチテーゼを成していると見ることができる。

「言語論的転回」というパラダイム転換の中で，精神分析の運動と相互に影響を与え合いながら展開していったもう一つの流れにリアリズム批判の芸術がある。

リアリズムの特徴についてコリン・マッケイブは，次のように述べている。

> 古典的リアリズムでは物語（story）の終わりは語り（narration）の開始の必要かつ不可避の条件となる［……］。古典的リアリズムは出来事の進展を内的に意味あるものにし，したがって意味に時間を導入する。進歩のイデオロギーは歴史主義者の歴史理論と古典的リアリズムの読みの双方に浸透しており，それゆえ歴史主義と古典的リアリズムの相同性（homologies）が認められるのも決して偶然ではない。（マッケイブ［1979＝1991：76］）

> もし物語（narrative）が聡明なる（knowledgeable）書く「わたし」と，書くためには経験を積まねばならない素朴なる「わたし」とのあいだに距離をもうけることで開始するのであれば，それは単に古典的リアリズムのテクストの焼き直しにすぎない。古典的リアリズムの機構を特徴づけるものは，テクストの「終わり」で物事に決着をつけるという働きだからである。（マッケイブ［1979＝1991：80 f.］）

ここには本稿の行論との関連においていくつかの重要な論点が含まれている。まず第1に，歴史主義との相同性に見られるように，リアリズム的な認識と記述の方法は，単なる芸術の一技法ではなく，出来事の表象に関するあらゆる言説の場において機能しているという指摘である。注意すべきなのは，私たちは今日なお広義のリアリズムの圏内におり，それを空気のように呼吸しているということである。つまり，私たちは日々リアリズム的に表象されたテクストを自然なものとして受容し，自明なものとして生産している

のである。

　第2に，リアリズムのテクストは，「始まり」と「終わり」を持つリニア（線状的）な時間の流れの中の継起として出来事を表象する。その際起点を成すのは「始まり」ではなく「終わり」である。つまり出来事が既に完結し，閉じられているという認識こそが語りの前提条件となり，出来事の選択的な再構成を遡行的に起動させるのである。

　これに関連して第3のポイントは，物語る主体は，物語られるすべての出来事と自身との関係を見通しており，テクスト内のすべての言説を説明し，統御しうる位置に立っているということである。ここには語り手の意識をすり抜ける言語は存在しないのである。リアリズムの語り手は「聡明なる＝知る権能を持った（knowledgeable）「わたし」」なのだから。

　リアリズムの性格をこのように捉えるならば，「起承転結の結構」といい，「合理的受容可能性の三要件」といい，「歴史の物語り論」がリアリズムの規範を受け容れていることを否定することはできないだろう。

　リアリズムの語りは，テクスト内部に「語りえないもの」の場所を認めないことによって「起承転結の結構」を演出する。それ故リアリズムのテクストを受容し，生産することは，イデオロギー装置としてのリアリズムの暴力に身を委ね，あるいはそれと知らぬままに暴力をふるってしまうことである[4]。とすれば，「小さな物語りのネットワーク」は，自らにリアリズムの足かせをはめてしまうことで，リアリズムの圏域の外へと向かう契機を手放してしまったと考えることができる。つまり，「歴史の物語り論」が「言語論的転回」を徹底させ，リアリズム的表象の限界を突き抜けてゆかない限り，当初の「一切のイデオロギー的虚飾を脱ぎ捨てる」という意図にもかかわらず，その遂行論的効果としては「物語りえぬもの」に対する排除と抑圧という言説の政治に加担し続けることになるのである[5]。

5．表象の限界とモダニズム

　「歴史の物語り論」が意図せずして入り込んでしまった閉域からの出口を

指し示しているのが,『アウシュヴィッツと表象の限界』(1992) におけるヘイドン・ホワイトの発言である。

ホワイトは『メタヒストリー』(1973) において, 歴史記述を物語り論のパラダイムの中に置くことで, 出来事の表象可能性の地平を構成する「修辞学」の存在論的先行性を明るみに出した。歴史を修辞学の枠内に定位させようとするホワイトの議論は, 歴史哲学の領域にとどまることなく, 人文・社会科学の広範な領域において大きな反響を引き起こし, 史学と詩学の境界を揺さぶった。

こうした反響の中で「歴史の修辞学」についての膨大なサブテクストが産み出された。その中で最も注目を集めたのが,『アウシュヴィッツと表象の限界』である。この書は,「歴史の修辞学」がアウシュヴィッツのような限界的出来事の記述という課題に直面したとき理論的に, さらには倫理的に耐えうるものなのか, という問いの下に開催されたシンポジウムの記録であり,「歴史の修辞学」の理論的・倫理的脆弱さに向けられたカルロ・ギンスブルクやベレル・ラングの批判と, それに対するホワイトの応答が基本的な問題の布置を形作っている。すなわち, 問題の位相に若干の違いはあるものの, 歴史記述における「表象の限界」ないし「語りえぬもの」をめぐってなされた論争であるという点において, このシンポジウムは, 高橋と野家の論争と極めて類似した議論の布置を描いていると見ることができるのである。

「歴史の修辞学」に向けられた批判に対してホワイトは次のように答えている。

> ホロコーストを表象することをめぐっての議論のなかで出会うもろもろの変則的なもの, 不可解なもの, 袋小路は, ホロコーストのようなその本性において「モダニズム的」である事件を表象するのには不適切なリアリズムなるものにあまりにも依存しすぎている言説観のもたらしたものだということを示唆したい [……]。わたしは, ホロコースト [……] を, 人類史の他のどんな事件とも同様に, 表象不可能であるとはかんがえていない。ただ, それを表象するには, 歴史においてであろうとフィクションにおい

てであろうと，社会的モダニズムが可能にした種類の経験を表象するために発展してきた文体，すなわち，モダニズム的文体が要求されるというだけのことである。(ホワイト [1992＝1994：82 ff.])

「歴史の物語り論」の場合と同じように，ここにおいても出来事の記述を限界づけているのはリアリズムである。そしてこの限界を突き破る方途は20世紀のモダニズム的な文体実験に求められている。20世紀文学の歴史は，少なくともその突端においては，リアリズム批判の歴史である。そこでは，未曾有の出来事に満ちた時代の経験を表象する試みの中で，リアリズムの思想とその文体が持っている排除と抑圧の構造が暴露され，「語りえぬもの」に表現を与える文体が模索されている。『メタヒストリー』の中でホワイトは，19世紀のリアリズム的歴史記述における修辞的枠組みとして「ロマンス」，「喜劇」，「悲劇」，「諷刺」を取り出していたが (White [1973：133 ff.])，この時既に，リアリズム的表象の枠組みを破砕し乗り越える方法的可能性として，20世紀のモダニズム的文体が要請される道筋は見えていたのである。

6．仮構の場所

モダニズムの物語テクストが，リアリズム的表象の背景にある言説装置に自己言及的な眼差しを向けることで，出来事と物語り行為の関係を根底から変容させてゆく過程は「テクスト存在論的パラダイム転換」(der text-ontologische Paradigmawechsel) と呼ばれている (Petersen [1991：64 f.])。この概念はユルゲン・ペーターゼンの『モデルネのドイツ小説』(1991) において提案されたものであるが，ペーターゼンはこの分析概念の有効性を検証するために，ドイツ語圏におけるモダニズム小説の成立と展開の背景にある思想と語りの技法について詳細な議論を行っている。

「テクスト存在論的パラダイム転換」をもたらした物語テクストの典型としてペーターゼンが挙げているのは，トーマス・マンの『ヨセフとその兄弟

たち』(1933-42) とマックス・フリッシュの『わが名をガンテンバインとしよう』(1964) であり, とりわけ後者において「モダニズム的文体」の実験は極限にまで押しすすめられているとされている。

戦後スイスの作家・思想家マックス・フリッシュは, 自らの美学理論を「不信のドラマトゥルギー」と名づけている。そして, 広い意味での「信」が失われた世界, つまり「大きな物語の終焉」後の時代における「経験」(Erfahrung) を表象する可能性をフリッシュは探求する。その意味で,「不信のドラマトゥルギー」は「テロスの死」以後の歴史記述を構想する野家の「歴史の物語り論」と同じ出発点に立っていると言える。

フリッシュは「経験」という言葉を限定的かつ根源的な意味で使用している。すなわち,「経験」とは, 突然の思い付き／来訪 (Einfall) である。それは, これまでの日常と非日常を意味づけていた「物語」にとって異他的な性格を帯びており,「始まりも終わりも持たず」(Frisch [GW 4-263]), ただもう突如としてそこにあるという仕方で生起する。つまり「経験」とはクロノロジカルな秩序に服さない非時間性とでも言うべき別様の時間を内包しており, 客観的事実としてのみ知解することはできない。それゆえ意識的存在としての「私＝自我 (ich)」はそれが何であるのか直接には知ることができないし, それを表現することもできない。しかしそれでも「私」に何かが起きた。それは身体感覚としては確かなことなのだが, 自我による把握と統御の外部において経験された出来事であるが故に「語りえぬもの」なのである。このように, フリッシュの言う「経験」は, フロイトの「トラウマ体験」と同じような存在論的場所を与えられていると見ることができる[6]。

何のきっかけもなくそこにある経験, つまり, 自らが現実の物語／歴史 (Geschichte) に由来するのだと偽ってくれない経験は, ほとんど耐え難いものである。(Frisch [GW 4-263])

「語りえぬ経験」の耐え難さから逃れるために, 人は多くの場合ある種の倒錯に身を委ねる。すなわち「始まりと終わりを持った」既存の物語／歴史

を引用しつつ,「経験」がもたらしたものを選択的に再構成し,これこそが必然的に生じた現実だと自ら信じ込み,語ることを通じてその物語を間主観的に共有しようとするのである。「語りえぬもの」をそれでもなお語らずにはいられないという人間学的アポリアは,ここにおいて物語の物象化を生み出している。

　　ただ作家だけはその現実性を信じない。そこに違いがある。いかなる物語も,それが事実によっていかに証明されうるとしても,私が考え出したものであることを知っているからこそ私は作家たりうるのである。(Frisch [GW 4-263])

この言葉が示唆しているのは,客観的な事実の集合体からいくつもの物語を語り出すことは可能であり,それゆえ——語り出す以外には「経験の耐え難さ」から逃れる術はないにしても——そのようにして語られたものが物象化してしまわないようにする必要があること,そのためには自らの語りの仮構性についての自己言及を通じて,ある一つの物語が「経験」を一面的に領有してしまうことを回避することが重要だということである。

　とすれば求められるのは,自らが間主観的な現実の再現ではないこと,「わずかな断片的データから想像的に構築された」(内田[2003：22])物語であり,別様の語りもまた可能であることを絶えず指し示す語り,換言すれば,リアリズム的な言説装置に取り込まれることから繰り返し徹底して身を振りほどく語りの形式である。その場合,一つひとつの物語は「経験」そのものではなく,あくまでも選択的に再構成された人工的モデルに過ぎない。それ故,「経験」にどこまでも忠実であろうとすれば,とはつまり,一つの物語が選択的に排除してしまった「経験」の諸相をそのまま忘却の淵に沈めてしまわないためには,一つの「経験」についての仮構の物語を,様々な相貌を与えながら変奏させてゆくより他ない。そのとき,出来事についての語りは,虚構,ほら,嘘といった次元を含み,「起承転結の結構」は混乱に陥り,因果の糸は錯綜し,起源とテロスは見失われてゆく。このように,自己

言及的で永遠に未完結な仮構の物語を語りつづけることによってこそ「経験」を言葉へともたらすことができるという逆説の論理がフリッシュの詩学を支えているのである[7]。

「語りえぬもの」は「自己言及的な虚構」を通じてしか間主観的なコミュニケーションの場に届かないというフリッシュの考想は，決して閉ざされ孤立した「芸術のための芸術」としてあるのではない。遡って考えれば，虚構によってしか他者に伝えられない経験があるという認識は，フロイトの精神分析が「言語論的転回」をなし遂げた際の決定的な転換点となったものであった。

初期のフロイトは，「幼児期の性的誘惑がヒステリーの原因である」というテーゼを唱えていた。しかし患者との面談を繰り返す中で，フロイトは誘惑をめぐるそうした告白の多くが事実性レベルでの現実には基づいていないことに気付く。患者たちは過去の出来事を思い出すよう促されたにもかかわらず，どうしてもそれを思い出すことはできず，記憶を捏造することでそれに応えたのである。ところが，この「捏造された記憶」を語ることで，患者たちの症状は緩解した。すなわち，患者たちの身体に刻み込まれている心の傷は，仮構の物語を媒介にして語るより他ないものであり，それを通して初めて消失へと向かったのである（フロイト［1897→1985＝2001：275］）。

精神分析の鍵概念である「トラウマ」的出来事とは，「記憶に包含できない出来事，自己史のうちに位置づけることのできない出来事として，記憶の「正史」から構造的に排除されて」いる何ものかである（内田［2001：159］）。すなわちフロイトが仮構の物語を通して迂回的に接近しようとしていたものは，「語りえぬもの」，19世紀の主体中心的人間−世界観では捉えられないもの，リアリズムを支える眼差しと語りの装置によって抑圧されていたものなのである。そして「語りえぬもの」への接近は，「自由連想法」という仮構の言語実践に支えられていた。これは「語りえぬもの」の存在論的在り方に基づく論理的な帰結である。しかし同時に，「語りえぬもの」を抑圧する言説の政治の中で，リアリズムの自明性に取り込まれることなく，「記憶の正史」から排除され，抑圧されている「経験」を言葉へともたらすという倫理

的実践でもあるのである。

おわりに

　野家啓一の「歴史の物語り論」をめぐる論争を検討することで明らかになったのは，野家の意図とその帰結との間には矛盾した関係があることであった。それは野家の物語り観がリアリズムの圏域にとどまっていることに由来していた。そこからの出口は，モダニズムの文体実験やフロイトの自由連想法が実践しているように，出来事の記述の中に仮構的なものを存在論的かつ方法論的に位置づける試みの中に見出すことができる。「歴史をフィクションから区別する」ことには原理的な困難が伴っており，歴史においてであろうと，フィクションにおいてであろうと，物語るとは，リアリズムとそれを乗り越えようとする力とが相争う場に足を踏み入れるということを意味しているのである。トラウマ的経験を言葉へともたらそうとして語り出される，切れ切れで，矛盾し，数多の沈黙を含んだ声たちを，「小さな物語りのネットワーク」にリンクさせてゆくためには，出来事の経験とその間主観的な共有との間に，史学と詩学が混淆する仮構的な語りの場所を切り拓き，そこでの語りに耳を傾けることから始めなくてはならない。身をよじるようにして絞り出された小さな声の証言には物的証拠が欠けているかもしれない。既存の文書の記述と相矛盾しているかもしれない。あるいは明瞭な脈絡を欠いた「お話」として，私たちの理解を超えており，既存の「物語のネットワーク」にとって異他的なものであるかもしれない。しかし，それは間主観的な場へと語り出されることなく意識の権能の外部に沈殿した出来事の痕跡が，途切れそうで幾重にも曲折した想起の経路をたどって，私たちの現在へと到来したものなのである。一旦は私たちの身体の深層に織り込まれたこの小さな語りが，語り手の眼差しや，声の響きや，息づかいや，あるいは耳を傾けた際の心のざわめきと共に時熟し，意識の表層へと浮かび上がるという迂路を経て，「語りえぬもの」から「小さな物語りのネットワーク」への通路は開かれ，その「全体の布置」に変化がもたらされるのである[8]。それ

は他者の語りを引き継いで，私たちが語り始めるということであり，聞くこと，語ること自体が新たな出来事となるということでもある[9]。

注

1) 野家は『物語の哲学』の中では「歴史の物語論」と表記しているが，『歴史と終末論』においては批判に応えて，「物語=story」，「物語り=narrative」という概念的な厳密化を行っており，それ以降は一貫して「歴史の物語り論」という表記を使っている（野家 [1998：20]）。本稿でもこれに倣う。
2) 「野家-高橋論争」は極めて多岐にわたっており，本稿においてその全体を描き出すことは断念せざるをえない。この点については，ドイツの「歴史家論争」との関連において二人の議論のやり取りを概観した上村忠男の論文を参照のこと（上村 [2001]）。
3) 出来事と言語との間にある本来的な不整合という観点から，岡真理もまた，「歴史の物語り論」が，明示的な言葉では「語りえないもの」を「出来事として存在しない」という抑圧を行っていると批判している（岡 [2000：7 f.]）。
4) むろんリアリズム的な言説統御にもかかわらず，「物語りえないもの」は主体の権能をすり抜けてテクストにその痕跡を残す。さもなくばバルザックのテクストを「流れに逆らって読む」というショシャナ・フェルマンの実践など不可能だということになる（フェルマン [1993=1998：42 ff.]）。
5) 確かに野家はベンヤミンの「歴史の構築は無名の人々の記憶に捧げられる」という言葉を引用して，社会的な弱者や少数者の為す「小さな物語」に耳を傾けることの倫理を説いている（野家 [1998：74]）。しかし言説の政治によって抑圧されてきた彼らの「歴史」が，リアリズムが求める「要件」を満たしうるとは限らない。このとき「小さな物語りのネットワーク」と「支配的な声のネットワーク」との境界はほとんど重なり合ってしまうのではないだろうか。

「ことばには，言うことによってかえって隠す働きもあれば，言わないことによってかえって表す働きもある」という中村の言葉を受けて，野家は「歴史のレティサンス（闕語法）」という概念を導き出している。「歴史の物語り論」と相補的な関係をなすこの概念によって，野家は自らの歴史哲学の内部に「沈黙」のための場所を作り出そうとしている（中村・野家 [2000：50, 72]）。しかし，この「歴史の闕語法」が具体的にどのようにして「語りえないもの」を歴史の中に参入させるのか，という問いは充分に探求されないままである。
6) 患者たちのトラウマ的過去もまた，意識的な知覚や想起によって捉えられるものではなく，「不意打ち」(Überraschung)として突然否応なく到来し，反復するものである（フロイト [1920→1985=1970：154]）。
7) したがって，「始まり-中間-終わり」の形式を備えた言語表現を「物語り文」だとする定義では，モダニズムの語りをその議論の枠内に入れることができない。野家

は最近の論考においては，批判を受けて「歴史の物語り論」に修正と精緻化を加えているが，物語り文については「始まり－中間－終わり」の形式や「物語りのネットワーク」に参加するための「三要件」を手放してはいない（野家［1999：51, 2003：61］）。これに対して，鹿島徹は「潜在的物語り行為」という概念を提出することで，こうした問題に理論的解決を与えようとしている（鹿島［2003：13 ff.］）。
8）野家は「歴史の物語論」を修正し精緻化する中で，「聞き手の能動的に再構成する批判的対話」という契機に言及している（野家［2002：234 f.］）。しかし，先の注で問題にした「物語文」の問題が残っている限り，この「対話」の中に「物語りえぬもの」は浮上しえないのではなかろうか。
9）こうした論点をさらに掘り下げてゆくためには，現象学的社会学的な立場から，自己，他者，そして「間（あいだ）」といった問題系を視野に入れてゆく必要がある（西原［2003：11 ff.］）。

参考文献

ハロルド・ブルーム：「フロイト——境界概念，ユダヤ性，解釈」キャシー・カールス（編）：『トラウマへの探求　証言の不可能性と可能性』作品社，2000 年，175-195 頁＝Cathy Caruth (ed.) : *Explorations in Memory*. The Johns Hopkins University Press : 1995.

ショシャナ・フェルマン：『女が読むとき　女が書くとき　自伝的新フェミニズム批評』勁草書房，1998 年＝Shoshana Felman : *What Does a Woman Want? Reading and Sexual Difference*. The Johns Hopkins University Press : 1993.

Max Frisch : *Gesammelte Werke in zeitlicher Folge. In sieben Bänden*. Hans Mayer (ed.) Metzler : 1986．フリッシュからの引用は著作集の巻号とページを記す．

ジークムント・フロイト：『フロイト 1887-1904　フリースへの手紙』誠信書房，2001 年＝Sigmund Freud : *Briefe an Wilhelm Fließ 1887-1904*. S. Fischer : 1985.

ジークムント・フロイト：『快感原則の彼岸』人文書院，1970 年＝Sigmund Freud : *Studienausgabe* Bd. III. S. Fischer : 1985 S. 213-272.

鹿島徹：「物語り論的歴史理解の可能性のために」『思想』2003 年 10 月号，6-36 頁．

コリン・マッケイブ：『ジェイムズ・ジョイスと言語革命』筑摩書房，1991 年＝Colin MacCabe : *James Joyce and the Revolution of the Word*. The Macmillan Press : 1979.

中村雄二郎・野家啓一：『歴史』岩波書店，2000 年．

西原和久：『自己と社会——現象学の社会理論と〈発生社会学〉』新泉社，2003 年．

野家啓一：『物語の哲学　柳田國男と歴史の発見』岩波書店，1996 年．

野家啓一：「歴史のナラトロジー」野家啓一（編）：『新・哲学講義 8　歴史と終末論』岩波書店，1998 年，1-76 頁．

野家啓一：「時は流れない，それは積み重なる——歴史意識の積時性について」上村忠

男(他編):『歴史を問う2 歴史と時間』岩波書店,2002年,207-237頁。
野家啓一:「物語り行為による世界制作」『思想』2003年10月号,54-72頁。
岡真理:『記憶/物語』岩波書店,2000年。
Jürgen H. Petersen: *Der deutsche Roman der Moderne : Grundlegung – Typologie – Entwicklung.* Metzler: 1991.
高橋哲哉:『記憶のエチカ 戦争・哲学・アウシュヴィッツ』岩波書店,1995年。
高橋哲哉:『歴史/修正主義』岩波書店,2001年。
内田樹:『ためらいの倫理学 戦争・性・物語』冬弓舎,2001年。
上村忠男:「歴史が書きかえられるとき」上村(他編):『歴史を問う5 歴史が書きかえられるとき』岩波書店,2001年,3-54頁。
ベッセル・A. ヴァン・デア・コーク&オノ・ヴァン・デア・ハート:「侵入する過去――記憶の柔軟性とトラウマの刻印」キャシー・カールス(編):『トラウマへの探求 証言の不可能性と可能性』作品社,2000年,237-270頁=Cathy Caruth (ed.): *Explorations in Memory.* The Johns Hopkins University Press: 1995.
ヘイドン・ホワイト:「歴史のプロット化と真実の問題」ソール・フリードランダー(編):『アウシュヴィッツと表象の限界』未来社,1994年,57-89頁=Saul Friedlander (ed.): *Probing the Limits of Representation. Nazism and the "Final Solution",* Harvard University Press: 1992.
Hayden White: *Metahistory. The Historical Imagination in Nineteenth-Century Europe.* The Johns Hopkins University Press: 1973.

第8章
詩的に人間は住まう
――トラークルにおける「パンと葡萄酒」のユートピア――

中村靖子

要　旨

　ユートピアを構想するということは，不幸な時代においては叶わぬことを次代に託そうとすることではない。自分が生まれ落ちた時代が不幸な時代，不運な時代であっても，「いま・ここ」にあっては不可能なものを，ほかならぬこの「いま・ここ」において希求する部分が，我々の中に放棄しえぬものとしてある。このような希求は，我々が巻き込まれた状況の具体的な何を変えることはなくとも，一つの力ではあるのだ。そのように作用するものとしてユートピアは，「紛れもない現実を構成し，現実そのものとして生成する」（シェレール）のである。
　シェレールによれば，ハイデガーは「現代思想の中で最初に『住まうこと』の存在論に注意を促し，それを人間の存在そのもの，即ち思考と関係づける道を切り拓いた」。ハイデガーによれば，思考するということはその本質において，人間が存在する仕方である。それはいくつもある存在様式の内の一つとしてそうなのではない。思考するということこそが，存在するということなのである。そしてシェレールは，このように本質を規定される存在様式を，さらに敷衍して「ユートピア的に住まうこと」であるとし，それを可能にする条件として，歓待性をあげるのである。或るものが存在する，或るものが住まうという構造自体に，歓待性は必ずしも必要不可欠な条件ではない。にもかかわらず歓待性が，存在や住まうこととの間に取り結ぶ関係性，この「いわれのない」関係性の中に，詩的なものの次元が拓かれるのである。
　シェレールがハイデガーを援用しつつ，独自のユートピア論を展開するとき，おそらく念頭にあったのは，ハイデガーも引いたヘルダーリンの詩句「詩的に人間は住まう」である。ここでヘルダーリンに代わってトラークルの詩『パンと葡萄酒』を手がかりとするのは，歓待性の条件が「パンと葡萄酒」をふるまうことができることとされるからであり，まさにこの詩において，さすらい人はパンと葡萄酒を提示されるからである。トラークルの詩が提示するパンと葡萄酒の詩空間はしかし，享受不可能なほどに純粋で，清澄な輝きに満ちている。それは，いかなる内容も持たない観念そのもののようである。そしてまさにその不毛さによって，この詩空間は我々の憧憬を触発し続ける。我々はこの観念的な空間に無関与ではいられない。この関与の中で我々は，ユートピア的に住まうということを成しうるのである。

第8章　詩的に人間は住まう

はじめに

　環境について考えるために，環境を保護するために我々には何ができるか，という問いを留保するところから始めよう。つまり我々が環境というものを考えるにあたって，或る特定の場にある或るものが，元来はどこにあって，どういう形態にあり，どのような機能を果たしていて，それが損なわれたことによってどういう影響が生じたか，を問うのとは違う仕方を模索するところから考察を始めるのである。

　地球上における環境破壊の端的な例としてよく挙げられるものの一つに，熱帯雨林の破壊的な伐採があるが，現在も刻一刻と悪化するこの破壊的な伐採を押しとどめることができたら，どれほど地球の温暖化防止に役立つかという問いは，環境問題が切迫したものであることを啓蒙するための象徴的な問いとなっている。そんな風に我々は，自分たちの生活圏からはるかに遠い場所で起こっていることの影響から逃れられなくなっている。もとより地球それ自体の状況は，そこに住む生き物にとっては絶望的なものである。しかもその絶望は，日々刻々と，目に見える形で押し寄せてくるのではない。

　我々は，環境というものを考えるのに，冒頭で述べたこととは全く逆に，ごく最近日本で起こった事件を例に取ることから始めることもできただろう。茨城県神栖町で旧日本軍の毒ガス成分とみられる有機ヒ素化合物が検出され，住民が健康被害を訴えたという事件である。この例から見られるように，我々がそれと知らずに汚染された水を日々摂取していても，その毒性が何らかの症状を引き起こすまでにはいくらかの時間差を伴う。症状が現れても，その原因として水が疑われ，その疑問が確証されるまでには，なお幾ばくかの時間を必要とするだろう。その間にも我々は水を飲み続け，自ら症状をさらに悪化させてゆくだろう。水が汚染されているならば汚染されていない土地へと引っ越す，という選択肢は，一見そう思われるほど合理的でも現実的でもない。以前，火山活動のために島を離れることを余儀なくされた人々を取材した或るテレビ局のアナウンサーが，「そんな危険なところに住

むのはもう止めたらいいのに」という趣旨の発言をして大いに批判されたことがあった。現代の日本という，移動の手段がこれほど簡便に提供され，転職の機会も与えられ，かつてのように人々は生まれついた土地に縛られていないかに見える現代にあっても，住むための場所である条件は，ただ安全であるという以上のものがある。

　そして地球は，かつてのように人間の絶え間ない活動，進歩に対して無尽蔵に資源を提供してくれるものではなくなった。我々を取り巻く環境は憂慮すべきもの，今や人間の側からの保護努力を必要とするものとなった。しかし一方で，地球自体の状況が危機的であるということがどれほど明白な事実としてあっても，この地球に住み続けるという選択肢しかないというのもまた事実である。この事実に，それが客観的な現実であるという以上の意味を読み込むことができるだろうか。

　環境保護のために何を為すべきかという具体的な問いを留保して，その上でユートピアについて語ることは，一種思考ゲームのように，効力のない，現実味のない空想を語るに等しいかもしれない。実際ここで考察の道案内人に選んだのはフランスの思想家ルネ・シェレール（René Schérer）である。シェレールは，空想社会主義者と呼ばれたシャルル・フーリエ（Charles Fourier）を一つのモデルとして，我々が現に生きている時代の問題とは，「この地上に住まうことの問題にほかならない」[Schérer；23] と言う。

> 地球レベルで思考するとはどういうことかというと，一方で，あらゆる移動の可能性に対して抵抗しようとする地面——そこには，空気を必要とする空の移動もふくまれる［……］——，いわば超越性なき地面を基盤にすると同時に，あらゆる媒介的，制限的，拘束的な分割あるいは地層化というものを超えたある観念的空間の内部に依拠するということである。[Schérer；23 f.]

我々はこの地上に囚われている。いかに我々がこの重力からの離脱を試みようとも，我々の飛翔はまさに己れの重みによって，落下へと転じられる。

「いま・ここで」が我々に与えられた時間と場所のすべてであるということが,翻っては我々に,「超越性なき地面を基盤に」した思考を促すのである。そこから,逆説的な仕方で,あらゆる空間的な制限を超えた「ある観念的空間」の創出が可能となる。それをどこかと問えば,やはりどこでもないところであるには違いない。ここではいったんシェレールを離れて,このような空間の可能性を探りつつ,後に再びシェレールのユートピアへと合流しようと思う。

1. 迎え入れる空間

　我々が道案内に選ぶのは一篇の詩である。この『冬の夕べ』という詩を書いたのは,オーストリア・ハンガリー帝国末期のザルツブルクに生まれたゲオルク・トラークル (Georg Trakl 1887-1914) という詩人である。彼は,第一次世界大戦を前にした,没落してゆく帝国末期の空気を呼吸していた。この詩に散りばめられた鐘の音,恩寵の木,パンと葡萄酒といった言葉はいずれも描かれる世界の情調を,極めてキリスト教的に調律する。この点からも,「地球レベルで思考するとはどういうことか」という問いを設定した我々が,なぜこの詩を選ぶのかという疑問は当然のごとく湧き起こってくるだろう。この詩は多くの人によってさまざまに解釈されているが,その際に論者たちは,この詩の情景をキリスト教という枠にはめないで,キリスト教以前の,より根源的な,より本質的なものへ還元しようと心砕いた。キリスト教的な暗号はここでは言葉の内包するものへと導く窓口となっている。我々はこの窓口を経由しながら,思いもかけないほど広い詩空間へと導かれるだろう。

　Ein Winterabend

　Wenn der Schnee ans Fenster fällt,
　Lang die Abendglocke läutet,

Vielen ist der Tisch bereitet
Und das Haus ist wohlbestellt.

Mancher auf der Wanderschaft
Kommt ans Tor auf dunklen Pfaden.
Golden blüht der Baum der Gnaden
Aus der Erde kühlem Saft.

Wanderer tritt still herein ;
Schmerz versteinerte die Schwelle.
Da erglänzt in reiner Helle
Auf dem Tische Brot und Wein.

　　ある冬の夕べ

雪が窓辺に落ちかかるとき，
夕べの鐘の音は長く，
多くの人には食卓が整えられ
そして家は心地よくしつらえられている。

さすらいの途上にある人々は
仄かに昏い小径を通って戸口へときたる。
黄金色して恩寵の木は花咲く
大地の冷涼なる水分を得て。

さすらい人が静かに足を踏み入れる――
苦痛が敷居を石と化した。
そのとき濁りない明るさを帯びて輝くものがある
卓上のパンと葡萄酒だ。

この詩は1913年に書かれているが，発表されたのは，詩人の死後1915年である。この詩が呼び出すのは，一つの場である。三つの詩節において描かれる情景はそれぞれが分割を被っている。第1詩節目においては「窓」が，第2詩節目においては「戸口」が，また第3詩節目においては「敷居」が分割の役割を担う。詩の導入部では，雪の落下の動きに導かれ夕べの鐘の音に伴われて，読者の視線はある窓に突き当たる。つまり読者は，自ずと，室内の空間を外から覗き込むというポジションにおかれるのである。

　窓は，その中へと入ることを決して許しはしないが，しかし内部を惜しげもなく見せることによって，同じ一つの光景の中に，二つの異質な空間を同時に現出させる。夕べという時刻もまた，昼の時間と夜の時間とのあわいにある[Kaiser (1991)；599]。ましてや雪の降る夕べであれば，陽の光は遮られ，日没という明確な区切りも特定されがたい。夕べの鐘は常よりは長く引き延ばされ，昼から夜への移行を中断して，どちらでもない時間が持続する。この間延びしたような時間が，あたかも何かが猶予されているかのように，そうして何かを待っているかのように浮かび上がる。

　この詩において分割は，空間的，時間的な次元にとどまらない。つまり言葉と言葉の関係や，名指されるもの同士の結びつきが示されない。「窓」（1行目）が，「家」（4行目）の窓なのかどうかを直接示す言葉はなく，「食卓」（3行目）と「家」（4行目）もお互いに関係を持たないかのように，情景の一部としてそれぞれに孤立して浮かび上がる。詩を読み進むに従って，一つの窓へと導かれた後に読者は，窓越しに，その部屋の中に食卓が整えられているさまを見出す。

多くの人には食卓が整えられ
そして家は心地よくしつらえられている。

　この食卓は「多くの人」のために用意されたものである。しかしその人たちは，今どこにいるのだろう？　一日の仕事を終えて，これから帰途につくところなのだろうか。あるいは，もう家に帰っていて安堵しているのだろう

か。そうしてまさに食卓につかんとしているのだろうか。そんなふうに，雪の降る夕べに，帰る家を持ち，そこで自分のために食卓が用意されていることを心当てにできる者が少なからずいる。家に帰るということ，家にいるということが，文字どおり庇護された状態にあるかのような居心地の良さを醸成する。

　マルティン・ハイデガー（Martin Heidegger 1889-1976）がこの詩を取り上げたのは，「言葉が語る」とはどういうことかを解き明かそうとしてであった。語るということはまずもって呼び出すということである。第1詩節の後半2行は「あたかも現にあるものを確定するかのように，叙述文のように語っている」ような響きを持つ。にもかかわらず，この述語「……いる」（ist）は，「呼ぶという仕方で語っているのである」と［Heidegger ; 21］。つまり，ここで呼び出されるのは「多くの人」ではなく，食卓であり家である。食卓が用意されているのは「何のためか？」という問いの答えとして「多くの人」は想定されているだけであって，実際にこの整えられた空間の中にいて，その居心地の良さを享受しているわけではない。「多くの人」という言葉が既に限定的である。このような居心地の良さから，祝福された食卓からはじき出される者たちがいる。そんな風にこの室内空間は，そこへと迎え入れられる者と，そうでない者とを分け隔ててもいるのである。

2．恩寵の木

　第2詩節では人物が初めて，何らかの行為の主体として登場する。「さすらいの途上にある」と言われるその人々は，第1詩節で描かれた迎え入れる空間に呼応する。食卓が用意されるに応じて，迎える用意ができるに応じて，さすらいから人々が帰ってくるのだととれば，話は明快である。しかし，この詩の言葉の簡潔さは逆に，このように筋を簡略化することを困難にする。第一に，このさすらいの途上にあった人々が辿り着いた「戸口」と，食卓の用意を整えた「家」とのつながりを示す言葉はやはりない。そしてまた，心地よくしつらえられた家や食卓は「多くの人」のためであったが，こ

の「さすらいの途上にある人々」がこの「多くの人」の中に含まれるかどうかも明示されない。ハイデガーはむしろ，「多くの人」とこの「さすらいの途上にある人々」とを対置する。

> さすらいの途上にある人々は，己れの小径の仄かに昏い中をさすらい通って，まずもって家と食卓のこととを知らなくてはならない。それは己れのためだけにそうなのではない。まず最初に己れのためということですらない。それは，この多くの人のためになのである。[Heidegger；23]

なぜならこの「多くの人」は，家にいて食卓についてさえいれば既に，自分たちは住まうということに達していると考えているからである [Heidegger；23]。

　住まうことに対するそのような考えを否定するためにハイデガーは，住まうということはさすらうことを必要とするのだと言う。住まうということは，さすらいの対立概念としてあるのではない。また，さすらいの果てに，最終目的地に達した者がそこに安住するということでもない。実際この詩において，戸口への到達が，さすらいの終わりを意味しはしないし，またこの家における定住はどこにも示唆されていない。さすらいの途上にあった人々がようやく戸口に辿り着いた後に，そこで今一度呼び寄せられるのは，「黄金色して花咲く」恩寵の木であり，この木が屹立する大地である。

> 黄金色して恩寵の木は花咲く
> 大地の冷涼なる水分を得て。

　ゲアハルト・カイザー（Gerhard Kaiser）は，キリスト教では恩寵とは，キリストの受肉，キリストが人として歩んだ行路，そして犠牲死を通して，彼岸より世界へと到来するものであると言う [Kaiser；145]。

　古くからのキリスト教の教えによれば恩寵の木は，生命の木とは対照的

に，人間によって拷問や殺しのために作られたものであり，神の行動と苦痛によって初めて，恩寵の木となったものである。［……］ここでは，恩寵もまた，いわば自然に生いるものとなった。恩寵の木は生命の木と同一であるかのように，黄金色して花咲くものとなった。［Kaiser；147］

このような恩寵の木がある場とは，「さすらいの途上にある人々」が辿り着いた戸口の傍らだったろうか。これまでと同じく，個々の単語は互いに関係を示されず，恩寵の木も家も戸口も小径も，一つの光景をなしているようでもあり，全く無関係のようでもある。カイザーはこの恩寵の木のある場と家の内部とを対置して，次のように述べる。

それ［恩寵の木］は外部に生いる，恩寵とは，「内部」，つまり聖体という象徴的な領域にふさわしいものであり，また黄金は清澄さを示す象徴的な領域にふさわしいものであるというのに。境界としての敷居のように，恩寵の木もまた，内部と外部との間にあって媒介的な現象として作用する。［Kaiser；145］

「さすらいの途上にある人々」は，仄かに昏い小径をさすらって，戸口へと到り，黄金色に花咲く恩寵の木に巡り会う。しかしこの恩寵の木自体は戸口の向こう，家の内部にあるはずもない。恩寵の木は外部にあって，媒介的な現象として作用する。そしてその外部とは，たかだか家の戸口によって指定されるような局部的なものであるはずもない。

　　黄金色して恩寵の木は花咲く
　　大地の冷涼なる水分を得て。

ハイデガーは，この2行によって世界が到来させられるのだと言う［Heidegger；24］。その世界とは，四者によって結ばれる圏域であり，その四者とは，天と大地と，天に住まうもの（天上なるもの）と大地に住まう者

(死すべき身の上の者ら）である。大地からの養分を得て花咲く木は天へと向かって己れを開き，降り注がれる陽光を一身に浴びる。恩寵の木は天からの贈り物と大地の恵みとが巡り会う場でもある。ハイデガーは，このような圏域を到来させるこの2行が「黄金」という言葉で始まっていることに注意を喚起する。

　黄金の輝きは，現前するあらゆるものが立ち現れるということの，隠れのなさへと，これらのものをもたらすのである。[Heidegger；24]

　恩寵の木が放つ黄金の光は，あらゆる存在物を貫いて，事物が立ち現れる場を作り出す。民謡調ではしばしば「花咲く」(blühen) という言葉が「燃え上がる」(glühen) という言葉と同義で使われる。燃え上がるように咲き誇る熱を冷ますかのように，大地からは冷涼なる水分が吸い上げられる。天と大地とはお互いの作用を打ち消そうとするのではなく，協働して黄金の輝きに与るのである。しかしこのような存在の場，あらゆる事物が立ち現れる場を，人はどのようにして知ったのだろう？
　「さすらいの途上にある人々」が辿ってきたのは，「仄かに昏い小径」だった。つまりこの小径は恩寵の木の輝きによって照らされてはいなかった。小径はむしろ，仄かに昏いと言われることによって，直後の「黄金色して」という言葉を際だたせる。そのコントラストの鮮やかさによって，仄かな昏さを先に経験したことによって初めて，この黄金の輝きとの遭遇が可能になったかのような印象を与える。しかし，語と語の間で示された関係性のなさをさらに突き詰めてゆけば，「さすらいの途上にある人々」がこの戸口に辿り着いたのはほんの偶然であったかもしれないし，それはこの戸口である必要はなく，ほかのどの家の戸口でもよかったかもしれない。「さすらいの途上にある人々」は，これまでのさすらいの中で，様々な風景に出会っただろう。その中には，広々とした大地にただ一本，大地の闇を背景にして生い茂る木が，あたかも天に向かって黄金色に輝いているように見えたものもあったかもしれない。そんなありふれた一つの風景が，この戸口に立ったとき，

不意に脳裏に甦る。その戸口は，ほかのどの家の戸口とも同じように，その風景を想起させる特別な何かを持っていたわけではない。たださすらいの途上にあった人が，たまたま立ち寄った家の戸口で，何の脈絡もなく一つの風景を思い出したというだけで十分なのだ。この偶然性の中で，この脈絡のなさの中で，一本の木が「恩寵の木」と命名されるのである。

3．敷居の踏み越え

　さすらい人が静かに足を踏み入れる──
　苦痛が敷居を石と化した。

　この詩節では二つの冠詞の欠落によって，個々の単語の関係性がさらに見えにくくなっている。つまり，さすらい人という言葉にも苦痛という言葉にも冠詞がない。カイザーは，さすらい人に冠詞が欠落していることによって，さすらい人が誰か特定の人ではなく，また述語も行為を記述するものではなく，さすらう人に向かっての要請であるかのような印象を与えるとする [Kaiser；147]。また，苦痛における冠詞の欠落は，苦痛と敷居の一体どちらが石と化しどちらが石とされたのかを不分明にする [Kaiser；147]。

　苦痛が敷居を石と化した。／敷居が苦痛を石と化した。

　苦痛と敷居との関係を考えるに，さしあたって，恩寵をイエスの遍歴によって説明したカイザーに倣って，苦痛とはこの敷居に到るまでに経験されたすべての苦痛であるとしてみよう。つまり，人間は誰も死を超えて何かを持ち越すことはできない。そんな風にまた人間は誰も，この敷居を超えては何も持ち越すことはできないのだから，かつて味わわれたすべての苦痛は，ここに到ってこちら側に置き去りにされるのである。さすらいの長さとその間に被った苦痛の大きさが，約束の地に足を踏み入れる資格を保証するならば，ここで結晶化するありとあらゆる苦痛，さすらいの途上でありえたいっ

第8章　詩的に人間は住まう　　189

さいの苦痛はその地への「入場券」となるだろう[1]。そしてさすらい人とは，なべてさすらう人間存在の謂いであると定式化すれば，さすらいは創造以来の人類の歩みとなって，苦痛とは何かという問いに対して，答えはいくらでもありえよう。知恵の木から実をもぎ取り，初めて善と悪とを知った苦痛，それによって楽園を逐われた苦痛，その際に神によって課せられた，子を産むことの苦痛，食を得るために土を耕さなくてはならなくなった苦痛である。或いはまた，さすらい人をイエスに重ねるならば，その苦痛とは，生を享けたという苦痛，この地上をさすらう苦痛，そうして死（十字架）へと到るまでに人の子として味わわなくてはならなかった苦痛となる。しかし，敷居を軸としてこちら側に苦痛を置き，向こう側に恩寵を想定したところで，この苦痛が人間的な苦痛であるならば，苦痛に対するご褒美としての恩寵という因果関係を単純に設定することはできない。

　苦痛は，この用意された「家」の中に入場する権利を得るために人間が払うべき代償であるとする解釈を裏付ける言葉は詩の中にはない。むしろ苦痛は，敷居の上でこそ初めて経験されるものではないだろうか。敷居が十字架のように生と死を分かち，此岸と彼岸とを分かつものならば，その苦痛は，敷居を踏み越えようという行為によって初めてもたらされるものであり，この敷居に到るまでに経験されたいかなる苦痛にも比べられないものである。死すべき存在が聖なるものの領域へと移行しようとすることによって要請される変容，復活したイエスが成し遂げたような変容の過激さ，不可能さによって引き起こされる苦痛である。

　恩寵の木の世界を呼び寄せた第2詩節の後半の2行が「外部」を示していたとすれば，第3詩節の後半の2行は，まさにそれに対置される「内部」を描いている[2]。そしてさすらい人と苦痛を語る2行は，まさにこの「外部」と「内部」とに挟まれている。つまり，さすらい人の行為と苦痛が敷居を石と化すという現象は，「外部」と「内部」とを媒介する作用をしているのである。

　苦痛が主語として，目的語としての敷居を石と化すということは，次のよ

うな意味において理解可能となる。敷居は，聖なるものへと媒介しつつ聖なるものから分け隔てるのだが，その敷居を，苦痛が，動かぬものとし刻印するという意味においてである。[Kaiser；147]

つまり戸を叩いて開かれる内部，敷居の向こうとは，聖なるものの領域である。敷居はこの聖なる領域とそうでない領域とを画然と区別する。さすらい人は，とはすなわち人間は，その聖なる領域へと媒介されたところで，所詮生身のままではその領域へと踏み入ることはできないはずである。

これまでの詩節においてそうであったように，ここでも，個々の言葉の関係性は示されておらず，1行目と2行目との関係もいくらか暗示的である。「さすらい人が静かに足を踏み入れる，そのとき，苦痛が敷居を石と化した」。1行目と2行目は，原因と結果を示しているとも，また二つの現象の同時的な生起を示しているともとれる。しかしこの1行目から2行目への移行は事態の単なる経過を示すにとどまらない。何となれば，このときを境にこの詩からは人間の形姿が完全に消え去ってしまうからである。

さすらい人が静かに足を踏み入れる。その行為によって顕在化された敷居が，不動の石となって永遠化される。そのとき，さすらい人は自らの行為によって敷居をいっそう強固なものとしつつ，なおそれを踏み越えることに成功したのだろうか。或いは，さすらい人が足を踏み入れるという行為と苦痛が敷居を石と化すという現象とは，同じ一つのことを言っているのかもしれない。とはつまり，敷居が石と化すのに与った苦痛とは，踏み越えに失敗し続けるさすらい人の苦痛であるということである。そうして敷居によって身を切り裂かれ続ける苦痛であるということである。

ここに到って改めて，ハイデガーが，第2詩節の後半部で世界が呼び出されるのだとしたとき，なぜその世界を四者の圏域としたのかということの意味が浮かび上がってくる。ハイデガーにとってその圏域を，天と大地，そして天上なるものらに限定して，死すべき身の上の者らを除外するなどということはありえなかった。だからこそ，黄金の輝きとは，現前するすべてのものを貫くものであると言明されたのである。天と大地との協働によって放た

れる黄金の光によって輝かされるもの，そうして恩寵を享受するものなくしては，苦痛はありえない。だからこそ，天と大地，天上なるものらと死すべき身の上の者らを，媒介しつつ分かつ苦痛が生じるのである。

しかし苦痛とは何か？　苦痛は裂く。それは裂け目である。しかしそれは，破片となって互いにバラバラとなるように引き裂くのではない。なるほど苦痛は引き離すように裂きはするが，同時に全てを引き寄せるような仕方で，収集するような仕方で，区分するのである。［……］苦痛は，区分しつつ集めつつ裂くという働きの中で，組み合わせるもの取り計らうものである。苦痛は裂け目の継ぎ目である。それは敷居である。［Heidegger ; 27］

四者の間では，互いに相異なるが故に離れてゆこうとする動きに逆らって，四者を出会わせようとする力，そしてまた，出会いの衝撃の内に融合しようとする動きに逆らって，それぞれを分かち，それぞれのままに留めておこうとする力が働いている。その力の故に，その力によって導かれる出会いの有り難さゆえに，そうして不可能な融合の故に，苦痛を被る。そしてあたかもこの熾烈な苦痛によって浄化されたかのように，詩の最終部に拓かれる光景は，痛々しいほどの透明さで輝くのである。

4．パンと葡萄酒

　敷居へと呼び寄せられ敷居を踏み越えるよう促される存在として，人間は苦痛を負っている。それは人間的な，きわめて人間的な苦痛である。そしてその苦痛とは裏腹に，最後に示される光景は，およそ人間的なものを超脱した清澄な輝きを放つ。しかしそもそも詩の中では初めから，人間は不在だった。カイザーの指摘するとおり，鐘を鳴らす者，招待し，食卓を用意し，家をしつらえる者，恩寵をもたらす者が誰も姿を見せない。最後に名指されるのはパンと葡萄酒であるが，ミサを執り行う司祭もいなければ，聖餐を授け

る牧師もいない。さすらい人は完全にひとりきりである［Kaiser；148］。

　それら［パンと葡萄酒］は人間に対して，混じりけなく曇りもないがゆえに，享受不可能で不毛なほどに，そして捉えがたいほどに濁りないままであり続ける。パンと葡萄酒はこの詩において，自足した，濁りない晴朗さの中へと奪いさられている（12行目），純粋な現象の充全性という神秘の中へと。［Kaiser；149］

　そもそも第1詩節においては，外とは，天から降り落ちる雪と教会の鐘の音によって満たされていた。そして家の中は「多くの人」のために心地よくしつらえられていた。第2詩節では「さすらいの途上にある人々」は外にいた。その外は，仄かな昏さに包まれていた。彼らが戸口に到ると同時に呼び出されたのは，黄金色して恩寵の木が花咲く世界である。その世界において四者が集うとされはしても，そしてそれをさすらい人が想起したのであったにせよ，その世界の中に，「さすらいの途上にある人々」の姿自体はなかった。そして第3詩節になって，大地の恵みと天の恩寵とはパンと葡萄酒に凝縮される。それが置かれているのは食卓であり，きわめて居心地のよい内部であるはずなのに，それは，さすらい人がかつて足を踏み入れたこともなく，もしかしたらこれからも踏み入ることの叶わない，彼には閉ざされた内部であり続けるかもしれないのである。

　　そのとき濁りない明るさを帯びて輝くものがある
　　卓上のパンと葡萄酒だ。

　パンと葡萄酒は天と大地の恵みであり，天上なるものらから死すべき身の上の者らへの贈り物である。事物らは静物画のように，写実性以上に「輝くような透明性」［Kaiser；150］を与えられる。その輝きは，パンと葡萄酒をいっそう捉えがたいものとする。この光景が人間というものを排除したものであることを示すためにカイザーは，静物画という言葉をさらにイタリア語

[natura morta]で表記しさえする［Kaiser；151］。パンと葡萄酒は，生きた人間のいかなる行為，いかなる働きかけも及ばないものであり，さすらい人（人間）には絶対的に拒まれたものなのである。

　かくしてカイザーは，この戸口に立つさすらい人の中に，「二者択一」を読みとる。「外部にとどまるか，もしくは生命の恩寵の木の傍らを通り過ぎて戸口を通り抜けて，非人間的な清澄さの中へと入っていくか」という二者択一である［Kaiser；150］。しかし，恩寵の木が花咲く空間とパンと葡萄酒が置かれた空間とは，二者択一的なものだろうか。パンと葡萄酒を歌ったトラークルの数篇の詩を論じてヨッヘン・ヘーリッシュ（Jochen Hörisch）は，それらトラークルの詩行を，同時期のフッサール現象学と比較する。ヘーリッシュによれば，フッサール現象学の，極めて巧みな試みでさえ失敗せざるをえなかったことが，トラークルの詩行においては成功している［Hörisch；242］。

　　これら［詩行］は世界と現存在とを，図式的になる以前の状態において示している。そんな状態をこの時代の現象学的実践は，技巧的に作り出そうとしたのだった。［Hörisch；242］

　言葉と言葉との間に想定されるはずの関係性が極度に切りつめられているがゆえに，呼び出された事物らは相互に自由に，置かれている。現象学者の技巧的（artistisch）な試みに対してヘーリッシュは，トラークルの聖餐に「詩的」（poetisch）という形容をして対比する［Hörisch；242］。フッサールの現象学的試みと，セザンヌの絵とが目指したものがここでは詩的な言語によって遂げられている。

　ここ［トラークルの詩行］においてはそれに比べて，天と地，神々しきものらと死すべき者ら，神聖なものと世俗的なものとが，人間の記憶には及ばないほど常に既に，集っている。しかし，――またもやハイデガーが示したように――ひとつのものに形作ろうとする同一性の様態ではまさ

になく,「区別」という隠しようもない様態において,である。[Hörisch ; 242]

　呼び出された事物らが「図式的になる以前の状態」(vorschematisch) において示されているからといって,言葉はやはりそれぞれに由来を担っている。パンはただのパンであり,葡萄酒がただの葡萄酒であるといったところで,パンと葡萄酒という言葉が,自ずと表象させてしまうものがある。トラークルが「パンと葡萄酒」という言葉を使う際には,必ず,トラークルが兄とも呼んで慕ったヘルダーリンの『パンと葡萄酒』 Brot und Wein が共振していたに違いない。そこでは「至福のギリシャ」は,天上なるもの全てのものの家だった[3]。この架空に創出されたギリシャ的空間が,人間の記憶には届かないものとして,トラークルのパンと葡萄酒の詩空間に重なり合う。「人間の記憶には及ばないほど」(vordenklich) の仕方で,人間の記憶が辿りうる限りのさらにそれ以前にそうであったかのような仕方で,天上なるものらと死すべき身の上の者らがここに集う。しかしその仕方はまた,言葉が概念となる以前の仕方,概念となることによって存在から疎外されることになる以前の仕方,とも違うのである。

　詩的に表現されたトラークルの聖餐は,存在と意味とのいかなる統一性をも表明しない。むしろ,「パンと葡萄酒の中には,ある穏やかな沈黙が住まう」。それは,沈黙であるがゆえに,メタ言語と思われるようなものの欠如を,もしくは,存在と意味との言いえない区別を表明しているのである。[Hörisch ; 242]

　さすらい人が敷居を越えようとしたとき,「苦痛が敷居を石と化した。／敷居が苦痛を石と化した」。その石となった敷居／苦痛の沈黙がパンと葡萄酒の中に宿る。その沈黙はまた,この領域に足を踏み入れるさすらい人の沈黙であり,パンと葡萄酒を贈られたさすらい人の沈黙である。このパンと葡萄酒が,何のために,という目的からは自由となって,ただ置かれているとい

うことが，贈り物なのである。それはほとんど「享受不可能で不毛なほどに，そして捉えがたいほどに濁りないままであり続ける」。しかしまた，およそ人間性を排除したこの光景が，ヘーリッシュにとってはまた別の可能性をはらんだものとなるのである。

> 黙せる晩餐が，慄然とするような叫び，［……］憐れみを求めて，存在と現存在との祝祭を求めて発せられる叫びの契機ともなりうるのである。
> ［Hörisch；243］

カイザーは，恩寵は彼岸から世界へと到来するのだと言った。その到来の有り難さは，天上なるものと死すべき身の上の者，無限なるものと有限なる者との結びつきのありえなさに比例する。もとより両者は巡り会うべく同じ地盤の上にはない。同じ時間軸上にもない。そんな両者の間にあって，どちらを損傷することもなく，両者の間を媒介し取り計らうというこの希有な役割を担ったものが敷居なのである。この敷居ゆえに我々は，敷居の向こうから到来するものを待望することができる。我々がどれほど強く待望したところで，我々と，我々が待望するものとの間の境界が揺らぐことは終ぞない。だからこそ我々は，己れの待望の強さを制御したり制限したりする必要もまたないのである。トラークルのパンと葡萄酒は，それが享受不可能なほどに純粋なものであるという点において，またそれらが示した聖なる領域は徹底して人間的なるものを排除しているという点において，フッサールの現象学が試みたように対象物や現象を精確に記述しているという以上に，レヴィナスの言う無限なるものの観念を描き出している。それは，我々の熱情がどれほど注がれようとも，まるで何もなかったに等しいほどに空虚であり続ける容れ物のように，そしてそのような意味において「内実の否定そのものとしての神の観念」（レヴィナス）のように，我々の憧憬を触発し続けるのである。

5. 地球に住まうこと

トラークルの詩の圏域をさまよった後で，我々はもう一度，シェレールの「ある観念的な空間」へと戻ろう。ここで問題とするのは，シェレールが「ベンヤミンのいう『微弱な力』」［Schérer；29］というところのものである。その「微弱な力」とは，ベンヤミンのテクストの中では以下のように記されている。

> ……私たちが心に抱く幸福のイメージは，私たち自身の生活の成り行きによって，とにもかくにも押しこまれてしまった自分の時代というものに，どこまでも染めあげられているのだ。［……］言い換えれば幸福のイメージのなかには，救済［Erlösung］のイメージが，絶対に譲り渡せぬものとして共振している。もしそうだとすれば，かつて在りし諸世代と私たちの世代とのあいだには，ある秘密の約束が存在していることになる。だとすれば，私たちはこの地上に，期待を担って生きてきているのだ。だとすれば，私たちに先行したどの世代ともひとしく，私たちにもかすかなメシア的な力が付与されており，過去にはこの力の働きを要求する権利があるのだ。［Benjamin; 693 f.］

「ナチスに追われ，最終的にパリを去る直前に書かれた，ベンヤミンの思想的遺書」の中で，なお言われるこの言葉，「私たちはこの地上に，期待を担って生きてきているのだ」。その期待とは，過去の者たち，死んだ者たちが私たちに向けてかつて抱いた期待であり，今なお持続する期待である。過去の者たち，死んでいった者たちを救済するということが，生きている者たち，彼らが死んでしまった後に生まれてきた者たちの自己弁護や自己満足以外の形でありうるかどうかは，なお問われるべき問題である。我々は誰も，「とにもかくにも自分の時代というものに押しこまれている」。しかしほかならぬこのポジションが，過去において，ある人々の期待を誘発したのであ

り，そこに押し込まれた我々は，改めてこのポジションを引き受けるよう，この期待に応答するよう促されるのである。

　シェレールはこの「微弱な力」を，「現実主義的政治的計算の立場からすると不可能への希求」とも言い換え，それがいかに破壊しがたいものであるかを強調する。

　　いいかえるなら，抑圧に抗い，恐怖政治に抵抗する，抑えがたい不屈の情
　　念や欲望と一体をなすユートピアというものが存在するのである。
　　[Schérer；29]

　このように言うときシェレールは，ベンヤミンの言う過去の者が我々に向けた期待を，故意に，我々自身が抱く期待，我々が今ここにあって，自分の時代というものに対して抱く期待へと振り替えているように思われる。ユートピアを構想するということは，不幸な時代においては叶わぬことを次代に託そうということではない。この地上で，不幸な時代にあって，どんなに打ちひしがれていようとも，「いま，ここ」に対して不可能なものを希求する部分が，放棄しえないものとして我々の中にある。それは我々が生まれ落ちた現実の何を変えるわけではなくとも，きわめて微弱なものには違いなくとも，やはり一つの力ではあるのだ。

　　彷徨える現実の宿命的な自由落下に対して，ユートピアは解き放たれた自
　　由を対置する。それは予測を座礁させながら偶然を作動させる。ユートピ
　　アは行方定めぬ運命と手を切って，われわれの情念や欲望と釣り合った
　　「運命」の方向へと［……］向きを定める。[Schérer；58]

　そのように作用するものとしてユートピアは，「紛れもない現実を構成し，現実そのものとして生成するものにほかならない」のである[Schérer；29]。

　シェレールはハイデガーを，「現代思想の中で最初に『住まうこと』の存

在論に注意を促し，それを人間の存在そのもの，思考と関係づける道を切り拓いた」[Schérer；34] と評価する。ハイデガーは，思考するということはその本質において，人間が存在する仕方なのだと言った。それはいくつもある存在様式の内の一つとしてそうなのではない。思考するということこそが，存在するということなのである，と。そしてシェレールは，このように本質を規定される存在様式，「この地上において住まうということ」を，さらに「ユートピア的に住まうこと」であると定義して，それを可能にする条件として，歓待性をあげるのである [Schérer；34]。

　歓待性が住まうことと保つ関係のなかにおいて，また住まうことが存在や思考との間に保つ関係のなかにおいて，合理的言説のもつ関係性よりももっと根本的な「いわれのない」結びつきが姿を現わすのである。この結びつきは詩的なものの次元に属しているのであって，言説的なものの次元に属しているのではない。[Schérer；34]

　或るものが存在する，或るものが住まうという構造自体に，歓待性は必ずしも必要不可欠な条件ではない。にもかかわらず歓待性が，存在や住まうこととの間に取り結ぶ関係性，この「いわれのない」関係性の中に，詩的なものの次元が拓かれる。シェレールが「詩的なものの次元」と言うとき，おそらく彼の念頭にあるのはハイデガーのヘルダーリン論であり，ヘルダーリンの詩句「詩的に人間は住まう」である。そして歓待性の第1条件とは，シェレールによれば「パンと葡萄酒をふるまうことができるということ」[Schérer；35] なのである。

　トラークルの描いたパンと葡萄酒は，トラークルの生きた時代というものに染め上げられている。そこにはヘルダーリンの時代にはまだありえたものの喪失感が漂う。静物画のように示された光景は，むしろ死者の静寂に満ちていて，生きたまま身を置き入れることを絶対的に拒絶している。しかし，まさにこの不毛さにおいて，手の届かなさ，享受不可能さにおいて，この空間はさすらい人の憧憬を触発し続ける。この極めて観念的な空間は，さすら

い人にとっては紛れもなく「いま・ここ」であり，「現実そのもの」である。その空間へと身を置き入れるのとは違う仕方で，我々はこの空間に関与する。この関与の中で，シェレールの言う意味におけるあの「微弱な力」がかすかに脈打ってはいないだろうか。死者たちの静寂の中から発せられる「存在と現存在の祝祭を求める叫び」に自らも運ばれて，我々は，期待を担いつつ，我々自身の「いま・ここ」に対する不可能事への希求を通じて，未来に参与する。そのような仕方で我々は，この地上で，詩的に住まうということをなしうるのである。

引用文献

Benjamin, Walter ; *Über den Begriff der Geschichte*, in ; Rolf Tiedemann und Hermann Schweppenhäuser (Hrsg.) ; *Gesammelte Schriften I-2*, Frankfurt am Main 1974, S. 691-704.（引用は以下の訳を使用。『歴史の概念について』浅井健二郎訳『ベンヤミン・コレクションⅠ　近代の意味』筑摩書房，1995 年，所収）
Heidegger, Martin ; *Die Sprache*, in ; ders ; *Unterwegs zur Sprache*, 9. Auflage, Stuttgart 1990, S. 9-33.
Hörisch, Jochen ; *Gesprengte Einbildungskraft, Das Ende der Vorstellung in Trakls Nachtmahl*, in ; ders ; *Brot und Wein*, Frankfurt am Main 1992, S. 228-246.
Kaiser, Gerhard ; *Geschichte der deutschen Lyrik von Heine bis zur Gegenwart, zweiter Teil*, Frankfurt am Main 1991, S. 597-604. [Kaiser(1991)；]
Ders ; *Ein Winterabend (2. Fassung)*, in ; Hans-Georg Kemper (Hrsg) ; *Gedichte von Georg Trakl*, Stuttgart 1999, S. 142-153. [Kaiser ;]
Lévinas, Emmanuel ; *Gott und Philosophie*, in ; Bernhard Casper (Hrsg.) ; *Gott nennen—Phänomenologische Zugänge*, S. 81-123, hier S. 96.
Trakl, Georg ; *Dichtungen und Briefe*, herausgegeben von Walther Killy und Hans Szklenar, 5. Auflage, Salzburg 1987, S. 57.
ルネ・シェレール『ノマドのユートピア——2002 年を待ちながら』杉村昌昭訳，松籟社，1998 年。
ドストエフスキー全集 15　『カラマーゾフの兄弟』原卓也訳，新潮社，1978 年。

注

1）『カラマーゾフの兄弟』の中で次兄イワンは，「苦しみによって永遠の調和を買うた

めに，すべての人が苦しまなければならぬ」のなら，自分の「入場券」を急いで返却しようと言った［ドストエフスキー；293-295］。

2) カイザー自身は，第2詩節全体が，戸口へと導かれるさすらいとして，媒介的な詩節であるとする［Kaiser(1991)；600］。

3) カイザーはヘルダーリンの『パンと葡萄酒』の中の詩句，「聖なるギリシャよ。おまえ，天上なるもの全てのものの家よ！」を引いて，トラークルの詩空間と比較する［Kaiser; 151 f.］。

第III部

環境政策・環境問題

第9章
環境政策における公衆参加制度の日米の比較

早瀬隆司

要　旨

　環境の保全あるいは持続可能な開発のために解決すべき課題に対しては解決のための行動のみならず政策あるいは意思決定の過程に対しても公衆の参加あるいは関与の必要性がさけばれている。ここでは，このような意思決定の過程に対しても参加やリスクコミュニケーションの制度が比較的早い時期から整備されてきた米国における制度の現状を把握し，その上でわが国の制度との比較を行うことにより公衆参加制度の導入のあり方や課題について考察した。具体的には，環境関連法制度における公衆参加制度，及び参加制度の背景にある社会文化的な背景，の二つの視点から両国の比較を行った。公衆参加制度の比較においては①国家レベルでの制度設計における意思決定の過程，②規則制定のための優先政策課題の設定の過程，③規則制定や改廃の過程，の3過程に着目して整理した。③の規則制定や改廃の段階においてはわが国においても閣議決定によるパブリックコメントの制度などによって比較的差がないと考えられるが，より早い段階でのあるいはより根幹的な部分での意思決定に近づけば近づくほど制度上の格差が目立つ。今後は，①の国家レベルでの制度設計の段階や，②の優先課題の決定の段階でのわが国における参加制度のあり方を考察することが重要な課題であるといえる。また，参加制度の社会的あるいは文化的背景についての考察の結果からは，参加制度を生み出すためのニーズについては日米の間に類似した状況が観察できるものの，参加制度を支えるための力については両国の間で際だった違いが存在している。つまり，わが国では公共的でオープンな場において議論をし価値付けをしていくような公衆や伝統が存在してこなかったという指摘である。今後はこのような違いを念頭に置きながら制度を整備していくことが必要であり，特に多様な市民層による「公衆関与を支えていく力」を育成していくことを念頭に置いた制度の検討が必要であると考えられる。

第9章　環境政策における公衆参加制度の日米の比較　　　205

はじめに

　公共的な問題がどのようにして政策課題として認識され，またどのような過程を経てそのような公共的問題の解決のための政策が決定されていくのかについては，それを社会的・政治的構造のモデルを通して考察しようとするアプローチが知られており，一般に米国を含む現代社会は利益集団型多元主義社会であると評されている。従って，政策決定過程においては多様な利益集団や政治家が行政官庁とともに大きな影響力を発揮しているということになり，宮川はこのような利益集団型多元主義社会の持つ問題点を，政策決定が社会全体の利益のためにではなく特殊な利害のためになされる傾向が生まれること，及び政策決定が国民の目の届かないところで行われ国民の監視が困難になることであると指摘している[1]。政策決定過程におけるこのような問題点を解決していくための一つの有力な方法はオープンな公衆参加のシステムを制度化することにより透明性を確保し国民の監視を実現しようとすることであり，米国では環境問題の分野でも比較的早い時期からこのような公衆参加のためのシステムが法制度上整備されてきている。

　しかしながら，主として米国や西欧諸国で整備され発展してきた公衆参加の制度をわが国においても導入しようとする場合には，わが国の環境問題をめぐる諸事情や社会文化的な背景などの特徴を踏まえそれに調和したものあるいは調和しうるものとしていく必要がある。以下では米国における環境分野での特に汚染防止問題に関する諸制度における公衆参加制度の発展の経緯をリスク概念に関係するものを中心にして整理し，そのような制度を産み出すこととなった背景及びそのような制度を支えている要件について考察する。さらに，米国におけるそのような経験をわが国の制度や現状と比較することにより，わが国における特に化学物質による環境汚染問題への対策における公衆関与の在り方についても考察する。公衆参加のシステムを実現することにより得られる社会的な価値については先に述べた宮川の指摘するような問題点の克服に限定されるわけではないが，そのような価値や意義につい

て深く考察することは本稿の目的ではない。あくまでも環境分野での参加やリスクに関するコミュニケーションの視点から，環境汚染問題が連邦政府の政策課題として認識されるようになった1960年代あるいはそれ以降に的を絞って，米国とわが国を比較考察する。

1．米国における公衆関与制度の発展

(1) 連邦法制度における関与制度の整備

表1は，米国における1960年代以降の環境関係法制度等の制定状況とそれぞれの時代の社会的背景等を公衆関与の視点から抽出し整理してみたものである。なお，非公式な形での公衆の意思決定への参加あるいは関与は社会のいろんな場で行われ政策形成に反映されていることは当然でありよく知られているが，ここでは法制度上の参加あるいは公衆関与の制度を対象として整理している。

広大な国土を持つ米国においては土地や資源は無限のものと考えられており，それゆえ環境問題についてもそもそもは公共の問題とは認識されていなかった。鉱工業が勃興し公害問題が生じてきて初めて公共的な問題として認識されるようになりはしたがそれはあくまでも地域的な問題としてしか認識されておらず，従って公害環境問題が連邦政府の政策課題として取り上げられるまでにはさらに時間が必要であった。例えば，1955年のAir Pollution Control Act（大気汚染防止法）における連邦政府の役割は州政府の行う公衆衛生サービスの一貫としての調査研究や職員研修のために資金を支援することだけに限定されており，依然として大気汚染問題は連邦政府ではなく州政府の仕事と考えられている。その後，1960年前後になって核実験による放射能汚染や広域的な交通から生じる大気汚染問題などが関心を集めるようになると，より広域的な連邦レベルでの取り組みの必要性がようやく認識されるようになった。1963年の大気清浄法（Clean Air Act）においては州際間の大気汚染問題に関して連邦政府の規制権限が初めて設けられることとなった。また，当時Rachel Carsonにより発表された*Silent Spring*は殺虫剤が

表1 米国関連制度の制定に関する年表

年	社会背景	公衆参加に関する環境関連法制度等
1960年代	—貧困撲滅運動にかける「最大限実行可能な参加」概念の浸透。 —1962年に『沈黙の春』が発表され生物濃縮性のあるDDT汚染が話題になる。	1960年代後半のDDTの反対運動における公的ヒヤリング(1971年)の実施
1970年代	—タイム誌の1970年の「issue of the year」は環境問題。 —1970年代初頭には民間部門での株主概念の発達。直接的な株主の範囲を越えてこの概念を用い企業の責任についての認識を示した。 —政策決定を各省庁の専門性に預けようとしたThe New Deal Modelへの反省の指摘 (Percival 1996, pp. 182-183)。 —利害関係者の参加の仕組みは土地利用, 自然資源管理, 公用他の利用, 水資源, エネルギー, 大気質, 有毒物質のような環境関連事案に続々と適用された。	(1970) NEPA成立(環境影響評価, 連邦機関の意思決定への環境配慮, CEQ) (1970) 大気清浄法に公衆提訴条項 (1972) 水質浄化法が成立(公衆提訴条項) (1974) 安全飲料水法 (1976) TSCA (公衆請願条項) (1976) RCRA (公衆提訴条項)
1980年代	—知る権利運動や公衆からのインプットを得るための政府や企業の任意での手続きによって参加制度がさらに拡大 (Yosie p. 11)。	(1980) スーパーファンド法(CERCLA)成立。汚染サイトの清浄化の手法の決定に公衆関与を要請 (1983) NRC報告書(健康リスク評価のためのパラダイムの提示) (1986) 緊急対応計画及び知る権利法が成立(TRI制度)し, 住民と企業の新たな関係
1990年代	—1994年8月の世論調査では米国人の91%が政府の問題解決能力に対して全くあるいは少ししか信頼を寄せていないという (Percival 1996, p. 10)。	(1990) CAA改正法によりリスクマネージメントプログラムルール (1994) 大統領府令12898により, 特別のリスクが想定される場合には小数民族や低所得者に対して説明とコンセンサスづくりを要請

食物連鎖を通して濃縮されることにより長期的に深刻な汚染を生ぜしめることに警鐘を鳴らした[2]が，そのような物質の代表である DDT についてはこれを機に関心が高まり，その禁止を実現するために全国的な規模での NGO 団体である環境防衛基金が組織されるなど市民の権利意識と環境運動が高まることとなった。この全国的な規模での DDT の禁止運動の高まりの経緯のなかで 1971 年に「裁判手続き（adjudicatory）による公聴」の場が設定され公衆関与のプロセスが実現された[3]。これは，環境分野におけるその後の公衆関与の制度発展のための重要な第一歩を記したものと評価できる。

　1969 年国家環境政策法（NEPA）は，連邦政府機関の「法律案の提案」及び「他の主要な連邦機関の行為の提案」において，提案された行為の環境へ与える影響，提案された行為が実施された場合に避けることができない環境への影響，代替案の提案等を記述した詳細な環境影響ステートメントの作成を義務づけた（NEPA 42 U.S.C.4332(2)(C)）。環境影響ステートメントの草案の作成段階及び最終ステートメントの作成段階では一般に公表され公衆からの意見聴取が行われる（環境質委員会（CEQ）規則§1503.1）。草案段階で提出されたコメントには最終ステートメントにおいてその対応について考慮するべきこととされている（環境質委員会（CEQ）規則§1503.4）。また，環境影響ステートメントを作成する前段階に，環境影響ステートメントを作成する必要があるかそれとも深刻な影響がないとして「FONSI (Finding of No Significant Impact) レポート」を作成するかの判断のための簡易アセスメント（environmental assessment）の手続きがある。この簡易アセスメントに関しては公衆関与の規定は設けられていないが政府機関によっては自主的に意見聴取を行っているところがあるという[4]。なお対象となる行為としての「法律案の提案」は連邦機関が作成しあるいは深く関与して作成した法案等で議会へ提出されるものを指しており，予算案についてはここからは除外されている（環境質委員会（CEQ）規則§1508.17）。また，実際の運用では「法律案の提案」に対する NEPA の規定による環境影響ステートメントの作成が実施されている例はまれであるとも指摘されている（Percival p.1120)[3]。何れにせよ，NEPA の規定は法案作成段階をも対象として包含して環境分

野での公衆関与手続きを定める法制度のさきがけと位置づけられるものである。

その後1970年代以降に制定された環境法制度においては，連邦行政機関が法律に基づく規則を制定する手続きに関して市民訴訟（Citizen suits）の条項と公衆の請願に基づく司法審査（Judicial review）の条項が次々と設けられた。提訴条項については資源保全再生法（RCRA）§6972, 42 U.S.C.6972, 水質浄化法（CWA）§1365, 33 U.S.C.1365, 大気清浄法（CAA）§304, 42 U.S.C.7604などに規定が見られる。また，司法審査については資源保全再生法（RCRA）§7006(a), 42 U.S.C.6976, 有害物質規制法（TSCA）§19, 15 U.S.C.2618, 水質浄化法（CWA）§509(b), 33 U.S.C.1369, 大気清浄法（CAA）§307(b), 42 U.S.C.7607(b)に見られる如くである。

1980年に成立したいわゆるスーパーファンド法と呼ばれる包括的環境対策補償責任法（CERCLA）では，汚染サイトの清浄化に関係するあらゆる活動計画を定めるに際しての公衆参加の条項（CERCLA§9617, 42 U.S.C.9617）を設けている。修復事業の実施主体である大統領あるいは州に対して，①計画の案の段階で告知し公衆に縦覧するとともに書面あるいは口頭での意見の提出機会を与え，またパブリックミーティングを開催する機会を提供するべきこと，及び②決定した計画については事業開始の前に公表し公衆の縦覧が可能な状態にすべきこと，等の規定が設けられている。また廃棄物処分場からの有害物質の問題を調査する際には特異な手続きが実施されており，受容されうる清浄化のための手法を決定するためのコミュニティーとの関係強化（community relations）手続きもそこに含まれている[4]。

また，1986年に制定された緊急対応計画及び知る権利法（The Emergency Planning & Community Right-To-Know Act ; EPCRA）では化学物質による健康や安全あるいは環境汚染の被害から地域コミュニティーを守ることを目的として，地域緊急対応計画の作成，事業場から排出される汚染物質の量を公表するべきことなどの規定が設けられた。緊急対応計画の作成のためには地域の消防，救急，輸送，行政，メディア，地域組織，産業，などからの広範な代表が参画する地域緊急計画委員会を設置するべきことが規定されてお

り，これにより広範な関係者や公衆の参加が図られている。また，同委員会の運営に際しては，委員会活動の公衆への周知，計画案についてのパブリックミーティングの開催，パブリックコメントの聴取とそれへの対応，緊急対応計画の配布など公衆の参加や公衆とのコミュニケーションを進めていくための規則を制定すべきことが規定されている（42 U.S.C.11001）。さらに，事業場から排出等される汚染物質の量の公表に関しては対象となる化学物質の追加等について公衆の申し立て（petition）の規定（42 U.S.C.11023）が設けられている。一方緊急対応計画や有害物質の排出量のデータは一般公衆に利用可能な状態におかれるべきことが規定（42 U.S.C.11044(a)）されるとともに，毎年これら計画やデータが提出された際に地域緊急計画委員会が地域の新聞にその旨告知するべきことが規定されている（42 U.S.C.11044(b)）。

(2) 規則等の制定の過程と参加制度

　規則等の制定に係る手続きは議会で定められた行政手続法関連の規定及び上に述べてきた環境関連の個別の法律等に従ってなされており，環境保護グループ，産業界，議会の関係委員会，大統領府など広範な関係者が関与しながら進められる。司法（Courts）でさえもが連邦機関の規則制定手続きが裁量の許される範囲を逸脱していないかという視点から限定されてはいるが重要な関与を果たしている。1970年の大気清浄法改正により導入された自動車排出ガス規制（いわゆるマスキー法として知られる）に関する法律上の規定が，この規則制定の過程で強い反対に遭い施行に至らなかった例に見られるように，法律制定の過程に劣らない程度にこの規則制定の過程は重要な意味を持っている。にもかかわらず，一般の公衆の規則制定のプロセスに対する関心は比較的限定されたものにとどまっているという指摘もある[5]。

　規則等の制定に関して，規則等の制定に係る優先政策課題の設定の手続き及び規則等の制定や改廃の手続きに分けて，参加制度の導入の状況を眺めてみよう。

　議会で制定された法律を施行するためには，法律に基づくいろんな規則，基準や計画の作成が必要であり，これらの事務は一般に連邦機関あるいは州

政府の仕事として委ねられる。EPAの主要な任務はこのような法律の施行のための規則や計画作成等の業務であり，さらにアメリカ国民に対してその環境を保護していくための広範な責任をも有している。環境問題はその性格を異にしつつ多様に拡大し，米国においても議会による環境関連法制度の整備も拡大している。にもかかわらず環境保護庁等の連邦機関の持つ人的また財政的リソースは必ずしも充分に満たされてきているわけではなく，それら新たな法制度の制定や新たな問題に対応していくために拡大されてきた政策課題の全てに適宜対応していくことは極めて困難な状況になっている。環境保護庁（EPA）では優先順位の設定に健康保護や生態系の保護といった多様な環境リスクの間での比較分析手法の活用を試みたりしているほどであり[6]，それら多様な政策課題のなかでどれに優先度を付けて規則を制定し施行していくのかを決める方法自体が一つの重要な政策課題になっていると指摘されている[3]。従って，規則制定は必ずしも円滑に進行しているわけではなく，そのような傾向に歯止めをかけるために議会が法律の制定時に規則制定の最終期限を設定する例が増えている。この最終期限の設定と先に述べた市民訴訟の条項があいまって，法で定められた最終期限までに規則制定が進まない場合には市民訴訟の条項により連邦機関等の行政庁にしかるべき措置を執らせることができる仕組みになっている。また，行政手続法の規定（5 U.S.C.553(e)）や上に述べた環境関連法規には申し立ての条項が設けられており，これにより連邦機関に対して規則制定に着手するように申し立てをすることもできる。しかし，現実にはこのような公的な手続きは余り活用されておらず，むしろ非公式な折衝や訴訟により影響力が発揮されているケースの方が多いといわれている[3]。政策課題の申し立ての手続きのなかでは，このように市民訴訟や申し立ての形で公衆が参加し行政庁に影響を与えることができる制度的仕組みになっている。

　一方，規則等の制定や改廃の手続きのなかにおける公衆の関与制度について概観してみよう。行政手続法の規定（5 U.S.C.553）によれば，行政庁に対して「(1)規則制定のための提案を連邦公報に公示すること，(2)国民がコメントを提出する機会を与えること，(3)制定された規則はその根拠と目的を

添えて連邦公報にて周知すること」，が規定されている。さらに「裁判手続的（adjudicatory）な公聴」を経て行われるものもあるが，一般的には個別の法規に特別の規定のない限りここに示したような手順がとられている。また，時間的な余裕がある場合や，取り組み姿勢を誇示したいときに行政側から公衆の意見を求めることもあり，そのようなときは規則案の告示の前に事前告示が行われることもあるという。一方，環境関連法規のなかにも公衆関与の手続きは規定されており，大気清浄法（CAA）§307(d)，42 U.S.C. 7607(d)などに規則制定の手続きに「公聴会（パブリックヒヤリング）」を組み込むべきとする規定がある。また資源保全再生法（RCRA）42 U.S.C. 6921(a)や 42 U.S.C.6924(a)では規則制定に際しては「公聴会」と他の適当な連邦や州の機関への協議を経るべきことが規定されている。有害物質規制法（TSCA）15 U.S.C.2605(c)では「口頭の意見陳述」，及び「反対意見の提出の機会を提供すべき」こと，また意見が分かれる場合には精査して争論を解消すべきことが規定されている。規則制定の手続きのなかでは，このような行政手続法及び個別の環境関連法規の規定に基づいて公衆の意見聴取のための制度が保証されている。

2．日米の公衆関与制度の対比的考察

(1) 制度面での対比
① 国家レベルでの制度設計等の手続き

わが国の環境関連分野における参加あるいは公衆関与の制度を米国のものと比較してみよう。NEPA では連邦政府の行う意思決定行為に環境影響評価を行いその手続きのなかで公衆の意見が提出される仕組みになっており，これは環境関連法制度を含む連邦機関が関与して議会に提出される法案に対しても，実施例は少ないと指摘されてはいるものの，制度上は適用されることとなっている。わが国においても環境影響評価法（平成9年法律第81号）が制定され，公衆の意見提出の機会が規定された。しかし，わが国の環境影響評価制度で対象となっているのは国の関与する何らかの事業として別表で

限定されているものであり，米国のように環境関連法制度を含む法律案の提出などの行為の場合にはもちろん対象になっていない。NEPA で連邦機関の行う政策や計画の立案を含むあらゆる意思決定がスクリーニングの対象となるのとは大きな違いがある。また，環境基本法（平成5年法律第91号）においては「国民の責務」についての規定があるが「国又は地方公共団体が実施する環境の保全に関する施策に協力する責務」として協力者としての位置づけが与えられてはいるものの，国や地方公共団体が策定する政策や計画の立案に関与し参加する者としての位置づけは全く与えられていない。

② 規則等の制定の手続き

憲法第16条には，何人も「法律，命令又は規則の制定，廃止又は改正その他の事項に関し，平穏に請願する権利」を有していると述べられているが，地方自治法における条例の改廃に関する直接請求の規定以外に，特に環境関連法規で公衆の関与を具体化した制度は見ることができない。僅かに，最近閣議決定された「規制の設定又は改廃に係る意見提出手続」（平成11年3月23日閣議決定し，11年4月1日から実施されたいわゆるパブリック・コメント手続）をあげることができるだけである。同手続きにより規則等の決定の際には事前にパブリックコメントを求めることとされた。しかし，これは行政機関側の取り決めであって，公衆あるいは国民の権利として積極的に法制度として具体化されたものではないことには留意すべきである。なお，閣議決定で具体的に明示されている規則の制定だけではなく例えば環境基本計画の策定や見直しのような計画策定にかかる意思決定の手続きにおいてもパブリックコメントの聴取が実施されている（環境庁ホームページ http://www.eic.or.jp/eanet/koubo/iken.html にパブリック・コメント募集，その他意見募集の欄が設けられているのはその一例である）ことについては，積極的に評価されてもよい取り組みであると考えられる。

最近になって環境影響評価法やいわゆる PRTR 法（「特定化学物質の環境への排出量の把握等及び管理の改善の促進に関する法律」）が相次いで制定された。これらの法律の特徴は，公衆を含めた多様な主体の間でのいわゆる情報の交流を進めていくことを一つの狙いとしていることである。PRTR 法は

表 2 環境分野での公衆関与制度の日米比較

過　程	米　国	日　本
国レベルでの制度等の設計段階	・連邦機関での意思決定に対する環境影響の評価への意見聴取の手続き（NEPA）	・特になし
規則制定のための優先政策課題の設定	・個別法による規則制定の期限の設定と公衆提訴（環境関連個別法） ・請願（行政手続法及び環境関連個別法）	・特になし
規則制定や改廃の過程	・連邦公報告示，意見聴取等（行政手続法） ・公聴会（環境関連個別法）	・規則の設定又は改廃に係る意見提出手続き（閣議決定）

　米国の緊急対応計画及び知る権利法（EPCRA）による有害化学物質排出目録（TRI）制度に対応する法制度である。両者を比較すると，対象とする化学物質の追加等に対する申し立ての規定においてわが国の制度が遅れている。しかし，排出量データに対して一般公衆の誰でもがアクセスしうることを規定したという点では公衆の参加を進めていくうえで大きな前進である。

　米国とわが国の環境関連法制度における参加あるいは公衆関与に関する制度を比較して眺めてきたが，これらを整理して述べると（表 2 参照），（ⅰ）国レベルでの制度設計及び計画や事業にかかるあらゆる意思決定の段階においては米国が NEPA 制度により公衆の参加制度を確立しているのに対してわが国においては環境影響評価制度により限定されたものについてかろうじて公衆の関与する制度が整備されたところであり，（ⅱ）規則制定のための優先政策課題の設定のための手続きにおいてはわが国の制度においては全く公衆の関与する制度は整備されておらず，（ⅲ）規則制定や改廃の手続きにおいてはようやく閣議決定でパブリックヒヤリングの制度が政府機関に対して義務づけられたところである。このように，わが国の制度も急速に拡充されつつあり米国との間の溝は小さくなる方向で動きつつはあるものの，依然として両国の参加制度には大きな隔たりがあると理解することができる。

(2) 公衆関与制度の社会文化的背景における対比

　T. F. Yosie らは利害関係者の参加するプロセスはその源を一つとしないとしながら，1960年代の貧困撲滅運動における「最大限実行可能な参加」の概念を例示している[7]。連邦予算がコミュニティー委員会を通して，教育，住居，福祉の改善と運動の組織化のために投入されたという。わが国が未だ官主導の所得倍増，高度経済成長という価値観一色であった時期に米国では連邦予算が公衆関与の組織化のために使用されていたわけである。

　また，寺尾はより長期的な視点から，アメリカは社会契約説の影響を強く受けており，公共的な問題についてはパブリック（人民）が自ら決定するのであり，政府は主権者である人民の信託を受けて人民に共通する利益を実現するために一定の権限を与えられて成立した人民の代理機関であると理解されていることを指摘し，このような理解あるいは伝統が参加制度のそもそもの推進力になっていると指摘している[8]。さらに，米国における都市基盤施設整備事業を計画的に整備していく制度についての考察の結果から，19世紀初頭にはこのような制度が既に存在しており，20世紀初頭には全国にゾーニング制度が普及し特別の利益を得るものから負担金を徴収するための市民の参加のメカニズムが既に存在していたと指摘している。原科が，既に1920年代にテキサス州サンアントニオにおける治水計画で公衆関与による計画づくりが行われていた事例を報告していることもこのことを裏付けている[9]。何れにせよ，環境関連制度が整備される1960年代の段階では，既に土地所有という直接的な利害が絡むような公共政策の分野では，「公平」と「透明性」の確保のために，公衆参加の伝統は存在していたと考えられる。

　Yosie らは，1970年代から80年代にかけての環境を巡る争論への利害関係者の参加は，訴訟を裁判でよりもむしろ協議によって解決したり，労働争議や地域での衝突を仲裁や調停で解決したり，都市計画に公衆を参画させたりする慣習から生じていると指摘している[7]。このような慣習を基礎としつつも，米国環境法制度における参加のシステムは従来からのシステムに逐次変更を加えながら拡充されてきた。このような参加のシステムを生み出し発展させてきた背景に働いてきた力について Yosie らは，①多くの政府機関

あるいはその関係機関による従来からの意思決定に対する信任や信頼の欠如，②環境に影響を与えるようないろんな組織における決定の透明性の向上，③環境質の向上への社会的期待の成長，④市民層の参加プロセスへの参加能力の向上，⑤情報技術の拡散とそれによる大組織での意思決定の分権化，⑥意思決定手続きへの参加プロセスの拡大についての政策的な推進，などの要因をあげている（Yosie 1998, pp. 5-6)[7]。

　一方，わが国においては，行政改革の流れのなかで例えば平成8年12月25日に閣議決定された行政改革プログラムのなかでは，「実効ある綱紀の粛正と不祥事の発生を防止する適正な行政執行体制の確立を図り，行政及び公務員に対する国民の信頼の回復に努める」と述べられている。このように行政あるいは公務員に対する国民の信頼は揺らいでおり，従来からの意思決定システムへの信任や信頼の欠如についてはYosieが指摘する米国の状況以上に高まっている，あるいは機が熟しているものと考えてもよいくらいである。事実，1998年に行われた社会意識に関する総理府世論調査の結果[10]によってみても，国の政策に国民の意見が「余り反映されていない（52%)」あるいは「ほとんど反映されていない（27.8%)」と答えた人が都合80%近くにも上っている。このような状況下で，1993年には「行政手続法（平成5年法律第88号）」が定められ行政運営の公正確保と透明性向上を図っている他，1999年3月には先に述べた「規制の設定又は改廃に係る意見提出手続」が閣議決定された。また同年5月には「行政機関の保有する情報の公開に関する法律（平成11年5月7日成立，同月14日公布）」が制定された。このような動きはわが国における行政の意思決定システムの中に決定の透明性を確保していこうとする大きな流れが息づいていることを示していよう。

　一方，わが国では公共政策の意思決定において米国のように人民が自ら決定するというような伝統はそもそも存在していなかった。文化的な背景にまで視野を広げると「ささら」型の文化と「たこつぼ」型の文化という比喩にまでゆきあたる。社会の各階層や専門領域がおおもとで束ねられて共通の文化的伝統を持つと評される「ささら型」の西欧社会と，各専門領域等が「たこつぼ」化してそれぞれが全く孤立し並列的に営みを行っているとされる日

本の社会とでは異なる部分が多い。岡部は，古代ギリシャ・ローマ以降の永い時代背景で育まれてきた西欧文明の伝統はおおもとが一本であり，その伝統が各領域の人間を結びつけて太いコミュニケーションのパイプとなっている，と述べている。一方，たこつぼ型のわが国の文化では，細分化された諸領域を結びつけるようないわば「メタ言語」に欠けるために，自分のたこつぼから外に出るとまともに議論ができないと指摘している。たこつぼという狭い社会の中に身を隠し，必要なものだけを吸収し，内に向かって収斂させる傾向が強く，外に出て周りの人とコミュニケーションを通して接触することがほとんどないと指摘している[11]。

　寺尾は，わが国で公衆関与の制度が育ってこなかった理由として英語の「the public」と日本語の「公」の意味するところの違いが重要であることを指摘している。つまり，「the public」が「公共圏の主人である公衆（the public）は，公共性を担った衆，理性的な存在としての個人の集合」であり，公共圏において他の理性的な人間との対話を通じて理性的な存在となりうる市民の集合体であったのに対して，わが国の「公」は「私」を構成要素とする「私」の集合体ではないと指摘している。「the public」がしばしば主権者であることを含意した人民や公衆を意味するのに対して，その訳語である日本語の「公衆」が主権者としての含意を持たない語である，と指摘している。わが国には，公共であるべき場において他の理性的な人間との対話を通じて公共的な価値付けをしていく公衆が存在しないという指摘である。この，日本の社会の中に「公」がないという指摘は，最近たびたびテレビなどの討論番組でも識者から指摘されるところである。

　こうみてくると，公衆参加の伝統の乏しいわが国で公衆参加を実現して環境リスクを適切に管理していくことは必ずしも容易ではないということが見えてこよう。たこつぼとたこつぼとの間でのコミュニケーションを可能にするためのおおもとになる共通の文化や価値観はなにか，たこつぼとたこつぼとが話し合う共通の場は誰がどこに設定するのか，我々は公共性を担った理性的な存在としての個人たりえるのか等々の課題が見えてくる。つまり，日本の公衆の場合の「公」の概念が米国のそれ（the public）とは異なることが

指摘されているわけであり，これはわが国の場合における参加においては権利と責任と規律についての認識が欠如しかねないという懸念に結びつく。

　以上眺めてきたように，参加プロセスを出現させるための力（ニーズ）に関しては，既存の権威や意思決定システムへの信任や信頼の欠如，それを背景とした民主的意思決定への要請の高まり，国民全体のレベルでの環境問題への関心の高まりなどを指摘することができるが，これらの点においては米国とわが国の間に同様の力が働いているものと考えられる。一方，そのような参加プロセスを意義あるものとして支えていく力に関しては，岡部や寺尾の指摘に見るように文化や過去からの経験の違いによって日米の間に少なからぬ隔たりが存在しているものと結論づけてよいであろう。このような違いを認識したうえで，わが国の環境政策の分野での意思決定の透明性を確保し，参加制度を意義あるものに育てていかなければならない。このような意味からは，環境影響評価法やPRTR法のように情報交流の活発化を目的として新たに制定されてきた法制度を市民の中に定着させ，情報の交流に関しての一層大きな市民の輪が形成されていくように最善の努力を払うことが当面の重要な課題であると思われる。環境影響評価準備書の記述は一般市民が読むことを前提としてはるかに理解しやすいものにするとともに，縦覧についての情報や縦覧の方法についても市民に接近するための一層の努力が必要であろう。PRTRの集計結果についても市民のニーズに応じた形で理解しやすいものにする努力が必要であり，この場合も結果の公表に際しては市民の手元に間違いなく届けられるようにその方法を工夫していく必要がある。また，一人一人の国民が個別のデータに容易に触れることができるよう開示請求の方法についても充分な配慮が必要である。情報交流の活発化は公衆関与のための基本であり，この分野で新たに発展してきた制度に公衆の参加を拡大していくことが，わが国に不足しているとされる「公衆関与を支えていく力」の育成にとっても不可欠と考えられるからである。最近になって，わが国においてもNPOあるいはNGOと呼ばれる組織が急速に育ちつつあり，米国でいう「the public」が出現し育っていく期待が高まりつつある。このような勢力を育てていくことがわが国における重要な課題の一つであ

り，そのためにも情報交流や参加の制度を整備拡大し，さらにいえば自覚ある公衆を育てていくことができるよう参加の制度を設計することが必要であると指摘しておきたい。

おわりに

　米国と日本の環境関連法制度のなかでの公衆関与あるいは参加制度を比較してみたが，以下ではここでの考察の結果をまとめてみる。
　先ず制度上の公衆参加の制度を比較する際には①国家レベルでの制度設計，計画あるいは事業にかかるあらゆる意思決定の段階，②規則制定のための優先政策課題の設定の段階，③規則制定や改廃の段階，の3つの段階に着目して整理してみることがひとつの有力な方法であることが指摘できる。
　次に，これらの3段階でわが国と米国との制度を比較してみると，③の規則制定や改廃の段階においてはわが国においても閣議決定によるパブリックコメントの制度などによってある程度までは遜色のない取り組みができていると考えられる。しかしながら，より早い段階でのあるいはより根幹的な部分での意思決定に近づけば近づくほど公衆関与の制度が見劣りしている。今後は，①の国家レベルでの制度設計の段階や，②の優先政策課題の決定の段階でのわが国における参加制度のあり方を考察していくことが重要な課題である。
　参加制度の社会的あるいは文化的背景についての考察の結果からは，参加制度を生み出すためのニーズについては，既存の権威や意思決定システムへの信頼の揺らぎ，民主的意思決定への要請の高まり，国民の環境問題への関心の高まりなど日米に共通する状況が指摘できた。わが国においても参加制度の必要性が声高に論じられている所以である。しかしながら参加制度を支えるための力については，御上意識という言葉すらあるように，わが国においては公共的な場において議論をし価値付けをしていくような公衆や伝統が存在してこなかったという課題が指摘された。わが国において「公衆関与を

支えていく力」をいかに育成していくことができるかという点が参加制度の拡充に当たっての重要な課題であると考えられた。

政策決定の過程における透明性をより確保していくという観点から米国と比較してわが国の抱えている課題を述べてきた。しかし，持続可能な社会づくりという観点からはただ単に参加の制度を充実させるつまり透明性を向上させるだけではなく，参加によって推進される政策決定のための規範あるいは原則及び手法について一層の議論の深化と実践が実現されていく必要があることはいうまでもない。これらについては今後の課題として考察していきたい。

文　　献

1) 宮川公男(1995)『政策科学入門』東洋経済新報社。
2) Carson, R. (1962) *Silent Spring*. Penguin Books.
3) Percival, R. V., Miller A. S., Schroeder C. H. and Leape J. P. (1996) *Environmental Regulation — Law, Science, and Policy*. Aspen Law & Business.
4) Lundgren, R. E. and Mcmakin A. H. (1998) *Risk Communication — A Handbook for Communicating Environmental, Safety, and Health Risks*. Second Edition, Battelle Press.
5) Marzotto, T., Burnor V. M. and Bonham G. S. (2000) *The Evolution of Public Policy — Cars and the Environment*. Lynne Rienner Publishers. Inc..
6) Kent, C. W. and Allen F. W. (1994) *An Overview of Risk-Based Priority Setting at EPA, Worst Things First — The Debate over Risk-based National Environmental Priorities*. edited by Finkel A. M. and Golding D., Resources for the Future.
7) Yosie, T. F. and Herbest T. D. (1998) *Using Stakeholder Process in Environmental Decisionmaking*.
8) 寺尾美子 (1997)「都市基盤整備にみるわが国の近代法の限界——土地の公共性認識主体としての公衆の不在」『岩波講座現代法9』。
9) 原科幸彦 (1998)『環境アセスメント』(第5刷)，(社) 放送大学教育振興会。
10) 総理府 (1998.12)「社会意識に関する世論調査」。
11) 岡部朗一 (1998)『異文化を読む——日米間のコミュニケーション』(第6刷)，南雲堂。

第10章
企業の環境問題への対応と課題

井 手 義 則

要　旨

　環境問題は，現代社会に対して，自然と人間の関係がいかにあるべきかという課題への回答を迫り，自然と人間の「共生」というルールの確立が必要であること，そのためには，従来の社会経済的パラダイム（枠組み）の転換が必要であることを認識させた。これは，社会のさまざまな分野で環境に配慮した対応が要請されることにつながり，国民生活に必要な製品やサービスを提供する産業経済活動の担い手である企業も，この要請から逃れることは出来なくなっている。もちろん企業は，市場経済のもとで最大限の収益をあげることを活動の原点としている。経営諸資源を効率的に投下・運用し，コストを可能な限り抑制し，収益を確保して企業経営活動を持続することがその目的である。従って，企業にとっての環境問題への対応（環境対策）は収益を生まない投資であり，環境と経済（経営）は対立する，と考えられてきた。

　しかし，そうした企業側の認識は，産業経済活動の結果として顕在化し深刻化した環境汚染や廃棄物問題，資源・エネルギーの枯渇問題，それらに対応するための環境規制の強化，さらには，消費者側の環境問題への関心の高まり等々から，大きく変わらざるを得なくなった。そして企業の対応も，規制追随型（受動的）から事前対応型（予防的）へ，さらに機会追求型（戦略的）へと変化しつつある。すなわち，自らを取り巻く新たな経営環境下での「生き残り戦略」と位置づけたり，より積極的に「新たなビジネスチャンス」ととらえて対応する企業が増加している。とはいえ，なお多くの企業が環境問題を経営に内部化し，環境対応を経営戦略の根幹に据えるまでに至っているわけではない。法規制が強まり，否応なしに対応を迫られている側面も強い中で，経営体力に劣る企業，とりわけ地域企業のなかには，環境保全活動自体に限界を感じているものが多いのも事実である。しかし，そうした地域企業であれ，環境対応はいわば必然的な経営課題であり，通常の経営課題と並行して実行すべきテーマなのである。従って，全ての事業展開と同様に環境対応においても，「個別的対応」（自助）を基本にしつつ，「組織的対応」（共助）や「公的・制度的対応」（公助）と連携し，循環型社会構築の担い手となることが求められる。

第 10 章　企業の環境問題への対応と課題

はじめに

　資源の大量投入を通じた大量生産・流通・消費を前提とする経済システム，つまり，量的拡大を追求することで成立する経済システムは，廃棄物の大量排出という結果を生み出すことを通じて，現代社会に「環境問題」を突きつけた。そして，この経済システムのもとでの企業活動・産業活動の結果として生じた環境への深刻な影響が，"公害問題"から"環境問題"と呼ばれるようになり，さらに現在では，"地球環境問題"と呼ばれるに至っている。
　わが国における 1960 年代の高度経済成長下で顕在化した公害問題の時代には，環境破壊をもたらす経済（産業）活動主体やその影響範囲は限定されるとの認識が一般的であったのに対し，1980 年代以降，環境に種々の負荷を与える主体と認識される範囲が拡大し，さらに，その影響もより広範囲（地球規模）に及ぶ，との認識に変化したことを反映している。環境破壊という表現（認識，概念）自体がきわめて衝撃的であるにもかかわらず，今日，世界各地でごく当然のごとく常用されており，そうした深刻な事態を生み出している現代経済システムが，いまや一国経済社会の枠を超える地球的規模で，その展開・維持の限界に直面しつつあることを示しているのである。
　そうした中から，「持続可能な開発」や「循環型経済社会システムの構築」が緊急な課題として喧伝され，その実現に向けた多様な方策が検討されてきた。この循環型経済社会システムの構築には，"地球環境問題"という呼称自体が象徴している課題，すなわち，グローバル化した現代経済が抱える課題への，各国民経済の全体としての対応が必要となる。先進国経済と発展途上国経済で対応内容や対応順序に違いがあるとしても，対応が必要かつ緊急だという点では同じである[1]。
　そして，その対応活動を担うべき主体は，「三つの市民」といわれる国民市民，企業市民，行政市民であり，その中でも経済活動の中核を担う企業市民の果たすべき役割は極めて大きく重要である。また，その企業は，同種の経

済活動の集合体としてひとつの産業を形成し，その中で規模を異にしつつ一定の地域に立地する。したがって，企業の対応を検討する際に重要なのは，あらゆる国民経済が地域経済の集合体であるという点，つまり，環境問題への国民経済の対応を考えるに際しても，それは個別地域経済社会の対応の累積であるという視点であり，さらに，その個別地域経済を担う重要な経済活動主体が「地域企業」（地域に存立する中小規模企業）であるという視点，だと考える。

そこで本稿では，上述の視点に立ち，その地域経済を担う企業の環境問題への対応を根底に，環境ビジネスの展開状況と今後の課題について検討する。まず第1節で環境問題への企業の対応変化を概観し，第2節で対応変化を企業に迫る背景を整理する。その上で，第3節では企業の具体的対応である環境ビジネスの現況を紹介し，第4節で，環境ビジネス展開の課題について地域企業に焦点を当てつつ検討する。

1．環境問題への企業の対応変化

地球環境問題は，現代社会に対して，自然と人間の関係がいかにあるべきかという課題への回答を迫り，自然と人間の「共生」というルールの確立が必要であること，そのためには，従来の社会経済的パラダイム（枠組み）の転換が必要であることを認識させた。これは，社会のさまざまな分野で環境に配慮した対応が要請されることにつながり，国民生活に必要な製品やサービスを提供する産業経済活動の担い手である企業も，この要請から逃れることは出来ない。

もちろん，企業は，市場経済のもとで最大限の収益をあげること（利潤極大化の原理）を活動の原点としている。経営諸資源（ヒト，モノ，カネ，情報）を効率的・合理的に投下・運用し，コストを可能な限り抑制し，収益を確保して企業経営活動を持続することがその目的なのである。環境問題への対応は，主としてこのうちのコスト抑制と対立し，企業活力を削ぐもの，環境対策は企業にとって収益を生まない投資，つまり，コストを増加させ生産

第10章　企業の環境問題への対応と課題

性を低下させる要因であり，環境と経済（経営）は対立する，と長らく考えられてきた。

しかし，そうした企業側の認識は，産業経済活動の結果として顕在化し深刻化した環境汚染や廃棄物問題，資源・エネルギーの枯渇問題，それらに対応するための環境規制の強化，さらには，消費者側の環境問題への関心の高まり等々から，大きく変わらざるを得なくなった[2]。企業を取り巻くさまざまな外的条件（経営環境）は常に変化し，企業はその変化に適応しつつ存続を図るものであるが，現代の条件変化のうち最も大きなインパクトを与えているのがこの環境問題なのである。

したがって現代の企業には，環境に配慮する経営姿勢が求められ，また，国内的視点からばかりではなく国際的視点からも環境調和型経営が求められており，環境問題への対応を組み込んだ新たな経営戦略の構築が不可避となっているといえる。例えば，三上富三郎氏は，「売上高・利益・シェア優先の旧型エクセレント・カンパニーの時代は終わって，新しい人間・社会・環境型企業の時代になってきた。……これからの企業存立条件も経営評価も，在来の経済性のほかに人間性，社会性，環境性を加えると同時に，この三つの視点から在来の経済性を見直していかなくてはならない……」[3]と，強調しておられる。

もちろん，この環境問題の発生は，企業経営にとっては決して突発的な経営環境変化ではない。すでに述べたように，わが国における環境問題への社会的関心は，1960年代の公害問題から，1980年代に顕在化したグローバルな地球環境問題へと拡大してきたが，それとともに，企業が考慮すべき経営環境としての環境問題の範囲も拡大し，深化してきた。その意味で，現在の環境問題は，企業経営にとっては古くて新しい経営課題なのであるが，従来型の公害問題に対する日本企業の対応を，公害発生防止技術，環境保全技術の開発と保有という面から見れば，その後の環境問題への対応の重要な技術的基盤として高く評価されている。

ところが，現在の多様化と広域化が進む環境問題への対応という面から見れば，公害問題の時期に主流であった事後的対策（エンド・オブ・パイプ）で

は不十分であり，製品の設計，製作，流通はもちろん，さらに廃棄までも考慮した根源的かつトータルな環境対策が求められるようになっている[4]。つまり，事業活動全般において環境配慮型経営へと向かう経営理念の確立，経営戦略の発想転換が，緊急かつ不可欠になってきており，現在の企業には，従来とは異なる経営環境のもとでの経営行動が求められているのである。そこには，従来の公害問題時代とは異なる特徴が現れていると考えられる。その特徴とは，一方での環境ビジネスの対象範囲の変化（拡大）であり，他方での担い手の変化（多様化）ではないだろうか。

つまり，地球環境問題時代に入ると，環境問題として意識される対象の拡大と対応課題の深化が急速に進行してきた。当然それに伴って，従来の公害防止・省エネ型の環境ビジネスだけではなく，多様な分野で環境関連産業・事業が立ち上がることになり，現在，環境問題に関わるビジネス範囲は，経済社会のすべての分野に"拡大"しつつあるといっても過言ではない。

さらにもうひとつの注目される変化は，環境ビジネスの担い手の"多様化"である。公害問題時代までは装置型産業や組立型産業の大規模企業が担い手の中心に位置し，地域に存立する企業はそれらとの関連の中で環境ビジネスに関与していたものがほとんどであった。もちろん，従来の担い手がなお確固たる位置を占めているとはいえ，現在の環境問題はそれらだけでは対応できないまでに拡大し，今後はより深化していくであろう。となれば，業種や企業規模や地域などの如何を問わず，すべての経済活動主体が担い手として登場することが要請されることになる。

このように環境ビジネスの対象範囲が拡大し，担い手が多様化するということは，現在の循環型経済社会追求時代には「環境の企業化」を基盤にしつつ「企業の環境化」が進行していく，ということを意味する。すでに触れたように，環境問題の進展とともに環境ビジネスの内容・範囲が拡大しているとはいえ，現在も，「環境の企業化」が環境ビジネスの中心にあることは事実である。ここでいう「環境の企業化」とは，"環境に関わる問題点の解決"を直接的な経営課題とし，ビジネスとして経営することであり，今後とも環境ビジネスの中心に位置することに変わりはあるまい。

だが，ここで注目したいのは，それと同時に「企業の環境化」が進行する，という側面である。これは，経営活動の対象が環境問題に直属していない企業であっても，もはや環境問題を抜きにした経営は出来なくなっていることから生じる。廃棄物問題を例に取れば事態は明らかである。製造業ばかりではなく商業であっても流通業であっても，そのほとんどは経営活動の結果廃棄物を発生させており，直接的な環境関連企業でなくとも環境問題と無縁な存在ではあり得ない。つまり，"廃棄物処理業"は「環境の企業化」を体現するものであるが，廃棄物を発生させるすべての経営活動が「企業の環境化」を体現している，といえるのである。

そこから，企業の環境問題への対応は，一方では，新たな時代での「生き残り戦略」として，他方では，時代に対応する「新たなビジネスチャンス」として位置づけられる二重の性格をもつものになっている，といえるであろう。

2．対応変化を企業に迫る背景

前節で述べた「環境の企業化」と「企業の環境化」が同時進行するなかで，企業経営は必然的に環境問題を意識した対応に変化せざるを得なくなっている。後にみるように，今後の環境ビジネスは，廃棄物処理やリサイクル関連の分野を中心にして各方面で成長すると予測されている。では，企業が環境問題への対応をビジネスとして展開し，そうした予測が生まれるようになるのは，どのような社会経済的背景に基づいているのであろうか。

その第1は，環境問題への社会的な関心の拡大と認識の変化である。人間の生活活動において，また企業の経済活動においても，環境にまったく負荷をかけない活動などあり得ず，環境問題にはすべての人間と同様に企業も責任を負うという認識が，すでに社会的コンセンサスとなっているからである。つまり，資源・エネルギーの使用を極力抑制するとともに，廃棄物を可能な限り再資源化して利用する"循環型経済社会"が今後の社会経済モデルになるとの認識が共通化し，産業経済界全体に対してはもちろん，個別企業

にも具体的な対応策を迫る段階に変化しているからである。

　第2は，環境関連法規制の強化と性格変化である。周知のように，従来の環境規制は，被害や事故発生後の処理対策的性格が強かった。しかし，現在の規制には予防的性格をその理念とするものが増えてきている。基本的枠組法としての「環境基本法」(1994年)や「循環型社会形成推進基本法」(2001年)に基づき，廃棄物適正処理の拡充強化のための「改正廃棄物処理法」(2001年)や，リサイクル推進の拡充整備のための「資源有効利用促進法」(2001年)が制定されたが，それらは，廃棄物の発生抑制（予防）対策の強化を目指している。また,「容器包装リサイクル法」(2000年),「家電リサイクル法」(2001年),「食品リサイクル法」(2001年),「建設リサイクル法」(2002年),「自動車リサイクル法」(2005年施行予定)等々の，個別物品の特性に応じた各種の環境関連法にも，そうした理念が盛り込まれており，規制対象業種や企業の範囲，さらには負うべき責任範囲も拡大している。これまた，産業経済界全体はもちろん個別企業に対しても，環境対策への取り組みをうながす大きな要因となっている。

　第3は，環境リスク，環境コストの増大である。近年，日本各地で発生している廃棄物処理をめぐるトラブルや環境関連事故への訴訟は，企業に環境リスクの増大を意識させ，企業イメージの低下懸念を拡大させている。また，規制強化による廃棄物処理コストの増大は，従来の経営戦略の見直しを迫る要因ともなってきている。こうしたリスクやコストの増大は，企業に，環境問題への対応を経営とは対立するものと位置づけ，消極的・受動的であった姿勢を変化させている。環境リスク，環境コストの回避が，むしろ企業利益の増大につながる要因となるからである。

　第4は，取引条件の環境化である。それを象徴するのが，環境管理の国際標準であるISO 14001やISO 9000認証取得を企業間取引の条件とする動きや，環境負荷の小さい部品や原材料を購入しようというグリーン購入・調達の動きなどであり，取引条件に環境側面を付加した要求が強まっている。今後とも否応なく強まるであろう企業経営の国際化（グローバル化）の動きからはもちろん，各国内での取引条件の環境側面重視の動きからも，企業は，

その所属する業種，存立する地域，あるいは規模の如何を問わず，環境対策を強化する必要性に迫られ続ける。

このような要因の重なり合いを背景として，環境問題への対応は，あらゆる企業にとって不可避な経営課題となっているのであり，次第に企業の存続そのものをかけた重要な経営戦略として位置づけざるを得なくなってきている[5]。

とはいえ，環境対策が個別企業にとって新たなコスト負担となる側面は否定できないし，また，新たな環境関連ビジネスへの取り組みを開始し，経営を維持し，発展させるためには多くの課題があることも事実である。しかし，かつての公害や自動車の排気ガス規制への対応とその成功が示しているように，現代のグローバル経済のもとでは，環境問題への早い対応が新しい技術を生みだし，競争力を強化し，市場を開拓・確保するチャンスをもたらすのである。この点こそが，企業が環境ビジネスに取り組もうとするインセンティブであり，また，経営上の背景となっているといえるであろう。

以上，企業に対応変化を迫る背景について整理したが，それを踏まえてここでは更に，これらの背景と地域企業との関連について言及しておきたい。結論を先取りすれば，上述したような諸点を背景とする事態変化は地域企業にもそのまま当てはまり，地域企業もその採るべき対応の根幹は同じとならざるを得ない，ということである。

すなわち，従来，環境問題に対応し環境ビジネスを展開してきたのは，産業分野では環境問題そのものを対象とする業種が，規模では大規模企業が中心であり，地域企業の中では環境問題関連のベンチャービジネスがスポットライトを浴びてきた。しかし，既述の「企業の環境化」は，地域経済社会のあらゆる分野で進行し，大規模企業やベンチャービジネスだけではなく，地域企業のすべてがその担い手になると考えられる。その意味で，今後は，地域企業を循環型経済社会システム構築の重要な担い手として認識し直す必要があるのである。

しかも，国民経済の循環型社会への転換には，地域経済そのものの循環型社会化が不可欠であり，その地域経済の主要な担い手は地域企業なのであ

る。事業所ベースでみれば 99 %を，従業員ベースでは 80 %近くを占める地域企業は，地域経済の重要な構成員である。もちろん，その個別側面での零細性から生じる限界はあるにしても，それらの集積側面をみれば，地域経済にとってのその影響はきわめて大きく，環境問題への対応においても同様である。さらに，環境問題には製造業だけでなく商業，流通業，サービス業等，すべての産業分野が対応しなければならない。これらあらゆる分野での対応なくしては，環境問題の象徴ともいわれる廃棄物問題にも対応できないし，地域企業は，そのすべての分野で活動しているのである。

　それに加えて，現代経済の変容そのものからも地域企業の重要な役割が浮かび上がる。いわゆる"静脈産業論"との関わりから生じる視点である。現在の経済・産業活動の流れは，資源投入による諸商品の生産，流通，さらに消費活動までの動脈部分（動脈産業）と，消費活動後に生じる廃棄物の収集・処理・再資源化活動の静脈部分（静脈産業）の，二側面から成り立っている。したがって，有限資源の有効活用と環境負荷の軽減には，この二側面を効果的に結合した循環型経済・産業システムの確立が必要となる。ところが，後者の静脈部分（静脈産業）は，現実的にはなお経済・産業活動の後景に位置しているといわざるを得ない。有限資源を有効に活用し環境負荷の軽減をはかって循環型経済システムを構築するには，この静脈部分（静脈産業）を経済・産業活動のひとつの主体として確立させ，廃棄物の処理，再使用，再利用をシステム化し定着させることが不可欠となってきている。この静脈産業確立の出発点に位置しているのが地域企業活動だと考えるからである。

　では，こうした背景のもとで展開されている環境問題への企業の対応，すなわち，環境ビジネスの具体的な姿はいかなるものであろうか。

3．環境ビジネスの現況

　ここでは，環境ビジネスがどのような姿をとって現れているか，その形態区分についてみると，これまで，以下のようなさまざまな基準に基づいた考

え方が示されてきた。

　まず，環境ビジネス分類の嚆矢となった『平成6年度版環境白書』に示されたものがある。①環境負荷を低減させる装置の製造，②環境への負荷の少ない商品の製造，③環境保全に資するサービスの提供，④社会基盤の整備等，という四つの領域に区分されている。

　さらに，「狭義の環境ビジネス」と「広義の環境ビジネス」に大別する考え方がある。「狭義の環境ビジネス」は，いわゆる公害時代と石油危機後の省エネ時代の環境ビジネスで，水質汚濁防止，大気汚染防止，騒音・振動防止，ゴミ処理装置等，エンド・オブ・パイプ型の公害防止装置製造ビジネスを指す。これに対して「広義の環境ビジネス」は，地球環境問題の顕在化に伴って拡大した環境ビジネスで，環境修復・創造関連分野，環境調和製品関連分野，さらにはサービスを含めた環境支援関連分野等々，狭義の環境ビジネスを含む幅広い分野を指している[6]。

　また，①技術系環境ビジネス，②人文系環境ビジネスに大別する考え方もある。このうち，①技術系環境ビジネスは，「環境装置や各種のテクノロジーなどいわばハードによって形成される」環境関連ビジネスであり，他方，②人文系環境ビジネスは，「コンサルティングや情報産業などを含むソフト・サービス系のビジネス」で，金融や流通を含む分野の環境関連ビジネスが挙げられている[7]。

　なお，OECD（国連：経済開発協力機構）が発表した環境ビジネスに関するマニュアル「環境製品とサービスについての産業」に基づく分類では，①環境汚染管理（装置及び汚染防止用資材の製造，サービスの提供，建設及び機器の据え付け），②環境負荷低減技術及び製品，③資源管理，の三つに大別されている。

　いずれにせよ，環境問題として認識される範囲が拡大するにつれて，環境ビジネスの範囲も拡大しており，さまざまな形態区分が考えられることになる。ここでは，"環境産業の需要目的"と"環境産業の供給形態"を分類の軸とする考え方を示しておきたい（図1）。これは，「公害防止」「循環形成」「環境修復・環境創造」「環境調和型エネルギー利用」という"環境産業

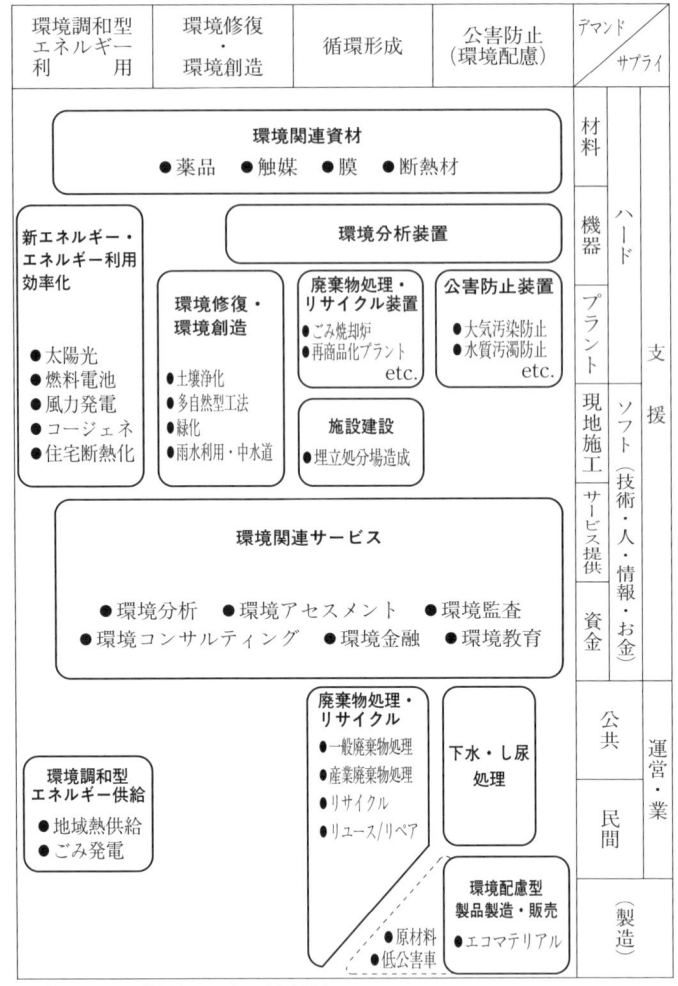

	環境調和型エネルギー利用	環境修復・環境創造	循環形成	公害防止(環境配慮)	デマンド／サプライ		
	環境関連資材 ●薬品　●触媒　●膜　●断熱材				材料	ハード	支援
	新エネルギー・エネルギー利用効率化 ●太陽光 ●燃料電池 ●風力発電 ●コージェネ ●住宅断熱化	環境分析装置			機器		
		環境修復・環境創造 ●土壌浄化 ●多自然型工法 ●緑化 ●雨水利用・中水道	廃棄物処理・リサイクル装置 ●ごみ焼却炉 ●再商品化プラント etc.	公害防止装置 ●大気汚染防止 ●水質汚濁防止 etc.	プラント		
			施設建設 ●埋立処分場造成		現地施工	ソフト(技術・人・情報・お金)	
	環境関連サービス ●環境分析　●環境アセスメント　●環境監査 ●環境コンサルティング　●環境金融　●環境教育				サービス提供		
					資金		
	環境調和型エネルギー供給 ●地域熱供給 ●ごみ発電		廃棄物処理・リサイクル ●一般廃棄物処理 ●産業廃棄物処理 ●リサイクル ●リユース/リペア	下水・し尿処理	公共		運営・業
					民間		
			●原材料 ●低公害車	環境配慮型製品製造・販売 ●エコマテリアル	(製造)		

出典：牧野昇『環境ビジネス新時代』

図1　環境ビジネスの分類

の需要目的"を整理の横軸に置き,「環境対策のハード的支援」「環境対策のソフト的支援」「運営・業(環境ビジネスへの取り組み)」「製造(環境配慮型製品の製造・販売)」という"環境産業の供給形態"を整理の縦軸にして,具体的な環境ビジネスがどのような位置にあるのか,どのような環境負荷に

対応するビジネスか，を示したものである。環境ビジネスの「需要サイド」と「供給サイド」の関係，さらにはその拡がりが理解できる。

では次に，こうした姿をとって現れている環境ビジネスは，どのような規模に達しているのであろうか。

表1は，わが国における環境ビジネスの市場規模と雇用規模の現状と将来予測を，環境省が推計したものである（『平成15年版環境白書』）。市場規模からみると，平成12年では約30兆円であるが，平成22年には約47兆円へと約57％の伸びを，さらに平成32年には平成12年のほぼ2倍の約58兆円に達すると予測している。他方の雇用規模では，平成12年の約77万人から平成22年には約112万人に，平成32年には約124万人に増加すると推計している。環境ビジネスの市場規模を分野別にみると，現在最も大きいのは資源有効利用分野の「再生素材」であり，それに次ぐのが環境汚染防止分野の「廃水処理設備」，そして「廃棄物処理」であるが，今後の市場シェアが大きくなると予測されているのは，「廃棄物処理」サービスである。

もちろん，これらの数値はあくまでも推計上のものであり，また，環境ビジネスの範囲をどこまでに定めるかによって規模の計算は異なってくるので，正確な統計上の数値を明らかにすることは大変困難である。しかし，表1で，"データ未整備のため「－」となっている"分野を加えると環境ビジネスの規模は相当に大きく，また，今後のその拡大・成長は確かだと言えよう。

この環境ビジネスの拡大・成長を他の側面から示すのが，表2である。これは，環境省が実施している「環境にやさしい企業行動調査」の結果である。調査対象が，東京・大阪・名古屋証券取引所1部および2部上場企業と，従業員500人以上の非上場企業であり，いずれも大企業であって中小規模の地域企業は含まれていないが，その経年変化をみると，環境ビジネスが拡大している様相が示されている。

この表2は，平成12年度から14年度までの調査結果であるが，12年度以前の結果を合わせてその経年変化をみると，最も特徴的なのは，環境ビジネスを「既に事業展開している，又はサービス・商品等の提供を行ってい

表 1　わが国の環境ビジネスの市場規模及び雇用規模の現状と将来予測についての推計

環境ビジネス	市場規模（億円）			雇用規模（人）		
	平成12年（※）	平成22年	平成32年	平成12年（※）	平成22年	平成32年
A. 環境汚染防止	95,936	179,432	237,064	296,570	460,479	522,201
装置及び汚染防止用品資材の製造	20,030	54,606	73,168	27,785	61,501	68,684
1.大気汚染防止用	5,798	31,660	51,694	8,154	39,306	53,579
2.排水処理用	7,297	14,627	14,728	9,607	13,562	9,696
3.廃棄物処理用	6,514	7,037	5,329	8,751	6,676	3,646
4.土壌，水質浄化（地下水を含む）	95	855	855	124	785	551
5.騒音，振動防止用	94	100	100	168	128	-
6.環境測定，分析，アセスメント用	232	327	462	981	1,050	1,124
7.その他	-	-	-	-	-	-
サービスの提供	39,513	87,841	126,911	238,989	374,439	433,406
8.大気汚染防止	-	-	-	-	-	-
9.排水処理	6,792	7,747	7,747	21,970	25,059	25,059
10.廃棄物処理	29,134	69,981	105,586	202,607	323,059	374,186
11.土壌，水質浄化（地下水を含む）	753	4,973	5,918	1,856	4,218	4,169
12.騒音，振動防止	-	-	-	-	-	-
13.環境に関する研究開発	-	-	-	-	-	-
14.環境に関するエンジニアリング	-	-	-	-	-	-
15.分析，データ収集，測定，アセスメント	2,566	3,280	4,371	10,960	14,068	17,617
16.教育，訓練，情報提供	218	1,341	2,303	1,264	5,548	8,894
17.その他	50	519	987	332	2,487	3,481
建設及び機器の据え付け	36,393	36,985	36,985	29,796	24,539	20,111
18.大気汚染防止設備	625	0	0	817	0	0
19.排水処理設備	34,093	35,837	35,837	27,522	23,732	19,469
20.廃棄物処理施設	490	340	340	501	271	203
21.土壌，水質浄化設備	-	-	-	-	-	-
22.騒音，振動防止設備	1,185	809	809	956	536	439
23.環境測定，分析，アセスメント設備	-	-	-	-	-	-
24.その他	-	-	-	-	-	-
B.環境負荷低減技術及び製品（装置製造，技術，素材，サービスの提供）	1,742	4,530	6,085	3,108	10,821	13,340
1.環境負荷低減及び省資源型技術，プロセス	83	1,380	2,677	552	6,762	9,667
2.環境負荷低減及び省資源型製品	1,659	3,150	3,408	2,556	4,059	3,673
C.資源有効利用（装置製造，技術，素材，サービス提供，建設，機器の据え付け）	201,765	288,304	340,613	468,917	648,043	700,898
1.室内空気汚染防止	5,665	4,600	4,600	28,890	23,461	23,461
2.水供給	475	945	1,250	1,040	2,329	2,439
3.再生素材	78,778	87,437	94,039	201,691	211,939	219,061
4.再生可能エネルギー施設	1,634	9,293	9,293	5,799	30,449	28,581
5.省エネルギー及びエネルギー管理	7,274	48,829	78,684	13,061	160,806	231,701
6.持続可能な農業，漁業	-	-	-	-	-	-
7.持続可能な林業	-	-	-	-	-	-
8.自然災害防止	-	-	-	-	-	-
9.エコ・ツーリズム	-	-	-	-	-	-
10.その他（自然保護，生態環境，生物多様性等）	107,940	137,201	152,747	218,436	219,059	195,655
総　　計	299,444	472,266	583,762	768,595	1,119,343	1,236,439

注1：データ未整備のため「－」となっている部分がある。
　2：平成12年の市場規模については一部年度がそろっていないものがある。
　3：市場規模については，単位未満について四捨五入しているため，合計が一致しない場合がある。
資料：環境省
出典：『平成15年版環境白書』

第10章 企業の環境問題への対応と課題

表2 環境ビジネスについて

> **11-1.** 貴組織では，環境ビジネスをどのように位置付けていますか。1つ選んで○を付けて下さい。
> ① 既に事業展開をしている，又はサービス・商品等の提供を行っている
> ② 今後，事業展開をする，又はサービス・商品等の提供を始める予定がある
> ③ 現状では何もしていないが，今後取り組みたい
> ④ よくわからない
> ⑤ その他

経年集計結果			①既に事業展開	②今後事業展開予定	③今後取り組みたい	④よくわからない	⑤その他	回答なし	参考1 研究・開発段階	参考2 ユーザーとして関係したい	サンプル数
上場	平成14年度	件数	561	83	341	240	83	15	-	-	1,323
		%	42.4	6.3	25.8	18.1	6.3	1.1	-	-	100.0
	平成13年度	件数	563	115	317	190	98	8	-	-	1,291
		%	43.6	8.9	24.6	14.7	7.6	0.6	-	-	100.0
	平成12年度	件数	462	38	164	66	22	11	105	302	1,170
		%	39.5	3.2	14.0	5.6	1.9	0.9	9.0	25.8	100.0
非上場	平成14年度	件数	398	93	490	486	131	46	-	-	1,644
		%	24.2	5.7	29.8	29.6	8.0	2.8	-	-	100.0
	平成13年度	件数	402	99	483	444	138	41	-	-	1,607
		%	25.0	6.2	30.1	27.6	8.6	2.6	-	-	100.0
	平成12年度	件数	363	56	292	102	49	35	97	525	1,519
		%	23.9	3.7	19.2	6.7	3.2	2.3	6.4	34.6	100.0
合計	平成14年度	件数	959	176	831	726	214	61	-	-	2,967
		%	32.3	5.9	28.0	24.5	7.2	2.1	-	-	100.0
	平成13年度	件数	965	214	800	634	236	49	-	-	2,898
		%	33.3	7.4	27.6	21.9	8.1	1.7	-	-	100.0
	平成12年度	件数	825	94	456	168	71	46	202	827	2,689
		%	30.7	3.5	17.0	6.2	2.6	1.7	7.5	30.8	100.0

出典：環境省「平成14年度 環境にやさしい企業行動調査」

る」との回答比率が年を追って増加してきていることである（ただし，平成14年度は，13年度に比べ若干低下している）。これに「今後，事業展開をする，又はサービス・商品等の提供を始める予定がある」との回答を合わせると，平成14年度には，上場企業で5割近くまで，非上場企業でもほぼ3割までに増加している。先に，「環境の企業化」から「企業の環境化」への進展について述べたが，その様相がここにも現れていると言える。

では，このように進展しつつある環境ビジネスの今後の展開には，どのような課題が残されているのであろうか。以下，量的な拡大と質的な進展・深化が期待される地域企業にとっての課題に焦点を当てて整理し，本稿のまとめとする。

4．企業による環境ビジネス展開の課題
――地域企業にとっての課題を中心に――

これまでみてきたように，環境問題への企業の対応は，"環境か経済（経営）か"から"環境も経済（経営）も"へと大きな変化を示してきた。とはいえ，なお多くの企業が環境問題を経営に内部化し，環境対応を経営戦略の根幹に据えるまでに至っているわけではない。法規制が強まり，否応なしに対応を迫られている側面も強い中で，経営体力に劣る企業，とりわけ地域企業のなかには，環境保全活動自体に限界を感じているものが多いのも事実である。

しかし，そうした地域企業であれ，環境対応はいわば必然的な経営課題であり，通常の経営課題と並行して実行すべきテーマなのである。環境対応に限らず，企業の経営上の問題点克服に関しては，すべての事業展開面において，「自助」，「共助」，「公助」の連携が必要となる。つまり，「個別的対応」，「組織的対応」，「公的・制度的対応」の適切な組み合わせの必要性であり，環境ビジネスも例外ではあり得ない。とりわけ，経営資源の確保とその活用において，大企業に比べ相対的に劣悪な条件にさらされがちな地域企業にとっては，環境問題への対応という今や不可避となった経営課題に対処するには，これら三つの対応を有機的に組み合わせることが不可欠となろう。

第10章　企業の環境問題への対応と課題

　その中で第1に重要なのは，当然のことながら地域企業自身の個別的対応である。そして，環境ビジネスへの対応の場合の出発点は，地域企業における"環境問題意識の涵養"にある。これまで実施されたさまざまな調査結果を見ると，その環境問題への関心度は大規模企業と同様に高い。とりわけ，自らの身近な環境問題への関心度が共通して高く，また，実際に取り組んでいる環境問題も，自らの企業活動から生じている現実的な環境問題対策が中心となっている点は，環境問題への対応の立脚点の確かさとして評価される。ここでは，今後留意すべき点として，環境関連事業への参入意思決定に際しては，自らの経営諸資源を「五適の発見」(適所・適時・適質・適量・適法) に基づいて投入すべきだということを強調しておきたい。

　第2に，個別的対応を基礎にした上での組織的対応，ネットワークの形成が重要である。環境ビジネス経営主体はあくまでも個別企業であり，その自主的・自律的な対応が基本である。しかし，個別企業，特に地域企業にとっては，環境問題やリサイクル問題に関する正確な各種情報の収集，あるいはリサイクル技術やノウハウの開発・取得等には相当な困難がつきまとう。したがって，環境問題に関するネットワークを形成すれば，そこでの情報交換や技術交流を通じて，自社の活動のみでは限界のある部分を乗り越え，より効果的な環境問題への対応策を実現できる可能性が生じる。そのネットワークは，異業種交流によるもの，業界団体によるものが代表的である。これらについては，投資コストの低減化を図れる協同化として，異業種交流による業種横断的な環境ビジネスの実現や，単独の地域企業では困難なISO 14000やISO 9000シリーズの協同組合方式による認証取得が，各地域や業界から数多く報告されている。今後，こうした組織的対応は一層増加すると予想されるが，さらに地域ごと，業種ごとに組織されている環境ビジネス関係団体が，それぞれの枠を超えて広域的に連携する動きが強まれば，より質の高い情報交換や技術交流による対応が可能になり，そこからも地域企業のビジネス展開力は強化されるであろう。

　第3に，個別的対応を基盤とし，組織的対応で強化される環境ビジネスを補完するのが，公的・制度的対応である。とりわけ，地域企業では，新たな

ビジネスチャンスとしての環境関連事業に対する関心と期待は高いものの，展開に必要な経営諸資源の不足がネックとなっているのが現実である。その点を打開し，循環型経済社会構築につながる環境ビジネスを育成するためには，政策的対応の強化が緊急かつ不可欠となる。具体的には，環境ビジネス関連情報の相互受発信体制の強化，環境関連技術開発施策の拡充と開発技術の提供，関連予算措置の拡充・融資制度の整備・開発助成制度の創設等の金融面や税制面からの対応，さらには，自治体によるグリーン購入制度の強化等々，多様な措置が挙げられる。もちろんこれらは公的な分野に限られるものではなく，資金面で環境分野を投資対象とするベンチャーキャピタルの発足や，エコファンドの運用開始がみられるが，それらはなお限定的であり，当面の緊急措置としても，公的分野が果たすべき役割は大きいといわざるを得ないからである。

　こうした諸対応を有機的に連動させ，環境関連地域企業の育成・強化を図って地域経済を活性化させることが，国民経済の展開方向として重要であろう。

おわりに

　特に近年，日本経済の活力減退が懸念され，そのひとつの証左として事業所開業率の趨勢的低下，廃業率が開業率を上回る開廃業率の逆転現象が指摘される。これは，産業構造の変化に伴う非効率的企業の淘汰を示す面はあるものの，市場参入新規企業がもたらす経済活力や雇用創出力の低下を意味しており，当然それは，地域経済の沈滞を反映している。したがって，現在必要なのは，経済社会において地域企業が持つ苗床機能や新陳代謝機能を強化することだと考える。そして，地域企業の環境ビジネスへの参加を通じて，経済活力への苗床機能や新陳代謝機能を発揮するものが増加して地域経済の活性化が図られ，それがひいては循環型経済社会の構築につながる，と考える。

第10章 企業の環境問題への対応と課題

注

1) アースポリシー研究所のレスター・ブラウン所長は、国際シンポジウム「21世紀に生きる子どもたちと人類の未来のために――『環境』と『愛・地球博』」での基調講演で、「環境破壊に支えられたあらゆる経済分野のバブルが破裂すれば、経済も自然環境も決定的なダメージを受ける。そうなる前に、我々は、自然の能力と経済システムの関係を見直す必要がある。そして一刻も早く対策を講じ、環境的な視点をベースとした新しい世界経済のシステムを構築すべきだ。これは非常な困難を伴うが、多くの国々が協力すれば可能だ。……地球環境の現状を考えれば、我々の選択肢は、従来のような経済活動を優先する「プランA」ではなく、新しいエネルギーエコノミーを再構築する「プランB」しかない。地球の長期的な発展は、いかに早く、この「プランB」を選択するかにかかっている」(日本経済新聞、2003年9月20日) と警告し、現代経済システムの変更と、国際間の協調の重要性を主張している。
2) "財界の総本山"とも呼ばれた「経済団体連合会（経団連）」は、1991年4月に「経団連地球環境憲章」を発表し、その基本理念を「企業の存在は、それ自体が地域社会はもちろん、地球環境そのものと深く絡み合っている。……われわれは、環境問題に対して社会の構成員すべてが連携し、……企業も、世界の「良き企業市民」たることを旨とし、また、環境問題への取り組みが自らの存在と活動に必須の要件であることを認識する」としている。さらに1996年7月には「経団連環境アピール――21世紀の環境保全に向けた経済界の自主的行動宣言」を発表し、地球温暖化対策、循環型経済社会の構築、環境管理システムの構築と環境監査等についての具体的取り組みを行うことを宣言している。
3) 三上富三郎『共生の経営診断』同友館 (1994年) 44-45頁。
4) "逆工場"、あるいは"インバース・マニュファクチャリング"という発想がその一例である。これは、資源を使って製品を市場に出すという現在の製造業は、持続性・循環性に欠ける点で不完全であり、そうした従来の製造業での生産方法を転換して、設計段階から廃棄やリサイクルを視野に入れたものにしなければならない、という考え方である。吉川弘之＋IM研究会編著『逆工場』(日刊工業新聞社、1999年)、梅田　靖編著『インバース・マニュファクチャリング』(工業調査会、1998年) 参照。
5) しかしながら、環境保全と企業利益を両立させることは容易なことではない。環境経営への取り組みで成果を挙げていると評価されている「㈱リコー」の桜井正光社長は、環境経営には3段階あるとして、「規制に対応しているだけなのが環境対応。自発的に環境負荷を低減するのが環境保全。さらに環境保全と利益の創出を絶えず組み合わせて考えるのが環境経営。そこまで行って、初めて環境は利益を生む」(日本経済新聞、2002年4月24日) と指摘している。
6) アーサー・D. リトル社 環境ビジネス・プラクティス著『環境ビジネスの成長戦略』ダイヤモンド社 (1997年) 14-15頁参照。

7）安藤　眞「環境ビジネスを俯瞰する」（環境情報科学センター『環境情報科学 29 巻 1 号』所収）参照。

参考文献

山口光恒『地球環境問題と企業』岩波書店，2000 年。
牧野　昇『環境ビジネス新時代』経済界，2001 年。
佐々木　弘編著『環境調和型企業経営』文眞堂，1997 年。
行川一郎『現代企業の環境対応』泉文堂，1992 年。
地代憲弘編著『地球環境と企業行動』成文堂，1998 年。
鈴木幸毅編著『環境ビジネスの展開』税務経理協会，2001 年。
鈴木幸毅編著『循環型社会の企業経営』税務経理協会，2000 年。
経済産業省・産業構造審議会環境部会「循環ビジネスの自律的発展を目指して」，2002 年。
環境省「平成 14 年度　環境にやさしい企業行動調査」，2003 年。
環境省編『環境白書』各年版。
環境省編『循環型社会白書』各年版。

第11章
環境便益評価法における「カテゴリー・ミス」とCVMの展開可能性
―― 消費者選択と市民選択の融合を求めて ――

姫 野 順 一

要　旨

　本章は，環境便益評価における「カテゴリー・ミス」に注目し，近年環境改変のプロジェクトの評価等で採用されるようになってきたCBA（費用便益分析）と，そこで環境の代理評価法として重要な役割を果たすCVM（仮想評価法）の実践的可能性を探るものである。この課題は，環境経済学の厚生理論から公共選択理論への重心移動に対応している。

　環境分野で環境便益評価が応用されるのはプロジェクト評価，規制の再評価，自然資源損害評価，環境費用の推計，環境勘定といった広範な領域におよぶ。そこで「環境の価値化」は経済と環境を媒介する重要な媒体である。環境経済学の主流である新古典派的アプローチでは，消費者選択の視点から「外部不経済」を経済評価して「内部経済化」をはかり，公共経済学を志向する。しかしそこには「消費者視点」と「市民視点」の混同という，媒体における「カテゴリー・ミス」が忍び込む。

　CBAで重要な役割を果たすCVMに目をむけると，これは環境のステークホルダー（利害関係者）にアンケートを用いて環境財に対するWTP（支払意思額）を聞き，環境評価を確率統計的に集計するものである。この集計額には消費者選択におけるメタ・エコノミクスの部分（経済的に合理的な集計額）と，市民選択に関わるメタ・ポリティクス（政治的・倫理的に妥当な集計額）の部分が溶け込んでいる。これは新古典派アプローチのように一元的に消費者選択に帰属させられるものではない。

　であるとすれば，サゴスの主張するように，一方においてCVMのデザイン設計において市民的なコンテキストへの配慮が重要となるが，それは他方におけるメタ・エコノミクスにおける合理的な経済的選択を排除するものではない。したがってCVMを消費者視点と市民視点の融合したものとして慎重に設計するならば，定量的なWTPだけではなくそれに関わる（コンテキストを推測できる）定性的な環境属性や社会的な要因を同時に抽出することができる。とはいえ，CVMでは定量的なWTPに占める定性的な属性の割合を求めることはできない。そこで環境財の諸属性のトレードオフを定量的に分析できるコンジョイント分析等の環境評価法を併用するならばさらによりよい総合的な環境評価を獲得することが可能になる。

第11章 環境便益評価法における「カテゴリー・ミス」とCVMの展開可能性　　243

はじめに

　1990年代，環境問題の深刻化，地球環境問題のクローズアップと共に経済学と環境の新しい関係がクローズアップされ，資源や開発，経営のあり方と環境の便益評価をめぐり，環境経済学への関心が高まっている[1]。また，環境と人間の共生を目指す生態環境経済学 (Ecological Environmental Economics) も次第に市民権を獲得しつつある[2]。この比較的新しくディシプリンを確立しつつある環境経済学では，一方で経済便益の評価理論が環境政策における意思決定過程と密接に絡み，生態的環境経済学においては，社会学や自然諸科学といった他分野のディシプリンにまたがる問題群が学の射程とされている。本章では，この環境経済学のなかで次第に中心的な位置を占めつつある環境便益評価（代理価値法 Surrogate Valuation Methods）における「カテゴリー・ミス」（サゴス）に注目し，特にそのなかで重要な位置を占め，近年評価事例がめだつCVM (Contingent Valuation Method；仮想評価法) に焦点をあて，その可能性と展望を探ってみたい。
　ところで，環境経済学における新古典派アプローチを重視する国際ジャーナルである『環境資源経済学』*Environmental and Resource Economics* の，1998年号の特集は，「環境資源経済学のフロンティア」という環境経済学におけるスターナーとファンデンベルグによる研究のサーベイ論文を掲載している[3]。この論文によれば，環境経済学は，経済学における伝統的な一般均衡理論あるいは厚生理論から公共選択，エージェンシー理論，リスク・不確実分析への重心移動を反映し，その場合カッラロによれば「内生的成長理論」，「産業組織」（政策分析），「新取引理論」の三つが「環境経済学」に影響しているという。ここで，完全競争でも独占でもない市場，すなわち少数の市場参加者，市場構造の内生性や規模，R&Dの過剰，参加者の戦略性等に焦点があてられ，ゲーム論を分析道具とし，またさまざまな経験的「外部性」に注意が集まっているという。この「厚生理論から公共選択重心の移動」は，環境便益評価論における重心移動の問題でもある。このような重心

移動の背景には，環境問題に関して背後で環境交渉，環境条約の実施が急速に進むという現実がある。本章は，この環境経済学における厚生理論から公共選択理論への重点移動のなかで重要な位置を与えられる環境便益評価法，特にCVMの問題点を焦点としている。

　新古典派的アプローチは環境問題を「外部性」の問題と把握し，これを「市場に基礎をおく道具」で「内部化」させようと試みている。この場合，マーシャルが提唱しヒックスが批判的に継承した「消費者余剰」の概念を用いたCBA（Cost-Benefit Analysis；費用便益分析）が伝統的な分析手法である。このアプローチでは，環境財の評価においてWTP（Willingness To Pay；支払意思額：環境財入手の場合），またはWTA（Willingness To Acceptance；受取意思額：環境財喪失の場合）の推計に基づく「消費者余剰」すなわち便益の評価が重要な分析道具となる。その場合現実の市場を持たない環境財に対して発達してきたのが，その便益を代理的に評価するCVM等の環境便益評価法（代理的価値化）であった。ところで，ディーコンらはアメリカの環境経済学をサーベイでこの環境便益を析出する新古典派的アプローチを「制約の中での最大化行動」と把握している。そして彼らは，これは新古典派的アプローチのなかで概念を充分に把握できない「ブラックボックス」であるとし，この内容を究明するには新古典派の「ブラックボックス」を空けて「エコロジカル・エコノミクス」と共同して歴史や制度の研究が必要であると強調した。この「ブラックボックス」のなかで市場の「内部」と「外部」はどのように関係しているのであろうか。また新古典派アプローチはこれらをどのように関係づけているのであろうか。前者は環境評価における「倫理」の位置付け，すなわち「消費者視点」と「市民視点」の関係に関わり，後者は新古典派的アプローチの「カテゴリー・ミス」の理解に関わる。本章の焦点は環境財の便益評価におけるCBAの導入のなかで重要な道具となりつつあるCVMの「カテゴリー・ミス」との関係を考察することである。CVMはどこまで使えるのか，「環境の価値化」[4] Valuation of Environmentにはどのような課題が残されているのであろうか。

　以下，第1節でCBAの歴史と環境評価法の発展・応用場面を振り返り，

第2節では，環境分析のCBAで用いられる環境評価法（代理価値法）の「カテゴリー・ミス」を批判学説のなかに探り，第3節でその具体的な展開例としてCVMをとりあげ，マーク・サゴフの「カテゴリー・ミス」についての見解を導きの糸とし，第4節でCVMにおけるバイアスと倫理的要因の関係を探り，最後の第5節で「カテゴリー・ミス」の脱却を図ろうとするサゴスらの「改良されたCVM」の可能性について考察する。その場合，1993-5年にランカスター大学の環境変動研究センターが「地球環境変動プログラム」として組織した「経済社会審議会」（Economic Social Council）における討論と，それが共通に立脚したサゴフの「消費者視点と市民視点の区別」からこの問題に接近する。

1. 環境分野におけるCBAの応用と環境便益評価法の登場

「環境の価値化」は，ナウルッド＝プラックナーによれば①プロジェクト評価，②規制のレビュー，③自然資源損害評価，④環境費用の推計，⑤環境勘定の5領域で採用されてきている[5]。ここでは彼らの分類に沿って，アメリカとヨーロッパにおける環境の価値化のなかでのCBAの役割と，その重要な構成要素である環境評価法の発展を簡単に回顧しておきたい。

(1) プロジェクト評価

CBAの公共事業評価への適用は19世紀中葉フランスのデピュイ[6]まで遡ってよいようである。アメリカでは1902年「河川港湾法」River and Harbor Actが成立し，これにより設立された「技術局」Board of Engineersが早くも「航海プロジェクト」の費用を効果と比較している。また1936年にできた「洪水管理法」Flood Control Actに基づいていくつかの連邦の出先がCBAを試みている。1950年の『緑書』Green Bookは河川敷の公共プロジェクトにおいてCBAの一般的な採用を推奨した。1960年代には国防省の国防計画をはじめ，運輸，健康保持，教育，職業訓練などの政府プロジェクトにCBAが適用された。また市場を持たない財を仮想的に評価す

る方法である CVM はアメリカでは 1960 年代に初めて導入された[7]。1979年の水資源管理局の「水プロジェクト」の評価法における「諸原理と基準」Principles and Standards では，水環境の便益評価法として，改良された「旅行費用法」Travel Cost Method：TC, CVM および「日単位価値法」Unit Day Values：UDV の三つが推奨された。

　イギリスに眼を向けてみると，1960 年に CBA の公共事業への導入が始まり，高速道路建設や第 3 ロンドン空港計画，海峡トンネル計画で CBA が採用された。しかしこの段階で環境影響評価は含まれていなかった。1970 年代には輸送関係以外に新コベントガーデン・マーケット建設や電源開発といった領域でも CBA が使われた。近年では水管理，灌漑管理，海護岸，森林管理にこれが導入されている。ノルウェーやスウェーデンなどにも CBA の広がりは見られるが，一般にヨーロッパは EU の「環境評価に関する指令」Directive on Environmental Assessment にみられるように，規制は非貨幣的な手段が一般的であった。イギリスにおける「代理価値法」の新しい波の広がりには，政治的な要素が大きく作用していた。すなわちランカスター大学の環境変動研究センターのロビン・グローブ・ホワイト所長は，環境政策における市場誘導を重視するクリス・パッテンが 1989 年 6 月第 3 次サッチャー内閣の環境大臣に就任したことにその転機を求めている[8]。パッテンは，1988 年にロイヤル・ソサエティで行われたサッチャー首相の「環境政策を政府の中心的課題にする」という記念碑的演説が逆波を受けているときに環境大臣に就任した。彼は，サッチャー政権の中心政策である自由市場政策と環境政策を整合できる方法として CBA の手法に目を向け，そのイギリスにおける主唱者であったデービッド・ピアスを「特別補佐官」に任命したのである。『環境経済への青写真』 *Blueprint for Green Economy 1989* を始めとするピアスの諸著作[9]は，環境政策に経済評価を導入しようとするものであり，「代理価値法」を用いる CBA は環境評価の中核理論であった。このようにイギリスにおける「代理価値法」の導入はきわめて政治的であった。

　90 年代における市場化・規制緩和・グローバル化の流れに沿って「環境の

価値化」は国際機関の主導のもとに進行した。すなわち94,95年には,OECDと世界銀行が協力して「環境価値化フィールド・ガイド」を準備し,「国連環境計画」UNEPも生物多様性の研究計画で環境価値化のガイドラインを示し,「アジア開発銀行」ADB,「国連開発計画」UNDP,「世界保健機構」WHOもこれに倣った。

(2) 規制の再検討

ここで規制政策におけるCBAの導入についてみる。アメリカの70-80年代における環境分野における経済価値化の流れのなかで,1981年にレーガン大統領が出した「実行命令」Executive Order 12291およびその改訂は,新しい規制の分野でのCBAの採用を強化した。「環境保護庁」EPAは特にCBAに熱心で,環境法規を議会で通過させるために,七つの環境基準のうち「殺虫・殺菌・殺鼠剤法」FIFRAと「毒物管理法」TSCAの二つの環境基準設定に費用と便益のバランスを求めた。とはいえ,EPAは「大気浄化法」CAAと「浄水法」CWAにおける基準の制定では,公衆の健康を保護するために「充分な安全の限界」という考えを採用し,ここではCBAの考慮を禁じている。しかし「浄水法」には,EPAが産業汚染者に費用効果的な排水基準を確立するように指示する内容が盛り込まれているのである。こうしてみると,アメリカにおけるEPAの規制政策はできるだけCBAを採用し,これができ難い危険分野でのみ直接規制をやむをえないものと考えているようである。

イギリスに眼を転じると,この国では1990年に環境問題におけるCBAの手続きを見直し,非市場的な環境価値手法を含むCBAのガイドラインを設定した。また,1995年に成立したイギリスの「環境法」Environmental Actは,新しい「環境庁」Environmental Agencyの設置を求めると共に,環境保護計画の際にCBAのレポートを環境大臣に提出することを規定している。これはヨーロッパの諸国では例外に属することである。ノルウェーは「国家汚染管理局」SFTにより通常の規制レビューにCBAが実施されている唯一の国である。この国では1986年にスタートさせた「地方版規制影響

分析」LARIA が巧く機能していて，汚染低減のための規制が CBA で評価され，環境費用・効果を「NOK」という単位で評価することにより環境政策における意思決定の効率を高めている。SFT は現在，水，大気汚染プログラムの地域的・国民的な「規制影響評価」RTAs を実施している。1992 年のマーストリヒト条約 130 項 r は EU の「環境目標，環境保護手段，国際協力」一般に触れつつ，また 1993-2000 年をカバーする EU のいわゆる「第 5 次環境保全行動計画」においても，環境効果が環境費用を超える必要が強調されている。ヨーロッパ委員会の「総括部」DGXII の「燃料サイクル外部費用プロジェクト」に関わる大規模燃焼プラントおよび大気質基準づくりでは CBA が実施され，「環境部」DGXI でも CBA の訓練コースを開設している。

(3) 自然資源損害評価

「自然資源損害評価」(NRDA)における環境価値化の普及は，アメリカでは自然損害（いわゆる「公害」）復旧のためにスーパーファンドおよび潜在的対応者 PRP の責任体制を明確に規定した 1980 年の「包括的環境対応保障責任法」(CERCLA；いわゆるスーパーファンド法）に深く関わっている。この法律は「評価道具の位階性」（環境評価道具の不全性）が原因で，コモンローを重視する「国務省」DoI により発布が遅らせられ，「公害」が深刻となったオハイオ州との間で裁判となり，コロンビアの控訴院がオハイオ州の主張する汚染者負担を認めた（オハイオ・ルール）ことによりクローズアップされたものである。1989 年に起こったエクソン社のタンカー，ヴァルディーズ号のアラスカ沖での座礁による油流出事故では，この法律を根拠に損害賠償裁判が提起された。事故後の 1990 年には議会が「油濁法」OPA を通過させて「オハイオ・ルール」を追認し，「商務省」DoC のもとにあった「国家海洋大気管理局」NOAA を海洋汚染の責任部局とした。翌年には，「国務省」も「オハイオ・ルール」に従わない修正規制を廃止したため，エクソン社の損害賠償支払いが不可避となり，その算定方法が裁判の焦点となった。エクソン社側は P. ダイアモンドや J. ハウスマンといった環境

経済学者を動員して，CVM による非使用価値の評価という資源損害額評価の方法に意義を申し立てた[10]。CVM の信頼性をめぐる論争はノーベル経済学者ケーニス・アローとロバート・ソローが議長を務める政府のブルー・リボン・パネルにまで持ち込まれ，1993 年にパネルは，「注意深く応用された CVM の技術は環境財の評価結果として信頼できる」という最終報告を提出したのである。これを受けて NOAA は 1994 年に「自然資源損害評価の規制」を提案し，損害額を「受動的使用価値」(Passive Use Value；従来の「非使用価値」または「存在価値」を言い換えた）と名付けて，CVM の手法により明らかにされる WTP でこの額を評価できるという方向性を示した。さらに NOAA は CVM 調査の信頼性を確保するためのガイドラインを公表した。これにより公共的な環境資源の評価法として CVM が急速に注目され，アンケートを用いる表明選考法による環境評価法の研究が大いに進展した。とはいえヨーロッパでは法体系が違うために，自然資源損害評価の普及は遅れている。

(4) 環境費用の推計

環境費用の価値化は，発電施設の立地許可などで環境負荷を考慮する必要からもクローズアップされた。すなわち 1986 年のアメリカにおける「電気消費者法」ECA は，新しい水力施設や既存の施設に関する許認可の際に，連邦電力委員会が環境評価を考慮することを求めた。これは電力会社に環境負荷の社会的な費用を調査させるものであり，「公益事業委員会」Public Utility Commissions が中心になって多くの州で「管理費用」(COC＝Cost Of Control) や「損害機能」(DF＝Damage Function) の評価が実施された。また 1991 年に EU のヨーロッパ委員会はアメリカの「エネルギー省」DoE と協力して，「燃料サイクルの外部費用」Extern E の算出プロジェクトに着手している。これは，DF の手法で八つの燃料サイクルの費用を比較するものであった。

(5) 環境勘定

　国民経済計算における GDP の尺度に環境問題への配慮を求める法的根拠はないが，アメリカ大統領は 1994 年に経済分析局において「グリーン GDP」を発展させるように指示した。OECD や世界銀行と国連はこのような資源勘定システムの発展を支持している。「統合環境経済会計」について特に意義ある出版は，「国連統計局」UNSTAT の『ハンドブック』である。ここで指摘されている内容は，国民勘定において生産および最終需要における自然資源の減少と環境質の変換を物理的および貨幣的に表示することである。このハンドブックは不充分ながらも，物理的なデータを貨幣単位に変形する際の市場価格と非市場価値の評価テクニックを解説し，費用の回避および補填について論じている。またオランダの統計局はグリーン GDP に熱心であった。ドイツ，スウェーデン，デンマーク，ノルウェーも資源勘定に積極的であったが，デンマークとノルウェーはグリーン GDP の計算には悲観的である。『エコロジカル・エコノミクス』を主宰する生態環境経済学者のコスタンザらは雑誌 Nature の 1997 年 5 月号に論文を掲載し[11]，各種の環境評価手法を用いて算出された「世界エコシステムのサービスや自然資本」を集計し，これを総額 16-54 兆ドルと推計するという問題を提起した。このような世界の環境財を総体として価値付ける問題提起には多くの反響が寄せられた[12]。

　以上見てきたように，環境側面の多様化に対応した環境課題の価値化という新しいニーズに対応して，1990 年代にはさまざまな「環境の価値化」の実践と研究が進行した。この「環境の価値化」には，一方で環境の経済的（消費者・生産者視点）価値づけの要素と，他方で環境問題を統制や宗教的信念ではなく市民的・社会的な自由な評価と判断で解決に誘導しようとする意図が込められている。とはいえ，新古典派アプローチからする環境評価への CBA の導入とそれに随伴する「代理価値法」の発展は，消費者選択による環境財の「貨幣的な評価」に強く傾斜している。もともと CBA は，市場における「消費者余剰」を分析する新古典派経済学の伝統的な手法として，厚生経済学の中核的な分析道具をなすものであり，デュピュイ以来公共政策

に適用されてきた。そして環境問題が浮上するにいたり新しいCBAは「外部不経済」を「内部化」しようとするアプローチを採用した。その場合市場の「外部」はひとまず消費者視点から「内部化」されているように思われる。このアプローチから市場のない環境財を貨幣的に評価する手法としてCVMなどの便益評価する手法が発達したわけである。このようなアプローチは，従来計測されなかった環境財の経済的な価値を顕在化させる点で画期的であった。この「消費者余剰分析」を環境経済学の中心におけば，環境経済学は「市場に基礎をおいた道具」MBIs＝Market-Based Instrumentsにより，環境財の「効率」と「最適分配」をモデル化する学問という装いをとることになる。とはいえ「外部」は市場に「内部化」されるだけであるとすれば，経済的価値以外の価値はどのように評価されるのであろうか。経済的に合理的な価格と社会的・市民的な自由に表明される価値との乖離，これが筆者が指摘したい「カテゴリー・ミス」の問題である。新しい環境便益評価法は「子供の健康」，「大気汚染」，「気候変動」，「希少種の保護」といった現実の市場がない環境財を「代理的価値法」として評価する。そしてそのような環境の便益を評価する方法として，価格の代替的な顕示データを用いる顕示的選好法（家計生産関数法，旅行費用法，ヘドニック価格法）や，WTPまたはWTAをステークホルダーに聞く表明的選好法（CVMおよびその変形としてのコンジョイント法）といった環境便益評価法が発展してきた[13]。この環境便益評価における消費者選択と市民的・社会的な評価・判断はどのように関係するのであろうか。

2．代理価値法における「カテゴリー・ミス」

新古典派的な環境経済学の方法的な基礎にある功利計算を批判し，倫理・道徳のコンテキストに注目し「制度を重視する環境経済学」を提唱するのはジェフリ・ホジソンであった。ホジソンの批判は新古典派的「環境経済学」全般に関わっている[14]。彼は「固定的で完全な基数的・序数的選考関数をもつ個人」，「費用便益効果」，「効用を最大にする個人」という概念に焦点をあ

て，賞罰による物質的・金銭的刺激により制度設計は計測されるということを新古典派経済学の根本的で共通なものとみる。彼はこの新古典派からの環境アプローチを次の3タイプに区別した。①「市場の失敗」（ピグー，ミード）：汚染者個々が生み出すコストは汚染当事者が負担せず，「外部性」externality として「社会的および環境的なコスト」とされ，政府の立法により道路税や燃料税として課税される，②「所有権理論」（シカゴ学派，コース，初期オーストリア学派，ミーゼス）：政策は明確に限定された所有権の創造または配分に基づくものであるから市場を自由にし，必要であれば裁判所が問題を扱うのが妥当である（共有地における過剰な牧地化や，海の魚の取りすぎは資源の意義ある所有の欠如が原因），③「環境の仮想市場化」（環境経済学の標準的テキストを書いているボーモル＝オーツ[15]，ヘルム＝ピアス[16]，ピアス＝ターナ[17]等）：「様々な情報や強制の問題」に立ち入らず，環境を経済計算に含め市場化する。ホジソンによれば，このような新古典派経済学からの環境アプローチにおいては，「協力 cooperation と利他心 altruism」（道徳価値，義務のような徳，地球への配慮，他の種への配慮）は個人の効用を発生する限りで考慮されているに過ぎない。道徳価値は短命で個人的であるとされ，経済過程で社会的なコンテキストを持たされていない[18]。

　これらに対してホジソンは，バーク，カーライル，ワーズワースらロマン主義者の経済学批判や，スミス，マルサス，J. S. ミル等の「道徳感情」および「高い人間的価値」の観点が再評価されるべきであると主張する。ホジソンは新古典派経済学が想定するベンサム的功利主義的な人間観に対して「個人の性格」は「文化，技術，制度発展に沿った可能な変化の程度に従属する」と考えている。そして，「持続的な環境の保全」は人間の「欲望」desire ではなく「必要」needs の問題でなければならないと制度学派的な観点を重視する。ここから，ラスキン，ケインズ[19]，ヴェブレン，ガルブレイス，カップ，デューイ，ゴフ，マッキンタイアー，ホブスン，セン等の「道徳価値」の理論が注目されている。ホジソンは「自己益と知覚されない妥当な道徳価値が経済政策の部分となるべき」であり，公共政策および市場機会

の効率的伝達は「社会的義務のエートス」（ハーシュ）が支えるべきであると考えた。ホジソンにおいてこのようなエートスは「制度」に結び付けられている。すなわち彼は，資本主義のグローバル化にも関わらず「集中化や画一化」，「特殊な習慣・文化」，「価値のシステム」といった「制度」が存続し，これが世代間で継承されるべきであると考えた。このようなホジソンによる環境経済学における「功利一元論」に対する批判と制度的アプローチには傾聴すべきものが多い。とはいえCBAやその重要な部分的分析道具であるCVMには環境財の計測および意思決定過程のメタ道具としてまったく意味がないのであろうか疑問が残る。

　これに対しランカスター大学環境変動研究センターのジョン・フォスターは，「経済」と「環境」は不可分の関係にあると考え，資源，同化力ある能力，アメニティ，生命維持システムといった環境課題のために，一方で「計測」measurement，「計算」calculation,「予測」predictionが重要と考え，他方で現代社会における公共政策選択の言語が，ソフィスティケイトされもっとラディカルな「比較満足の功利計算」から認識された「人間福祉」に支配されていることには多くの問題があると警告を発した。このような「自然の価値化」による「経営管理」の手法で，果たしてチェルノブイリやBSE（狂牛病）といったリスクを防ぐことができるのかというわけである。ここでフォスターはメタ・エコノミクスの重要性を強調する。フォスターによれば経済学はシューマッハ言うように事実に即したメタ・エコノミクスでなくてはならず，事実から乖離する経済学は聖書からの引用で物理を説明しようとした中世の神学者と同じことになる。最適解を求める経済科学は手段なのであって，「経済学者的であること」economisticalすなわち「功利計算」には固有の範囲と限界があることを知らなければならないというのである。ここでフォスターは「功利計算」の手段的な意味まで否定しているわけではない。「経済行為の倫理的なコンテキストを考察するということは，本質的に経済的economicである範囲と限界の枠内でそれらを追求することである」というのである。すなわちフォスターは「功利」という倫理概念も経済領域という範囲においてコンテキスチュアルな意味を持つが，それを超え

た過剰な援用には問題があると考えているようである。

　また，ロビン・グローブホワイトはこの書に収録されている「環境『価値』論争」と題する論文のなかで，仮想価値法，存在価値，ヘドニック価格法といった「代理価値法」が普及し政策に応用されていく政治的なコンテキストを析出した。ピアスがサッチャー内閣の特別補佐に任命された経緯については既に触れたが，グローブホワイトは空港建設，高速道路建設，原子力や灌漑で COBA（イギリス交通省［後の環境交通地域省］が採用した CBA のための特別なモデル）がいかにして住民を説得する道具として使われてきたかその経緯をのべ，COBA にたいする NGO の関与や公共的討論のあり方，政策決定における倫理・道徳的な価値のあり方に問題を提起した。

　ここで新古典派アプローチによる「代理価値法」には「カテゴリー・ミス」があり，社会的・政治的なコンテキストのなかで考察する必要があるという視点は重要である。その場合グローブホワイトはこのような「自然の価値化」の背景に，グローバル化，社会の脱伝統化，文化の細分化，個人化といった現代社会の文化的変化をみた。この視点は，アンソニー・ギデンズやスコット・ラッシュ，ウーリッヒ・ベック等「現代性の構造」structure of modernity を焦点化する社会学者の問題認識にも共通している。このように「代理価値法」が社会的・政治的なコンテキストをもつとすれば，政策における有効性，つまり「代理価値法」によって根拠づけられる制度改革や公共政策もコンテキスチュアルに解読されなければならない。

　ここでは「代理価値法」のメタ・エコノミクスとしての重要な側面と，その社会的・政治的な含意（メタ・ポリティクス）に注目したい。次に節を変えて，その具体的な適応事例である CVM の場合に沿って「カテゴリー・ミス」を考えてみたい。

3．CVM における「カテゴリー・ミス」

　CVM は市場を持たない環境財の評価法として 1990 年代に急速に注目されだした手法である。この評価法はステークホルダーに対するアンケートで

環境財の機能変化をメタレベルで仮想的に情報提供し, これに対する評価を主として貨幣的な支払意思額として確率統計的に集計する方法である。アラスカ沖のヴァルディーズ号油流出事故の損害賠償裁判はこの手法の当否をめぐる論争の場であったが, この手法の信頼性と妥当性についての研究は多い。スターナーとファンデンベルグが「環境経済学のフロンティア」論文において指摘したCVMに対するが信頼を勝ち得ない理由としてあげた問題点は, CVMを批判する論点を代表している[20]。第1にそれは「特別の価値」を評価するものであった。第2にテストや理論の洗練化を欠いている, 第3に異時点間の置き換えができないものとされた。スターナーらはこのように市場財とCVMによって計測される環境資源は分離が前提されていては政策均衡分析としてのコンシステンシーを課すことはできないし, また, 発展途上国における価値化も考慮されていないと批判するのである。そこで二人はCVMにおける第2段階の理論化に期待をかけている。ここでCVMによって得られる支払意思額は市場価格とは分離される「特別の価値」として批判され, 実証や理論になじみにくく, したがって経済的に信頼できる価値として異時点間で価値移転できないというのである。ここにはCVMにおける支払意思額の「カテゴリー・ミス」の問題が浮き彫りにされている。

Valuing Nature? の執筆者の一人であるラッセル・キーツ[21]は, サゴフに従いながら, CVMでこのような「カテゴリー・ミス」が生じたのは, 個人の「判断」や「信念」を「選好」(preference) や「欲望」に関係させなければ意味をなさないと見なしたからであると指摘している。彼によれば, ハイエクらオーストリア学派の「倫理的判断における主観的な見方」は現代文化に広く見られる特徴であるだけでなく, 新古典派経済学者の採用する見方であるが, その見方では倫理判断を論理により正当化することはできないと見なされる。ここで「倫理的判断」の証明や確立は否定され, 論理的判断の比較も否定され, したがってすべての判断は「等しく妥当」equally valid であることになる。つまり, いかなる「倫理的選択」も論理的に正当化されないことになる。こうして主観主義者たちの「価値」の説明は, 倫理判断を個人の「選好」に同化させるものだというわけである。ここでサゴスはこのよ

うな同化を回避するのは主観主義を拒否することであると見ていたが、キーツは主観主義を受け入れてもそれは拡張された CBA を擁護することにはならないと考えた。つまりキーツの場合は、主観主義における種類の異なった「選考」(selection)、とりわけ倫理的な「選考」と個人的消費生活水準に関する「選好」(preference) の区別は可能であると考え、倫理的選考における価格付けの不可能性を主観主義も否定できないと見ていた。こうしてサゴスの場合は CVM における客観的な分析に注目し、キーツの場合は主観的評価の差異に注目することとなる。

　それではまず、サゴスの CVM 論を聞いてみよう。先に見たホジソンは環境政策たとえば国立公園の汚染に関わる CVM の調査で、回答者は「環境政策には社会がメリットとして考慮する倫理的、文化的、審美的諸問題を含み、これは限界における選好の満足を価格づけることに何の関係もない」と答えたことを「サゴスレポート」から紹介している。また 1993-5 年にかけてランカスター大学の CSEC が組織したプロジェクト *Valuing Nature?* のメンバーが共通の基盤としていたのが、アメリカの哲学者マーク・サゴフの見解であった。サゴフの主張は 1988 年、雑誌『環境倫理』10 号に掲載された論文「環境経済学に関するいくつかの諸問題」[22] および同年発行の『地球の経済』[23] の中で展開されている。原理に基礎をおくカント主義（選考）と「選好」に基礎をおく功利主義の政治理論から出発したサゴフは、CVM で個人が「規範的な判断」normative judgment を要求される場合、自分の「消費機会」を私的に「選好」するという目的ではなく、つまり個人の快楽を最大にすべく回答するというよりは、「公共的利害についての原理化された見解を表明する」という注目すべき指摘を行った。その場合「功利選好」で動く「消費者」consumer と「義務」deontology で動く「市民」citizen の「選考」と区別が重要であるとみている。1998 年『エコロジカル・エコノミクス』にサゴフが寄せた論文「環境的公共財の価値化における集計と配慮：仮想的価格化を越える一見解」[24] はその要点を展開している。

　サゴスによれば「消費者」の選択（主観的欲望）＝選好と「市民」の選択（客観的信条）＝選考は異なる。「市民」は子供を炭鉱で働かせるのではなく

学校に行かせようとする。麻薬，堕胎，自殺幇助などの改革で，諸個人は自分の見解への同意を要求する。また，侵害を重視するリバタリアンは経済的外部性を最適化するよりは，侵害・汚染からの自由を求める。アメリカの大気浄化法や浄水法がCBAを禁止していることは前に述べた通りである。個人の選択判断の基準が「功利」に求められないとすれば，CVMの強化を求める経済学者や社会学者は，CVMにおける公共的環境財の情報化された価値や選好に際し，「推理的で discursive, 情報豊かな information-rich, 衆議的 deliberative 調査法」の実験的遂行が求められるとサゴスは主張する。ここでの個人のWTPを「集計する」aggregateことから区別される，「衆議」deliberationや「合意形成」consensus-formationは，民主主義のなかで公共財を価値づける妥当な経路であるというわけである[25]。

　この分析の過程は「社会的コンフリクトを解決する民主的な諸制度の機能」の概念を発展させることになる。市場を持たない環境資源を分配・発展・保全する場合，私有財産や市場交換はほとんど適用性がないとみる。市民としての「建設的・集合的判断」は「快楽」pleasure と区別される「徳」virtue であると述べ，この「徳」は経済学者のいう「道具的な価値」（WTP集計される厚生）と区別される「社会的価値＝福祉」であるという。この社会的な選択（＝選考）には経済学者が無視する非合理的な信条のようなものも含まれている[26]。経済学者はWTPに含まれる「厚生」のなかに「存在」existence,「犠牲的利益」vicarious benefit,「遺贈」bequest,「世話価値」stewardship value といった諸概念を考えついているが[27], CBAにより「厚生」計算に還元されることになるそれは，ステークホルダーを益していないとみる。ここで，サゴフは行為や選択の目的と対象あるいは目標に関わる「快楽」と，人々がそれにより美，道徳，その他の対象やできごとの規範的な性格を知覚する手段である精神的能力に関わる「満足」の区別を提唱する。これはJ. S. ミルの快楽主義批判の論点でもあった。そしてサゴスはこの「社会的福祉」＝徳を客観的なものと考えていた。

　サゴフはCVMにおけるWTPを「市民的選択」の結果と把握し，これを「心理的な収入あるいは満足」と定義したクルチラに同意している。ここ

でWTPは「社会＝公共的な支払意思額」と解釈されているのである。さらにサゴスは幸福が所得の関数ではないという多くの研究の存在を指摘し，ポズナーが「人々は，何かを所有することから得られる幸福よりも多くを支払う」と述べていることを引用して，厚生経済学における「厚生」および「生活」well-beingと因果としての「選好満足」とのズレに注意を喚起し，WTPは「選考」の結果諸個人が得た「生活」の意味，すなわち非物質的な道徳的・心理的なものに関わると考えた。

　見てきたようにサゴスはCVMの回答としての支払意思額のなかに客観的な「市民的な選択」の結果を見ようとしているのであるが，そこでは逆に経済的に論理的な，それゆえ消費者視点から合理的に選択される支払意思額の意義が不明確になっている。それゆえ，彼のアプローチからは利害のトレードオフの分析には立ち入れない。この点キーツの場合には主観主義において種類の異なった選考として倫理的な選考と個人的消費生活水準に関する選考の区別は可能であった。しかしCVMにおける価格付けの妥当性には懐疑的であったので，倫理的選考と個人的消費水準の選考におけるトレードオフの関係にはやはり迫れないことになる。

　それでは，実際のCVMでは消費者選択と市民選択はどのような契機を持ち，両者はどのように分離し，また関係しているのであろうか。節を改めて，諫早干潟で実施したCVM調査経験を参照しながら，CVMにおけるバイアスと倫理的要因を通じてCVMにおける「カテゴリー・ミス」の問題を考えてみよう。これは経済的に合理的な価格選択と市民的な価値の分離と融合の問題に関わる。

4．CVMにおけるバイアスと倫理的要因

　CVMの調査では質問をデザインする側と回答者の側の両方からバイアスがでることが知られ，調査ではできるだけ仮想の経験を現実の市場に近づけるためにさまざまなバイアス回避の方策がとられている。先述のブルーリボンのパネル報告書を受け止めたNOAAのCVMの『ガイドライン』[28]等か

第11章 環境便益評価法における「カテゴリー・ミス」とCVMの展開可能性　　259

ら次のような代表的なバイアスとその回避策が整理される[29]。

まず，設計側の問題として，
1. 回答の非現実性（実際に支払わないための過大回答）→シナリオを現実に近づける
2. 情報提供の歪み→必要な情報を正確に伝える
3. アンケート対象者（仮想市場）選出の恣意性→厳密な大量の無作為抽出
4. 質問設定が誘導的（順序バイアスや計測価値設計の不充分性）
→二項選択ダブルバウンドやプレ調査，対数尤度関数の工夫等による質問および集計方法の改善

といったバイアスと回避策が知られている。

また回答側の問題として
5. 予算制約の欠如→WTAではなくWTPを聞く
6. 代替効果の欠如（辞書的選択，他に替えがたい）→倫理的要因と解釈
7. 合理的選択との非整合性（渡り鳥2,000羽と200,000羽の支払意思額平均が近似する）→スコープテスト
8. 温情効果（慈善と同種となる）→倫理的要因と解釈
9. 包含効果（スコープ無反応性，財の包括範囲が広くなっても評価額が変化しない）→スコープテスト
10. 回答者におけるインセンティブの欠如
　　　→いい加減回答の集計からの排除
11. 抵抗回答（倫理的要因からのシナリオ不信や，支払手段の不自然性に起因する回答拒否等）→集計から排除する

といったバイアスとその回避策が知られている。

このようなバイアスとその回避策を通観するとバイアスの類型は，
＊CVMのバイアスには質問方法や集計方法により技術的に改善されて市

場の支払いにより近似させることができるバイアス（1,2,3,4,5,7,9,10） ························ a
＊環境財の公共的な性格に起因する確信的な倫理的要因に起因するバイアス（6,8,11） ························ b

に分けることができる。

このうち倫理的要因は，
＊支払意思額に含まれる部分（6,8） ···················· b-1
＊支払意思額に含まれない部分（11） ···················· b-2

に分かれる。

　これらを「カテゴリー・ミス」との関連でみると，aの部分が質問および集計の技術的改善により市場に近似させることができるとすれば，この部分は理論的には市場経済学的なメタ・エコノミクスの部分（消費者選択）として，現実の市場経済と同調する合理的な支払意思額として集計できる。しかしCVMの調査の実際ではaの集計値にb-1の倫理的な部分（市民的選択）が入り込む（a＋（b-1）＝c）から，実際の市場における評価よりも支払意思額は高くなると予想される。b-2部分は集計値から排除されるので，CVMによる集計値の支払意思額とは無関係となるが，後で見るように，より強く市民的選択を取り入れる「改良されたCVM」では，考慮されなければならない部分となる。
　NOAAパネルのガイドラインでは，公共的な性格にたいする倫理的な要因を容認するcの支払意思額をもって「充分に配慮されたCVは充分に信頼性をもった基準を提供する」と結論づけている[30]。CVMの調査では，この最終的なWTPに占める経済市場的に合理的なWTPと倫理的なWTPとの割合を求めることは技術的に不可能であるが，近年急速に開発されつつある，プロファイルの束を選考させる選択実験のコンジョイント分析（最近は選択モデリングともいわれる）を使えば，このWTPに占める市場合理的な部分と倫理的要因部分のウェイトが析出できる展望がある。姫野研究室で

は諫早干潟の CVM 調査（2002 年)[31]に引き続き，目下諫早干潟生態系の評価に関するコンジョイント調査を実施中である。

5．市民選択に向けて「改良された CVM」（サゴフ）の意義

サゴフは第3の戦略として，従来の消費者選択の部分が大きい CVM を改良し，市民選択部分を強化した「改良された CVM」を哲学的な観点から提案している。「改良された CVM」とは，サゴフによれば民主主義的手続きの道具でなければならず，これは従来のCVMからの「衆議的・建設的な」deliberative and constructive 改変である。そのためには，技術的に「財選好における一組の論理一貫性 coherent」が必要であり，また「尋ねられる質問は過去に形成された価値を繰り返す以上に明瞭に設定される」必要があった。そこでの「行為は自己記述的なものではなく，解釈されなければならない」，また WTP は「価値ある貢献への支払い」でなければならなかった。いわば，質問者はさまざまなたなでえさをつけて魚を探る釣り人のようなものであると比喩されている。さらに充分に識別され明瞭化された選択基準をもたないような，また被質問者が事前に準備された枠に沿って選択するだけの CVM は不充分であり，配慮された選択肢のなかからの選択によりはじめてその帰結は討議，反省，社会的教訓が盛り込まれた理想的なものとなると考えられた。

サゴスはこれを哲学的に考察しているのであるが，社会経済的な調査者は事前に精査により価値を知ることで，必要な「徳」virtue を選択肢として作成できるわけである。これは言葉だけで誘導されるものではなく，「枠づけられ」，「焦点化され」，「効果が埋め込まれた」選択肢である。このような社会的コンテキストが考慮された設問は，問題解決的であり，集団的なダイナミズムを捕捉できるものとなるという。そしてこのような「推論的 discursive な設問」により紛らわしい質問を回避することもできるとも述べている。

このような CVM の改良による社会経済的な実験により，「衆議的な感

覚」=「共通善」common goodを把握できることになる。ブキャナン=タルコットの「公共選択の理論」やアローの「社会的厚生関数」は個人の欲望追求を出発点にしているが，「改良されたCVM」（ヴァーチュ・デモクラシー・アプローチ）は「利己心」と「利他心」を合理的に調和させるものである。このようなサゴフ政治経済理論の背景としてサゴフは80年代に登場した，①「集合的選択における衆議的，推論的な過程」をとりあげた社会学におけるフランクフルト学派，②アメリカ法学派の「シビック共和主義」，③参加民主主義における「公共的civic契約」や「公共的徳civic virtue」の重視の三つの潮流からの影響を挙げている。「戦略的または多岐的pluralisticアプローチ」に反対する「シビック共和主義」や「参加民主主義」は，個人の厚生関数ではない「善」の発見に「配慮」のなかで取り組むものであった。サゴフは「選ばれた市民団」chosen body of citizensを強調したジェームス・マディソンにその起源を求めている。

　こうしてみてくると，サゴスにおける「改良されたCVM」は経済的に合理的な支払意思額を聞くだけではなく，市民的・社会的なコンテキストから抽出された公共的な一般的選択肢の束からの選択，さらに支払意思額という回答を超える社会的な意見集約の方法を求めるように思われる。サゴスはこれを哲学的にしか根拠づけていないのであるから，「改良されたCVM」は論者によりさまざまな受け止めが可能となる。それはハーシュマン流に言えば，「市場から〈出ていけ〉exit」のオプションではなく，民主主義の「声」のオプションでもある。サゴフは新しい「改良されたCVM」の実践的選択の特徴を次のように集約した。①通約できない競合財の多様性とコミットメント，②先鋭的な規範に対するコンテキスト感覚の認知，③選択と意味付与，費用と便益の分配における配慮，学習の必要である。見られるようにサゴフはここで「改良されたCVM」を，さしあたり多面的な競合財へのコミットメントと規範のコンテキストを想定した費用便益の分配による選択と考えているようである。そしてサゴフは，支払意思額を価格的に尋ねる場合，額の帰結ではなく準備された選択肢の市民的・社会的なコンテキストを重視している。つまりサゴフは選択された帰結として経済的な価格ではな

く，市民的・政治的価値のコンテキストの帰結を「改善されたCVM」に求めているようである。

以上見てきたようにサゴスの「改良されたCVM」はよりカテゴリカルに識別可能な帰結を求めているのであるが，このような提案をランカスター大学の Valuing Nature? プロジェクトのメンバーはどのように受け止めたのであろうか。

まずセバン・オハラは，このような「推理的倫理」discursive ethics を「エコシステム」の評価にまで拡大している[32]。ジョン・オニールも非市場的な「陰の価格」に対するCBAの適用を拒否したフォン・ミーゼスの見解を紹介しながら，その主観価値の通約的領域について，この領域がコンフリクトと「交渉」negotiation を必要とする政治領域であり，そこで「市民的な平和」を実現するためにはカントの「啓蒙」（寛容）や，制度的な緩衝が必要であると主張している[33]。また，ジョレミー・R．コックスも，経済学者が概念する「存在価値」(existence value；対象自体の人の手が加わらない内在的な価値) と「保存価値」(preservation value；道徳的な基礎をもつ) を区別し，後者を「他者と共有できる価値」と定義する。この価値を捕捉する方法として，コックスの場合個人の欲望をWTPとして聞きCBAを求めるCVMの適用は不可能であるとしている[34]。ブライアン・ウィンの場合は，環境分野における費用便益分析の代替としてリスク費用最適化を提唱し，「多角貢献効用分析 multi-attribute utility analysis」（アンドリュ・スターリングの「多角基準マッピング」の応用）手法を展開し，リスクと制度の相互関係の捕捉を問題にしている[35]。

クライブ・スパッシュも，新古典派のように「特別な均衡的解決」を選択するのではなくて，人間が環境を管理することの無力を自覚し「事実制約」に従うような，経済学者と自然科学者の学際的な協力による「制度を通じた」環境管理を提唱する[36]。ミッチェル・ジェイコブとジョン・フォスターの論文[37]は，サゴフの哲学的な問題提起を受けとめた上で，「衆議的な民主主義」を実現する「公共的意思決定の諸制度」や，創造的な価値の創造に向けた，制度，教育の必要性を強調している。新古典派アプローチを重視する環

境経済学の有力機関誌『環境と資源経済学』のサーベイ論文では，ランカスターの消費理論に基づく新しい環境変化の価値法として「環境課題の特性によって分けられた束」を選択させる「選択実験」Choice Experiment：CEに触れて，この方法が森林景観を表明する方法としてイギリスで議論されていることを紹介しているが[38]，「代理的価値法」における「カテゴリー・ミス」をさらに解明する手がかりがここらあたりにも潜んでいるように思われる。

　NOAAの出したCVMのガイドラインは「裁判官，陪審員，専門家の証言」の議論において損害評価の基準を提供することから作成されたものであるが，この場合CVMは目的（損害賠償）のための手段であった。事実裁判では価値評価よりも被害を救済する補償を優先させたようである。つまりCVMはここで「法的判断の合理的手段」として役立つことが注目される。アメリカの場合陪審制度があるためCVMの結果が陪審員の説得に果たす役割は大きい。そもそもCVMは非市場的な環境利害について関係者に「共通する」環境利益の金額で尋ねるものであり，「公共性」という倫理的なコンテキストと不可分であると言わなければならない。この点，英米で新しい環境意思決定の方法として関心が浮上しつつある市民陪審から着想を得たDMV (Deliberative Monetary Valuation；衆議的な貨幣的価値評価) の試みは，サゴフの問題意識を発展させたものとみることができる。

おわりに

　以上見てきたように，「外部不経済」の「内部経済化」や「消費者余剰分析」，「条件付最大化」といった新古典派アプローチによる環境経済学の理論的分析道具には「カテゴリー・ミス」がつきまとう。しかしCBAのためのCVMの実践（実験）に目をむけてみると，そこにはメタ・エコノミカルな部分とメタ・ポリティカルな部分が融合していることがわかる。そこでサゴフの提唱する市民選択による「改良されたCVM」をより有効な方向で引き継ぐとすれば，メタ・エコノミカルな部分で定性的なWTPを求め，メタ・

ポリティカルな部分で定性的な属性分析をカテゴリカルに識別することも可能である。前者を経済的に合理的な価額としてより厳密に計測し，後者の次元で倫理を含むコンテキストを明確にしたトレードオフの代替案が示され，ステークホルダ（利害関係者）間や政策間の合理的な解決が志向されるような，さらに統合された「改良された CVM」が求められるように思われる。とはいえ，CVM では WTP の構成要素である諸属性の価値割合は技術的に計測できない。しかし要素間のトレードオフを定量的に析出できるコンジョイント分析を併用すれば，より総合的な環境評価法が可能となる[39]。問題は実践的である。竹内（1999）の言うように CVM は「多様な価値規範や政策の現実化に関わる制約によって影響を受ける」[40]。また，栗山（1997）も強調するように CVM は「市場経済と環境倫理の双方向的な関係」を築く必要がある[41]。このためには経済的な選択肢と道徳的な選択肢を組み込んださらなる「改良された CVM」の実験の蓄積と他と環境便益評価法との比較研究が求められている。

注

1) この学説的な回顧については Ulaganathan Sankar (2001), *Environmental Economics*, Oxford UP, をあげておく。
2) さしあたり Robert Costanza, et al.(1996), *The development of ecological economics*, Edward Elger, および Jeroen C.J.M. van Den Bergh, et al.(1997), *Economy and ecosystem in change*, Edward Elgar, 参照。
3) Thomas Sterner and Jeroen C. J. M. Van Den Bergh (1998), "Frontiers of Environmental and Resource Economics," *Environmental and Resource Economics*, 11(3-4), pp. 243-260.
4)「環境評価」の訳語も可能であるが，慣用的に用いられている語用（たとえば「仮想評価法」contingent valuation）以外は，valuation には「価値化」をあてる。
5) Stale Navrud and Gerald J. Pruckner (1997), "Environmental Valuation—To Use or Not to Use?; A Comparative Study of the United States and Europe", *Environmental and Resource Economics*, 10, pp. 1-26.
6) 栗田啓子（1992）『エンジニア・エコノミスト』東京大学出版会，特に第 6 章参照。
7) CVM の学説史については W. Michael Hanemann(1995), "Contingent Valuation and Economics", in K. G. Willis et al.(ed.), *Environmental Valuation : New*

Perspectives, Oxford UP が詳しい。
8) Robin Grove-White (1997), "The Environmental 'Valuation' Controversy ; Observation on its recent history and significant", in John Foster (ed.), *Valuing Nature?*, Routledge, pp. 28.
9) ピアスは 1972 年に最初の CBA の教科書 *Cost-Benefit Analysis : Theory and Practice*(Macmillan) を出版している。
10) 竹内憲司 (1999) 『環境評価の政策利用』勁草書房, 第 2 章参照。
11) Robert Contanza et al. (1997), "The value of the world's ecosystem services and natural capital", *Nature*, Vol. 387.
12) 大方の評者はコスタンザらの世界のエコシステムを「経済的(貨幣的)に価値付けた」試みを問題提起として評価しているが, カリフォルニア大学・バークレー校エネルギー資源プログラムのノガートらによる「共進化」coevolving の強調, 限界価格ームへの不信, 貧富の差の無視という指摘は興味深い。Richard B. Norgaard et al. (1998), "Next, the value of God, and other reactions", *Ecological Economics*, 25, pp. 37-39.
13) CVM の研究については, Mitchell, R. C. and Carson, R. T. (1989), *Using surveys to value public goods : the contingent valuation method*, Washington D. C., Resources for the Future, 邦訳, 環境経済評価研究会 (2001) 『CVM による環境質の経済評価』山海堂, Freeman, A. M. III. (1993), *The measurement of environmental and resource values : Theory and methods*, Washington D. C. : Resource for Future, R. G. Cummings et al. (1986), *Valuing Environmental Goods*, Rowman & Littlefield, Martin O'Connor & Clive Spash ed. (1999), *Valuation and the Environment*, Edward Elgar, Ian Bateman & K. G. Willis ed. (1999), *Valuing Environmental Preferences*, Oxford UP が重要な文献である。評価事例については Carson, R. T. et al. (1995), *A Bibliography of Contingent Valuation Studies and Papers*, Natural Resources Damage Assessment, Inc., LaJolla 参照。
14) Geffrey Hodgson (1997), "Economics, environmental policy and the transcendence of Utilitarianism", in *Valuing Nature?*, pp. 48-63 (Revised from Working Paper, "Judge Institute of Management Studies", Cambridge, 1994).
15) Baumol, W. J. and Oates, W. E. (1988), *The Theory of Environmental Policy*, Cambridge UP.
16) Helm, D. and Pearce, D. (1991), "Economic Policy toward the Environment : an over view", in Helm (ed.), *Economic Policy Toward the Environment*, Blackwell.
17) Pearce, D. and Turner, R. K. (1990), *Economics of Natural Resources and the Environment*, Harvester.
18) ホジソンは道徳価値を排除し環境を商品化する典型として Dasgupta, P. (1991), "The Environment as a Commodity", in Deater Helm(ed.), *Economic Policy Toward the Environment*, Blackwell をあげ, ゲーム論に強く惹かれていても, それは「個人の効用」視点からであることの例として Axelrod, R. M. (1984), *The*

Evolution of Cooperation, Basic Books を挙げている。
19) ホジスンはケインズについて「ミクロ的な人間行為の理論を精緻化しなかったが、問題は道徳価値を孤立的で効用最大を図る『経済人』に還元しないことである」と評している。Hodgson, *op. cit.*, p. 55.
20) Thomas Sterner and Jeroen C. J. M. Van Den Bergh (1998), *op. cit.*, p. 249.
21) Russell Keat (1997), "Values and Preferences in Neo-classical environmental Economics", in *Valuing Nature?*, pp. 32-47.
22) Sagoff, M. (1988), "Some problems with environmental economics", *Environmental Ethics*, 10, 1.
23) Sagoff, M. (1988), *The Economy of the Earth*, Cambridge UP.
24) Sagoff, M. (1998), "Aggregation and deliberation in valuing environmental public goods : A look beyond contingent pricing", *Ecological Economics*, 24, pp. 213-230.
25) WTPとWTAの乖離については，岡敏弘 (1990)「環境問題への費用便益分析適用の限界——WTPとWTAの乖離について」『経済論叢』145, pp.449-476 参照。
26) これは，経済学的なトレードオフの概念から逸脱した「辞書的選考」lexicographic preference と言われている。竹内 (1999)『前掲書』p. 22.
27) Cf. R. K. Turner, et al. (1994), *Environmental Economics : An Elementary Introduction*, Harvester Wheatsheaf, p. 112.
28) NOAA Panel (1993), "Report of the NOAA Panel on Contingent Valuation", *US Federal Register*, Vol. 58, No. 10, 栗山浩一 (1997)『公共事業と環境の価値』築地書館付録「NOAAガイドライン」参照。
29) エクソン社側に立ったCVMの信頼性批判は，Hausman, J. A. (1981), *Contingent valuation : a critical assessment*, North Holland に収録されている。バイアスとその対策については栗山浩一 (2000)『環境評価と環境会計』日本評論社, Part 4 参照。
30) この詳しい内容は竹内 (1999)『前掲書』第 5 章，栗山 (1997)『前掲書』pp. 26-29 参照。
31) 長崎大学環境科学部諫早湾・有明海問題研究会 (2003)『諫早干潟のCVM調査報告と干拓意思決定過程における社会的コンテクストの要因分析』住友財団環境助成プロジェクト研究成果報告書参照。
32) フランクフルト学派の実践的・批判的哲学の観点から，概念的な「推理的倫理」をエコシステムの評価に組み込むことを提案するものとして Sabine, U. O'Hara (1996), "Discursive ethics in ecosystems valuation and environmental policy", *Ecological Economics*, 16, pp. 95-107 が，また「利他的行動規範」altruistic norm-activation をCVMモデルに組み込む提案として，Bussell Blamey (1998), "Analysis Contingent valuation and the activation of environmental norms", *Ecological Economics*, 24, pp. 47-72 が興味深い。
33) John O'Neill (1997), "Value Pluralism, Incommensurability and Institutions", in *Valuing Nature?*, pp. 75-88.

34) Jeremy Roxbee Cox (1997), "The Relations between Preservation value and Existence Value", in *Valuing Nature?*, pp. 103-118. Ronald Dworkin は *Life's Dominion*, 1993 で，存在価値と区別される「内在価値」intrinsic value を「聖なる価値」sacred value と絡めて主張したが，Olof Johansson-Stenman は「存在価値」の中に倫理的な価値を見いだしている。Do. (1998), "The Importance of Ethics in Environmental Economics with a Focus on Existence Values", *Environmental and Resource Economics* 11 (3-4), pp. 429-442.
35) Brian Wynne (1997), "Methodology and Institutions: Value as seen from the risk field", in *Valuing Nature?*, pp. 135-152.
36) Clive Spash (1997), "Environmental Management without Environmental Valuation?", In *Valuing Nature?*, pp. 170-185.
37) Michael Jacobs (1997), "Environmental Valuation, Delibertive Democracy and Decision-Making Institution", in *Valuing Nature?*, pp. 211-231, John Foster (1997), "Environment and Creative", in *Valuing Nature?*, pp. 232-246.
38) Thomas Sterner and Jeroen C. J. M. Van Bergh (1998), *op. cit.*, p. 250. 一種のコンジョイント法と思われるが，このアプローチとの区別は今後の課題である。
39) 日本では「環境の価値化」に関し1998年神戸大学で開催された「環境評価神戸ワークショップ」の成果として，鷲田・栗山・竹内 (1999)『環境評価ワークショップ』(築地書館) が出版され，鷲田は (1999)『環境評価入門』頸草書房を取りまとめている。これらのアプローチにおいて「倫理」の経済理論との関連づけは必ずしも明確でない。岡敏弘 (1997)『厚生経済学と環境政策』岩波書房はミシャンの学史的検討を通じてCBA（パレート基準）を規定する倫理的価値の外部性を析出し，「新新厚生経済学」の限界を剔りだしている。同 (1999)『環境政策』岩波書店はこれを踏まえたCBAの生命リスク論との関係を論じるものである。
40) 竹内 (1999)『前掲書』序文, p. ii.
41) 栗山浩一 (1996)「生態系の価値評価と環境倫理—CVMを巡る展開」環境経済・政策学会『環境倫理と市場経済』東洋経済, p. 190.

第12章
長崎市内における市街地の居住環境の分析

杉山和一

要　旨

　長崎市の中心市街地は，長崎港から北部の大村湾に至る浦上川沿い及び東部の中島川沿いの比較的狭い低地部に形成され，その周りを標高200～400ｍ級の低山地が取り囲んでいる。1960年代から70年代に至る高度経済成長期，人口増加による住宅需要が高まる中，中心市街地の縁辺部の山腹斜面において斜面市街地が形成された。当時は都市計画に関する法整備が不十分であったことから，無秩序な開発が行われ，道路，公園・緑地，下水道などの社会基盤が未整備な住宅地が形成された。1980年代以降になると，急激にモータリゼイションが進行した。斜面市街地はこうした社会の交通環境の変化に対応できず，徐々に時代に取り残されることとなった。その結果，若年層を中心に人口の郊外への流出が進み，中心部とその周辺における人口の空洞化及び高齢化が生じた。

　このような斜面市街地を中心に，長崎市内の住宅地は居住環境に関する様々な問題を抱えている。しかし，実際に各地区の居住環境の整備を実施するためには，その前段階として各地区の居住環境を定量的・客観的に把握することが不可欠である。また，各地区の整備内容や優先順位を決定することも強く求められる。

　このような問題に対する従来手法は，居住環境に関連する項目を抽出した後，それらの項目をいくつかの細目に分割してそれぞれに経験的に点数を与え，その点数を地区ごとに累計して，各地区の居住環境を評価するものである。しかし，この方法は各項目（アイテム）間の重みが考慮できないこと，分割された細目（カテゴリー）に与える点数に根拠がないことなどの理由から，ややもすれば客観性に欠けるきらいがある。これに対し，本研究は数量化理論III類とクラスター分析を組み合わせた手法を適用することにより，各市街地の居住環境の現状を客観的に分析・評価することを目的とする。すなわち，まず収集した居住環境に関連する様々な属性データに数量化理論III類を適用し，属性データ（アイテム）の各カテゴリーの固有値と固有ベクトル（カテゴリースコア）を算出する。次に，クラスター分析により各カテゴリーの群別分類を行い，各カテゴリーに居住環境評価点を付与する。さらに，地区ごとの居住環境評価総合点を算出し，最後に各地区の居住環境ランクを設定するものである。

第12章 長崎市内における市街地の居住環境の分析

はじめに

　長崎市の中心市街地の周辺に広がる斜面市街地の面積は，全市街地の約43％を占めている[1]。これらの斜面市街地は，1960年代から70年代の高度経済成長期を中心に，道路をはじめとする社会基盤が十分に整備されないまま形成されてきた。その結果，現在でも自動車が進入できない地区が多くを占め，居住者の普段の生活が不便であるばかりでなく，火災や自然災害に対し脆弱であるなどの重要な問題を抱えている。また，自動車が進入できない地区では，建築物の建替えが容易でないことから，建築物の老朽化も進んでいる。こうした状況から，若年層を中心に人口が郊外に流出しており，高齢化の進行も著しい。その結果，地区の活力が失われ，コミュニティの維持が困難な状況も生じている[2,3]。現在，このような斜面市街地における居住環境の改善が急務となっている。

　上述した斜面市街地の現状に対処するため，長崎市は「斜面市街地再生事業」を推進し，道路をはじめとする社会基盤の整備を図っている。しかし，その前提として，本当に斜面市街地の居住環境が悪いのかどうかを，定量的に明らかにすることが求められる。また，斜面市街地における居住環境が一般の市街地と比較して悪いという結果が出た場合，斜面市街地の中で整備の優先度が高い地区を抽出することが必要である。そのためには，各地区の居住環境の現状を客観的に評価することが不可欠である。

　このような問題に対する従来手法は，居住環境に関連する項目を抽出した後，それらの項目をいくつかの細目に分割してそれぞれに経験的に点数を与え，その点数を地区ごとに累計して，各地区の居住環境を評価するものである。しかし，この方法は各項目（アイテム）間の重みが考慮できないこと，分割された細目（カテゴリー）に与える点数に根拠がないことなどの理由から，ややもすれば客観性に欠けるきらいがある。これに対し，本研究は数量化理論III類[4]とクラスター分析[5]を組み合わせた手法を適用することにより，各市街地の居住環境の現状を客観的に分析・評価することを目的とす

る。すなわち，まず収集した居住環境に関連する様々な属性データに数量化理論Ⅲ類を適用し，属性データ（アイテム）の各カテゴリーの固有値と固有ベクトル（カテゴリースコア）を算出する。次に，クラスター分析により各カテゴリーの群別分類を行い，各カテゴリーに居住環境評価点を付与する。さらに，地区ごとの居住環境評価総合点を算出し，最後に各地区の居住環境ランクを設定するものである。

1. 解析方法

本研究では，長崎市全域の約430の町丁目のうち，中心部に近く人口も比較的多い324の町丁目を解析の対象に設定した。解析の流れを図1に示す。まず，居住環境に関連すると考えられる各地区の属性データを抽出する。次に，これらの属性データ（アイテム）を，いくつかのカテゴリーに分類した後，数量化理論Ⅲ類を適用し，固有値および固有ベクトル（カテゴリースコア）を算出する。ここで，3軸程度までの固有値に大きな差がある場合には，カテゴリー分布図を描き，カテゴリーの群別分類を行うことができる。しかし，固有値が4軸以降も漸減する場合には，まず最も妥当であると判断されるアイテムを基準アイテムに選定し，この基準アイテムの各カテゴリーに経験的に居住環境評価点を与える。次に，基準アイテムの各カテゴリーとその他のアイテムの各カテゴリーとの重み付きユークリッド距離を算出し，すべてのカテゴリーの群別分類を行う。すなわち，基準アイテムの各カテゴリーを核とする群を想定し，その他のカテゴリーを距離が最も近い群に帰属させる（クラスター分析）。こうして，各群に帰属する各カテゴリーに，核となる基準アイテムのカテゴリーと同じ居住環境評価点を付与することができる。得られた各カテゴリーの居住環境評価点を，サンプル（各町丁目）ごとに累計することにより，居住環境評価総合点が得られる。最後に，各サンプルの居住環境評価総合点のヒストグラムを描き，各町丁目の居住環境ランクを設定する。

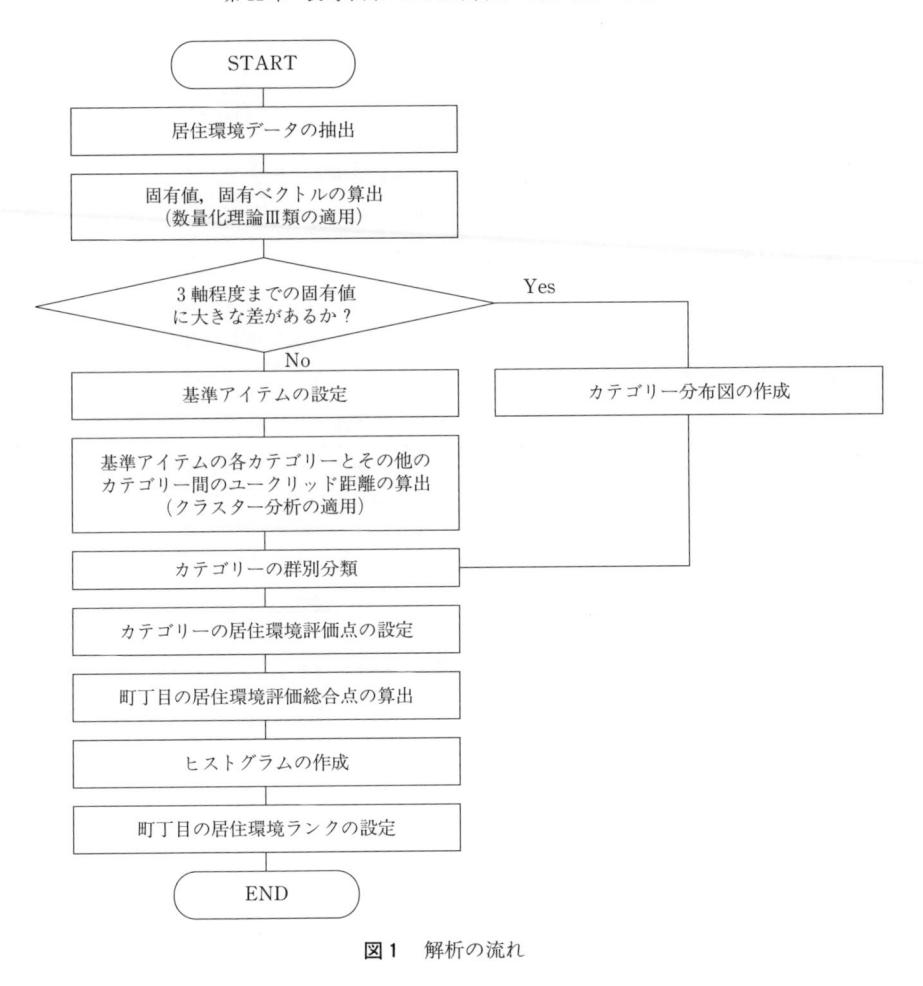

第12章　長崎市内における市街地の居住環境の分析　　273

```
                    START
                      │
           ┌──────────────────────┐
           │   居住環境データの抽出   │
           └──────────────────────┘
                      │
           ┌──────────────────────┐
           │  固有値，固有ベクトルの算出 │
           │  （数量化理論Ⅲ類の適用）   │
           └──────────────────────┘
                      │
              ╱ 3軸程度までの固有値 ╲  Yes
             ╲ に大きな差があるか？ ╱─────┐
                      │ No              │
           ┌──────────────────────┐     │    ┌──────────────────────┐
           │   基準アイテムの設定    │     └───▶│  カテゴリー分布図の作成  │
           └──────────────────────┘          └──────────────────────┘
                      │
           ┌──────────────────────────────┐
           │ 基準アイテムの各カテゴリーとその他の │
           │ カテゴリー間のユークリッド距離の算出 │
           │   （クラスター分析の適用）          │
           └──────────────────────────────┘
                      │
           ┌──────────────────────┐
           │  カテゴリーの群別分類   │◀────────┘
           └──────────────────────┘
                      │
           ┌──────────────────────────┐
           │ カテゴリーの居住環境評価点の設定 │
           └──────────────────────────┘
                      │
           ┌──────────────────────────┐
           │ 町丁目の居住環境評価総合点の算出 │
           └──────────────────────────┘
                      │
           ┌──────────────────────┐
           │    ヒストグラムの作成   │
           └──────────────────────┘
                      │
           ┌──────────────────────┐
           │  町丁目の居住環境ランクの設定 │
           └──────────────────────┘
                      │
                    END
```

図 1　解析の流れ

2．解析結果

(1) 居住環境データの抽出

本研究において抽出した居住環境に関連する18項目の属性データ（アイテム）の定義を表1にまとめて示す。表中のアイテム1は，財団法人統計情報研究開発センター発行の「平成7年国勢調査小地域集計の町丁・字等別地

表1 アイテムの定義

アイテム	定　義
1．平均傾斜度	市街地の傾斜度の平均値
2．商業用地の比率	宅地面積全体に対する商業用地の比率
3．工業用地の比率	宅地面積全体に対する工業用地の比率
4．人口密度	市街地における人口密度，(人口)／(市街地の面積)
5．高齢者人口比率	全人口に対する高齢者（65歳以上）人口の割合
6．人口増加率	平成元年から9年（10年間）の年平均人口増加率
7．木造家屋比率	全家屋数に対する木造家屋数の比率
8．低層家屋比率	全家屋数に対する1～2階建ての低層家屋数の比率
9．戦前家屋比率	全家屋数に対する戦前に建てられた家屋数の比率
10．床面積	一世帯あたり床面積の平均値，(建築物の総床面積)／(世帯数)
11．持ち家比率	全世帯数に対する持ち家に居住する世帯数の割合
12．公共下水道供用率	全人口に対する下水道供用人口の割合
13．道路の面積比率	全面積に対する道路面積が占める割合
14．細街路の比率	国道，県道，市道の総延長に対する幅員4m未満の道路延長の割合
15．バス利用圏内の比率	各バス停から300m圏内に入る面積の全体面積に占める割合
16．公園面積	公園面積を全人口で割った値
17．老朽木造家屋の比率	全家屋数に対する老朽木造家屋数の割合
18．自動車保有台数	3～5ナンバーの乗用車台数の合計を世帯数で割った値

図（境域）データ」および「数値地図50mメッシュ（標高）」を，GISアプリケーションArcView 3.2を用いて重ね合わせ処理を行って作成した。また，アイテム2～17は長崎市都市整備部まちづくり課が作成した資料[6]の中から抽出し，アイテム18は長崎県税事務所より提供された資料を基に作成した。

(2) アイテム，カテゴリーの設定

前節で抽出した居住環境に関連すると判断される18のアイテムを，各サ

第12章 長崎市内における市街地の居住環境の分析

表2 アイテム,カテゴリー一覧

アイテム	カテゴリー
1. 平均傾斜度 (°)	1) 0〜5 ; 2) 5〜10 ; 3) 10〜15 ; 4) 15以上
2. 商業用地の比率 (%)	5) 0〜20 ; 6) 20〜40 ; 7) 40〜60 ; 8) 60以上
3. 工業用地の比率 (%)	9) 0〜20 ; 10) 20〜40 ; 11) 40〜60 ; 12) 60以上
4. 人口密度 (人/ha)	13) 0〜40 ; 14) 40〜80 ; 15) 80〜120 ; 16) 120〜160 ; 17) 160〜200 ; 18) 200以上
5. 高齢者人口比率 (%)	19) 0〜10 ; 20) 10〜15 ; 21) 15〜20 ; 22) 20〜25 ; 23) 25以上
6. 人口増加率 (%)	24) -2.0以下 ; 25) -2.0〜-1.0 ; 26) -1.0〜0 ; 27) 0〜+1.0 ; 28) +1.0〜+2.0 ; 29) +2.0以上
7. 木造家屋比率 (%)	30) 0〜20 ; 31) 20〜40 ; 32) 40〜60 ; 33) 60〜80 ; 34) 80〜100
8. 低層家屋比率 (%)	35) 0〜40 ; 36) 40〜60 ; 37) 60〜80 ; 38) 80〜100
9. 戦前家屋比率 (%)	39) 0〜10 ; 40) 10〜20 ; 41) 20〜30 ; 42) 30以上
10. 床面積 (m^2/世帯)	43) 0〜60 ; 44) 60〜80 ; 45) 80〜100 ; 46) 100〜120 ; 47) 120以上
11. 持ち家比率 (%)	48) 0〜40 ; 49) 40〜50 ; 50) 50〜60 ; 51) 60〜70 ; 52) 70以上
12. 公共下水道供用率 (%)	53) 0〜50 ; 54) 50〜65 ; 55) 65〜80 ; 56) 80〜95 ; 57) 95以上
13. 道路の面積比率 (%)	58) 0〜10 ; 59) 10〜20 ; 60) 20〜30 ; 61) 30以上
14. 細街路の比率 (%)	62) 0〜20 ; 63) 20〜40 ; 64) 40〜60 ; 65) 60〜80 ; 66) 80〜100
15. バス利用圏内の比率 (%)	67) 0〜20 ; 68) 20〜40 ; 69) 40〜60 ; 70) 60〜80 ; 71) 80〜100
16. 公園面積 (m^2/人)	72) 0〜5 ; 73) 5〜10 ; 74) 10〜15 ; 75) 15〜20 ; 76) 20以上
17. 老朽木造家屋の比率 (%)	77) 0〜10 ; 78) 10〜20 ; 79) 20〜30 ; 80) 30〜40 ; 81) 40〜50 ; 82) 50以上
18. 自動車保有台数 (台/世帯)	83) 0〜0.2 ; 84) 0.2〜0.4 ; 85) 0.4〜0.6 ; 86) 0.6〜0.8 ; 87) 0.8〜1.0 ; 88) 1.0以上

ンプルへの反応状況を考慮しながら，それぞれ4から6のカテゴリーに分類した。その結果，合計88のカテゴリーを設定した。設定したアイテム，カテゴリーを表2にまとめる。

(3) 固有値，固有ベクトルの算出

各サンプルが，それぞれのアイテムのどのカテゴリーに反応するかを調べ，数量化理論III類を適用して，固有値および固有ベクトル（カテゴリースコア）を算出した。求めた固有値の一覧を表3に示す。表を参照すれば，1軸から74軸までは固有値が漸減しているが，74軸と75軸の固有値の間に大きな隔たりがあり，それ以降の固有値が著しく小さくなっていることがわかる。すなわち，3軸程度までの固有値に大きな隔たりがないため，4軸以降74軸までの固有値に対する固有ベクトルの値を無視することができないことがわかった。したがって，本解析ではカテゴリー分布図を利用したカテ

表3 固有値一覧

軸	固有値	軸	固有値	軸	固有値	軸	固有値	軸	固有値
1	0.310638	19	0.071349	37	0.044459	55	0.022396	73	0.000227
2	0.199953	20	0.069686	38	0.044071	56	0.021165	74	0.000042
3	0.168897	21	0.066635	39	0.041191	57	0.020940	75	0.000000
4	0.132428	22	0.064585	40	0.040424	58	0.020117	76	0.000000
5	0.127866	23	0.063404	41	0.038161	59	0.017371	77	0.000000
6	0.122153	24	0.062381	42	0.037690	60	0.016450	78	0.000000
7	0.100304	25	0.061134	43	0.035999	61	0.015194	79	0.000000
8	0.091154	26	0.058030	44	0.035927	62	0.014427	80	0.000000
9	0.091016	27	0.057534	45	0.034079	63	0.013728	81	0.000000
10	0.086957	28	0.055362	46	0.033078	64	0.011657	82	0.000000
11	0.084812	29	0.054353	47	0.031128	65	0.010520	83	0.000000
12	0.079984	30	0.053594	48	0.029902	66	0.009386	84	0.000000
13	0.078793	31	0.051918	49	0.029810	67	0.007591	85	0.000000
14	0.077366	32	0.050723	50	0.029252	68	0.006541	86	0.000000
15	0.075692	33	0.049292	51	0.026746	69	0.005616	87	0.000000
16	0.074514	34	0.048911	52	0.026093	70	0.003783	—	—
17	0.073950	35	0.047045	53	0.025498	71	0.001650	—	—
18	0.072516	36	0.045276	54	0.022650	72	0.000787	—	—

ゴリーの群別分類手法の適用が困難であることから，クラスター分析を適用したカテゴリーの群別分類手法を選択した（図1参照）。

(4) カテゴリーの居住環境評価点の設定

各カテゴリーの群別分類を行う前に，基準アイテムを選定し，各群の核となる基準アイテムのカテゴリーを決定することが必要である。抽出した18項目のアイテムの中で，「平均傾斜度」が居住環境の現状を最もよく表しているものと判断されることから，本解析ではアイテム「平均傾斜度」を基準

表4　群別分類結果

CN	CNSI	CN	CNSI	CN	CNSI	CN	CNSI
1)	—	23)	1)	45)	2)	67)	3)
2)	—	24)	1)	46)	1)	68)	3)
3)	—	25)	2)	47)	1)	69)	2)
4)	—	26)	2)	48)	1)	70)	2)
5)	2)	27)	2)	49)	1)	71)	1)
6)	1)	28)	3)	50)	2)	72)	1)
7)	1)	29)	1)	51)	2)	73)	2)
8)	1)	30)	1)	52)	2)	74)	1)
9)	1)	31)	1)	53)	2)	75)	1)
10)	2)	32)	1)	54)	2)	76)	2)
11)	3)	33)	1)	55)	2)	77)	1)
12)	2)	34)	3)	56)	2)	78)	1)
13)	1)	35)	1)	57)	1)	79)	1)
14)	3)	36)	1)	58)	3)	80)	1)
15)	2)	37)	1)	59)	1)	81)	2)
16)	1)	38)	2)	60)	1)	82)	3)
17)	2)	39)	1)	61)	1)	83)	2)
18)	2)	40)	2)	62)	1)	84)	3)
19)	2)	41)	2)	63)	2)	85)	1)
20)	1)	42)	2)	64)	1)	86)	1)
21)	1)	43)	1)	65)	3)	87)	1)
22)	2)	44)	1)	66)	3)	88)	1)

＊CNはカテゴリー番号（Category Numbers），CNSIは帰属する基準アイテムのカテゴリー番号（Category Numbers of Standard Item）を示す。

アイテムに選定した。

次に，前節で算出した固有値および固有ベクトル（カテゴリースコア）から，基準アイテムの各カテゴリーとその他のすべてのカテゴリーとのユークリッド距離を算出した。なお，各軸の固有値の大きさが，それに対応する固有ベクトルの値の重要度を示すと考えられることから，重みに固有値を使用した。また，表3に示すように75軸以降の固有値が極端に小さいことから，75軸以降の固有ベクトルの値は無視できると考えられ，74次元のユークリッド距離を求めた。重み付きユークリッド距離は，次式により与えられる。

$$d_{rs}^2 = \sum w_i(x_{ri} - x_{si})^2$$

ここに，d_{rs}：重み付きユークリッド距離
w_i：固有値（重み）
x_{ri}：基準アイテム以外のカテゴリーの固有ベクトル
x_{si}：基準アイテムのカテゴリーの固有ベクトル

さらに，基準アイテムの各カテゴリーを核とする群（クラスター）をあらかじめ想定した。そして，基準アイテム以外のカテゴリーを74次元の重み付きユークリッド距離が最も近い基準アイテムの各カテゴリーを核とする群に帰属させ，すべてのカテゴリーの群別分類を行った。その結果を表4に示す。

ここで，基準アイテム「平均傾斜度」の各カテゴリーに，居住環境評価点を与える。長崎市の市街地においては，一般的に市街地の平均傾斜度が緩いほど居住環境が良いと判断されることから，カテゴリー1）（0～5°）に3点，カテゴリー2）（5～10°）に2点，カテゴリー3）（10～15°）に1点，カテゴリー4）（15°以上）に0点の居住環境評価点を与えた。そして，表4に示す群別分類結果に基づき，各群に属するすべてのカテゴリーに，核となる基準アイテムのカテゴリーと同じ居住環境評価点を付与した。その結果を表5にまとめて示す。

表5から「商業用地の比率」，「木造家屋比率」，「低層家屋比率」，「戦前家屋比率」，「持ち家比率」，「公共下水道供用率」，「道路の面積比率」，「バス利

第 12 章 長崎市内における市街地の居住環境の分析

表 5 居住環境評価点

アイテム	居住環境評価点			
	0	1	2	3
1．平均傾斜度（°）	4) 15以上	3) 10～15	2) 5～10	1) 0～5
2．商業用地の比率（％）			5) 0～20	6) 20～40；7) 40～60；8) 60以上
3．工業用地の比率（％）		11) 40～60	10) 20～40；12) 60以上	9) 0～20
4．人口密度（人/ha）		14) 40～80	15) 80～120；17) 160～200；18) 200以上	13) 0～40；16) 120～160
5．高齢者人口比率（％）			19) 0～10；22) 20～25	20) 10～15；21) 15～20；23) 25以上
6．人口増加率（％）		28) +1.0～+2.0	25) -2.0～-1.0；26) -1.0～0；27) 0～+1.0	24) -2.0以下；29) +2.0以上
7．木造家屋比率（％）		34) 80～100		30) 0～20；31) 20～40；32) 40～60；33) 60～80
8．低層家屋比率（％）			38) 80～100	35) 0～40；36) 40～60；37) 60～80
9．戦前家屋比率（％）			40) 10～20；41) 20～30；42) 30以上	39) 0～10
10．床面積（㎡/世帯）			45) 80～100	43) 0～60；44) 60～80；46) 100～120；47) 120以上
11．持ち家比率（％）			50) 50～60；51) 60～70；52) 70以上	48) 0～40；49) 40～50
12．公共下水道供用率（％）			53) 0～50；54) 50～65；55) 65～80；56) 80～95	57) 95以上
13．道路の面積比率（％）		58) 0～10		59) 10～20；60) 20～30；61) 30以上
14．細街路の比率（％）		65) 60～80；66) 80～100	63) 20～40	62) 0～20；64) 40～60
15．バス利用圏内の比率（％）		67) 0～20；68) 20～40	69) 40～60；70) 60～80	71) 80～100
16．公園面積（㎡/人）			73) 5～10；76) 20以上	72) 0～5；74) 10～15；75) 15～20
17．老朽木造家屋の比率（％）		82) 50以上	81) 40～50	77) 0～10；78) 10～20；79) 20～30；80) 30～40
18．自動車保有台数（台/世帯）		84) 0.2～0.4	83) 0～0.2	85) 0.4～0.6；86) 0.6～0.8；87) 0.8～1.0；88) 1.0以上

用圏内の比率」や「老朽木造家屋の比率」の各アイテムについては，各カテゴリーの居住環境評価点が常識的な評価と一致していることがわかる。これに対し，「工業用地の比率」，「人口密度」，「高齢者人口比率」，「人口増加率」，「床面積」，「細街路の比率」，「公園面積」，「自動車保有台数」のアイテムにおいて，各カテゴリーの居住環境評価点が常識的な評価と一部異なっているものの，両者の差異は比較的小さい。よって，全般的にみれば，今回の解析結果は常識的な評価と大きな差異がないものとみなされる。以上のことから，今回行った各カテゴリーの群別分類は，おおむね妥当であると評価することができる。

(5) **各町丁目の居住環境ランクの設定**

前節で設定した各アイテムのカテゴリーの居住環境評価点を，各サンプル（町丁目）ごとに累計し，各町丁目の居住環境評価総合点を得た。次に，求めた各町丁目の居住環境評価総合点と，その度数との関係をヒストグラムに表した。その結果は図2に示すとおりである。さらに，このヒストグラムを面積的におおよそ等しくなるように5分割することにより，5段階（A

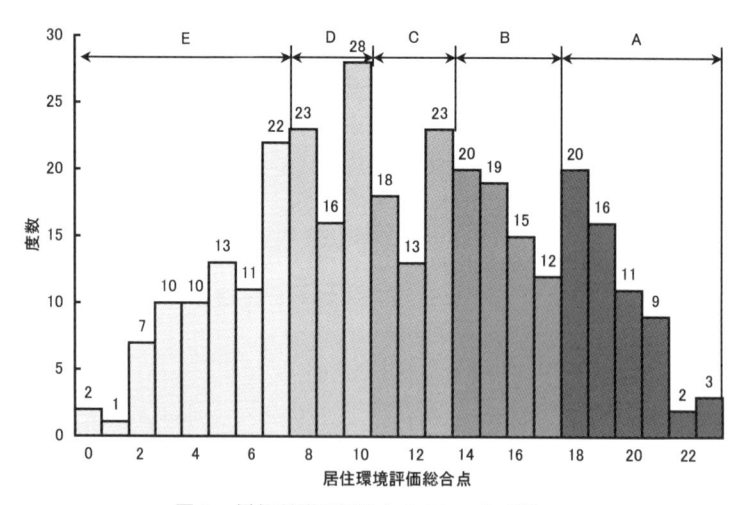

図2　居住環境評価総合点のヒストグラム

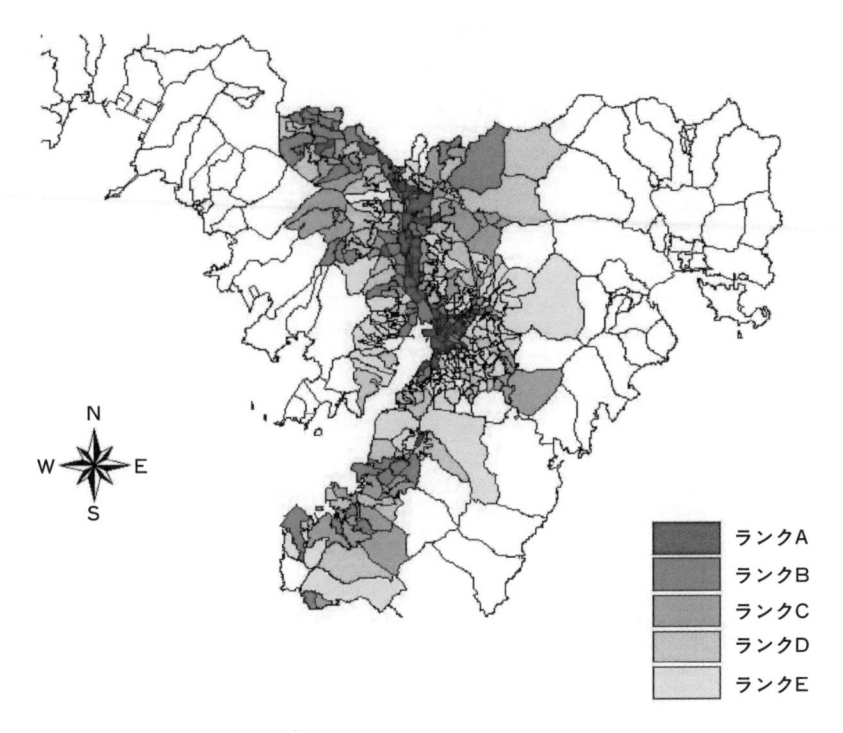

第12章　長崎市内における市街地の居住環境の分析　　　*281*

図3　長崎市内の各町丁目の居住環境ランク

～E）の居住環境ランクを設定した。もちろん，ランクAの居住環境が最も良く，逆にランクEの居住環境が最も悪いということを示している。また，本解析により明らかになった長崎市内の各町丁目の居住環境ランクを図3に示す。

おわりに

図3を参照すれば，長崎市の中心市街地から北部に伸びる低地部に位置する町丁目の居住環境ランクが高く，これらの低地部の周辺の町丁目の居住環境が全般に低いことがわかる。また，郊外の比較的新しく開発された住宅地の居住環境ランクも，全般に高くなっている。

表6 居住環境評価総合点が20〜23の町丁目

居住環境評価総合点	町丁目名
23	松山町，八千代町，万才町
22	五島町，常磐町
21	樺島町，元船町，江戸町，新大工町，川口町，大黒町，浜口町，平和町，宝町
20	滑石5丁目，興善町，出島町，出来大工町，諏訪町，千歳町，新戸町2丁目，大橋町，中町，賑町，茂里町

表7 居住環境評価総合点が0〜4の町丁目

居住環境評価総合点	町丁目名
0	高平町，出雲2丁目，万才町
1	東琴平1丁目
2	伊良林2丁目，戸町3丁目，元町，出雲3丁目，水の浦町，大谷町，東立神町
3	愛宕1丁目，愛宕2丁目，秋月町，伊良林3丁目，浜平2丁目，東山町，上小島1丁目，出雲1丁目，川上町，鳴滝1丁目
4	東琴平2丁目，片淵4丁目，福田町，立山1丁目，立山2丁目，西山本町，矢の平1丁目，鳴滝3丁目，西立神町，大鳥町

ランクA（居住環境評価総合点が18〜23）のうち，特に居住環境評価総合点が高い（20〜23）町丁目を表6に掲げる。表に示した町丁目は，いずれも中心市街地から北部に伸びる低地部に位置し，路面電車やバスなどの交通の利便性が高く，社会基盤が比較的よく整備されている。また，ランクE（居住環境評価総合点が0〜7）のうち，特に居住環境評価総合点が低い（0〜4）町丁目を表7に示す。ここに挙げた町丁目は，すべて中心市街地の周辺に位置する斜面市街地に属している。一般に長崎市の斜面市街地の居住環境が悪いといわれているが，表7はこのことを客観的に表しているものと判断される。

　郊外の新興住宅地の居住環境ランクを表8に示す。表を参照すれば，いず

表8 新興住宅地の居住環境ランク

町丁目名	居住環境評価総合点	居住環境ランク	町丁目名	居住環境評価総合点	居住環境ランク
滑石1丁目	13	C	横尾4丁目	16	B
滑石2丁目	15	B	横尾5丁目	15	B
滑石3丁目	14	B	ダイヤランド1丁目	16	B
滑石4丁目	16	B	ダイヤランド2丁目	17	B
滑石5丁目	20	A	ダイヤランド3丁目	15	C
滑石6丁目	17	B	ダイヤランド4丁目	13	B
横尾1丁目	15	B	城山台1丁目	14	B
横尾2丁目	14	B	城山台2丁目	14	B
横尾3丁目	13	C			

表9 平均傾斜度が10°以上の居住環境ランクが高い町丁目

町丁目名	居住環境評価総合点	居住環境ランク	平均傾斜度(°)	町丁目名	居住環境評価総合点	居住環境ランク	平均傾斜度(°)
城山台2丁目	14	B	14.3	西坂町	14	B	12.9
横尾5丁目	15	B	10.8	南山手町	14	B	10.4
梁川町	15	B	10.9	川平町	14	B	12.6
筑後町	14	B	12.0				

れもランクが比較的高く評価されていることがわかる。これらの町丁目では，道路や公園などの社会資本が比較的よく整備されていることから，本解析による評価結果が妥当なものであると考えられる。

表9に挙げる町丁目は，平均傾斜度10°以上で，しかも居住環境ランクが比較的高い地区である。表中の城山台2丁目と横尾5丁目は，新興住宅地に属する地区である。また，川平町を除くその他の町丁目は，中心市街地に近接する斜面市街地の縁辺部に属する。これらの町丁目は，いずれも道路などの社会基盤が比較的整備されており，公共交通機関の利便性も比較的高い。

以上の結果は，次の3点に集約される。

①中心市街地から北部に伸びる低地部に位置する町丁目の居住環境ランクが高いこと。

②低地部周辺の斜面市街地に属する町丁目の居住環境ランクが全般に低

いこと。
③郊外の比較的新しく開発された新興住宅地の居住環境ランクが比較的高いこと。

今回の解析により，上記の3点を客観的に明示することができたことから，本研究で実施した手法が各地区の居住環境の評価に十分適用できることが明らかになった。

本研究では，数量化理論Ⅲ類とクラスター分析を適用し，長崎市内の各町丁目の居住環境を評価した。その結果，中心市街地から北部に伸びる低地部に位置する町丁目の居住環境ランクが高いこと，逆に低地部の周辺に分布する斜面市街地に属する町丁目の居住環境ランクが全般に低いこと，また郊外の新興住宅地の居住環境ランクが比較的高いことを，客観的に示すことができた。したがって，本手法が各地区の居住環境評価に十分適用可能であるといえる。

本手法を適用して居住環境評価を行う場合，最も困難な問題はデータの収集である。今回の解析は，主に長崎市などから提供されたデータを基に実施し，唯一「平均傾斜度」だけをGISを使用してそのデータを取得した。今後，GISを活用することにより，より多くのデータの取得が効率的にできるものと考える。

今回の解析では，全18のアイテムのうち，建築物に関連するアイテムを6項目挙げている。これに対し，道路に関するアイテムは2項目，公共交通の利用のしやすさに関するアイテムは1項目だけである。したがって，居住環境評価を目的とするという観点からすれば，アイテムの選定にやや偏りがあるかもしれない。また，今回の解析は，平地部の市街地や斜面市街地などの様々なタイプの市街地を対象に実施し，一般に斜面市街地の居住環境が悪いことを明らかにした。このことは，本手法の適用性について検討するという観点からは評価される。しかし，斜面市街地の中で，居住環境の優劣を評価することも併せて必要であり，今後の課題として挙げられる。以上述べた課題について今後も検討し，本手法を実用に耐えるレベルまで高めることを目標に，引き続き本手法を適用した居住環境評価に関する研究を実施する予

定である。

参考文献

1) 杉山和一，全炳徳：長崎県における高密度斜面市街地の抽出，GIS——理論と応用，Vol. 9, No. 2, pp.75-82, 2001. 9.
2) 杉山和一：長崎市内斜面市街地の居住環境改善策の提案，土木計画学研究・講演集，No.22(2), pp.431-434, 1999.10.
3) 石松隆和，杉山和一：坂の町を住みやすくするための取組み，農業土木学会誌，Vol.70, No.3, pp.203-206, 2002.3.
4) 林知己夫，駒澤 勉：数量化理論とデータ処理，朝倉書店, pp.89-154, 1982.6.
5) 河口至商：多変量解析入門II，森北出版, pp.26-44, 1978.4.
6) 長崎市都市整備部まちづくり課：防災再開発促進地区抽出調査業務委託報告書，1999.7.

第13章
長崎大学環境科学部の ISO 14001 認証取得

武政 剛弘

要　旨

　本章では，長崎大学環境科学部が ISO 14001 の認証取得に至るまでの経緯を述べている。ISO 14001 に関しては，日本国内では急速に認証を受ける企業が増加しているが，最近は多くの大学や行政機関も認証を目指して環境整備を行っている。

　日本で最初に文理融合の環境教育に取り組んでいる環境科学部は，環境に関しては社会に対して責任ある研究・教育を積極的に推進している。そのために環境科学部は長崎大学内でも環境を配慮した実践活動を先導的に行う責任がある。

　当学部が ISO 14001 認証取得に至るまでの概要は，以下のとおりである。ISO 14001 は自ら環境改善の方針，目的，目標を計画し，実施し，達成するための環境における目標管理制度である。したがって，ISO 14001 認証取得するためには，最初に何を目的に認証取得するのかを明確にして全員の意思統一が必要となる。大学機構では環境を配慮した研究・教育が行われる環境整備を行うことが大事な要素である。そのことを構成員全員に周知した上で組織の命令系統をスムーズにする体制を確立しなければならない。そして，認証を受ける適用範囲を設定して，適用範囲内での環境調査（環境側面の抽出）を行い，「環境マネジメントシステム」を構築していく上に重要な基礎データを収集する。これらの前段階の行程を経て，私たちは環境科学部独自の「環境マネジメントシステム」を構築した。構築に際しては，「環境マネジメントシステム」が ISO 14001 規格に述べられている PDCA（Plan-Do-Check-Action）サイクルによる要求事項を満足しなければならない。環境科学部では，平成 14 年 11 月に環境方針を定めて教授会で承認して独自に作成した「環境科学部環境マネジメント」に沿った行動を開始した。そして本審査では，「教育による環境に配慮出来る質の高い学生を輩出」を大きな目標に掲げ活動していることが大いに評価されて「適格である」との認証を受けた。国立大学での ISO 14001 認証取得は九州地区では熊本大学の薬学部に次いで 2 番目であり高く評価されている。ISO 14001 を当学部が認証取得したことで，学部内の環境は大変改善され，省エネ活動，ゴミ回収，廃液処理等は文教キャンパス内で一番整備されていると自負している。教育面でも，ISO 14001 認証取得の意義を機会あるごとに学生に周知させることで学生の環境意識の向上につながり，環境に関するいろいろの分野で積極的に実践する学生が目立つようになったことは成果である。

第13章 長崎大学環境科学部のISO 14001認証取得

はじめに

　ISO 14001とは1996年9月に発行した「環境マネジメント」に関する国際規格です。日本国内では急速に導入企業が増加していますが，最近は多くの大学や行政機関も認証を目指して環境整備を行っています。ISO 14001では，「環境マネジメント」を「全体的なマネジメントシステムの一部で，環境方針を作成し，実施し，達成し，見直しかつ維持するための，組織の体制，計画活動，責任，慣行，手順，プロセス及び資源を含むもの」と定義しています。すなわち，ISO 14001は自ら環境改善の方針，目的，目標を計画し，実施し，達成するための環境における目標管理制度であります。

　日本で最初に文理融合の環境教育に取り組んでいる環境科学部は，環境に関しては社会的にも責任ある研究・教育を積極的に推進する義務があります。環境科学部は平成14年3月第1回卒業生を社会に送り出し教育・研究が充実した時点で，長崎大学内でも環境を配慮した実践活動を先導的に行わなければならないとの考えに基づき，学部内にISO 14001の認証取得の機運が高まりました。平成14年度当初にISO 14001運営委員会を設置して取得に向けての規則の整理と学部内の環境整備を推進して，同年11月に環境方針を定めて教授会で承認しました。本審査では，「教育による環境に配慮出来る質の高い学生を輩出」を大きな目標に掲げ活動していることが大いに評価されて「適格である」との認証を受けました。国立大学でのISO 14001認証取得は九州地区では熊本大学の薬学部に次いで2番目であり高く評価されています。ISO 14001を当学部が認証したことで，学部内の環境は大変改善され，省エネ活動，ゴミ回収，廃液処理等は文教キャンパス内で一番整備されていると自負しています。教育においてもISO 14001認証取得を機会あるごとに学生に周知させることで，環境保全についていろいろの分野で積極的に実践する学生が育ってくれると期待しています。本報告では，環境科学部がISO 14001認証取得するまでの過程を紹介します。

1. 環境科学部の認証取得への意思表明

　環境科学部が ISO 14001 認証取得することは，環境影響の軽減や学部内の運営管理体制の再確認だけでなく，様々な効果が期待されます。しかし，すべてを一度に期待することは難しく，認証取得に当たっては，何を目的に認証取得するのかを明確にしておくことが必要です。特に，大学機構では環境を配慮した研究・教育が行われていることが大事な要素となります。したがって，大学における環境側面としては，研究・教育に関する環境に影響を及ぼすと思われる側面と直接管理できる側面があります。環境に関する研究・教育では，将来，環境科学部で教育を受けた学生が，研究，開発，設計を行う際，積極的に環境を配慮出来るような教育を学生に実施することです。それには，講義内容の確認と整理が必要となり，それを公表して実施していることを証明している文章がシラバスです。一方，研究・教育に必要な環境整備が直接管理できる側面で，これには研究に使用する化学薬品の管理，使用済みの薬品廃液の処理や学部内で使用する紙，電気等の節減とごみの適正処理が含まれています。このような背景を認識した上で，環境科学部のパンフレットでも宣言している「環境科学部では，人間の諸活動が地球や地域の環境に及ぼす影響を評価・改善する環境マネジメントや環境監査（ISO 14000 シリーズなど）について，積極的に教育・研究します。そのことを通じて，企業および行政等における環境対策のプロとして活躍できる人材の育成を目指します。」の約束を遂行する社会的責任があり，学部長が平成 14 年 5 月 15 日の教授会で ISO 14001 認証取得宣言を行い構成員全員の合意を得た上で，ISO 14001 認証取得に向けて具体的な作業をする運営委員会が同時に設置されました。ここに至るまでには，学部から選任された教官による事前調査が学部長裁量経費によって約半年間行われています。認証取得宣言後，12 回の運営委員会を開催して「長崎大学環境科学部　環境方針」を定め，環境方針に基づいて作成した「長崎大学環境科学部環境管理マニュアル」を構成員全員に配布して，「環境科学部環境マネジメント」（以下 EMS

と称す）を全員に説明して，全員が確認した上で平成14年11月1日にEMSの運用を開始しました。以下，EMS構築の基本となる環境科学部の環境方針を示す。この環境方針は，環境科学部の教職員全員，学生，出入り業者等に配布し，同時に学部内の随所に掲示して周知を行っています。

「長崎大学環境科学部　環境方針」

1．基本理念

　長崎大学環境科学部は，環境と共生する循環型社会への転換をリードする環境科学の開拓・確立・高度化の推進を理念とする教育・研究を行う。

　本学部は日常の活動で環境負荷低減を自ら実践し，キャンパス内及び地域の環境改善へ向けて情報を発信する。

2．環境方針
 (1) 自然と人間との調和を踏まえた地球環境の全体的保全と人間社会の持続的発展を図るために，以下の内容を含む環境目的及び目標を設定する。
　　(a) 独自の教育研究システムを創造し，社会に貢献できる人材を育成する。
　　(b) 国際的環境研究・教育への協力，環境問題の相互理解と情報の共有を推進する。
　　(c) 産学官連携による環境研究を推進する。
　　(d) 環境に関連した情報・教育の社会への啓発と普及を図る。
　　(e) 学部内のすべての活動に関わる環境関連法規，規制と学内規定等を遵守し，エネルギー使用量の抑制，廃棄物の削減，資源のリサイクル，グリーン購入等を積極的に推進し，環境汚染を予防する。
　　(f) キャンパス内の環境改善に向けて積極的な提言を行う。
 (2) ISO 14001運営委員会を組織し，定期的に環境マネジメントシステムを見直し，継続的改善を図る。
 (3) この環境方針は文書化し，長崎大学環境科学部内のすべての教職員・学生に周知するとともに，大学内及び一般の人にも文書並びにインターネットを用いて開示する。

http://www.env.nagasaki-u.ac.jp/mainj.html

平成14年11月1日
長崎大学環境科学部長

2. 体制の確立

　現在まで大学でのISO 14001認証取得は，日本では多くの私立大学が先行しています。これは，私立大学の運営が，理事長をトップとしたピラミッド体制で行われていることに起因していると考えます。会社組織でも同様に，社長をトップとしたピラミッド体制で運営の命令系統が明確になっていることです。一方，長崎大学のような国立の大学では学部長をトップとした体制は整っておりますが，学部の運営に関する事項は教官全員参加の教授会が決定機関であります。通常，トップダウンで命令が出されることはなく各教官は独立した研究領域で職務を遂行しており，お互いの干渉はあまりありません。したがって，図1の管理体制に示すような命令系統を明確にして，

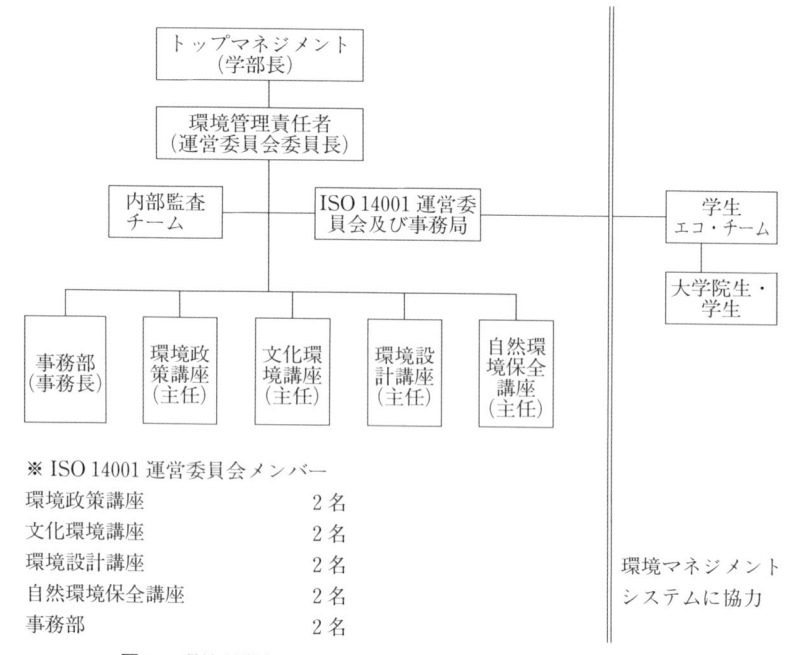

※ ISO 14001運営委員会メンバー
環境政策講座　　　　　2名
文化環境講座　　　　　2名
環境設計講座　　　　　2名
自然環境保全講座　　　2名
事務部　　　　　　　　2名

図1　環境科学部の環境マネジメントシステムに関する組織図

すべての伝達を文章で行い記録することには大変な抵抗があります。環境科学部の体制作りでも，運営委員会を中心にして強引に作業をすすめて全員に周知するまでに6ヵ月の期間を要しました。

3．適用範囲の設定

EMSは構築してしまえば，後は全員参加型で運用しなければなりません。したがって，審査を受ける際には認証取得上の組織の範囲を明確にしておく必要があります。組織とは審査を受ける場所的な範囲で，環境科学部では教職員が常時研究教育活動する場所を適用範囲として，各教官室，研究実験室および事務室を含む建物としています。この場合，講義室は他学部の教官，学生等が常時出入りするために環境科学部の適用範囲から除外しています。最初に審査を受ける構成員は当学部の教職員のみとして，認証取得後に順次大学院生，学部学生へと範囲を広げていくことにしています。

4．学部内での環境調査（環境側面の抽出）

ISO 14001のEMSは自ら環境改善の方針，目的，目標を計画し，実施し，達成するための環境における環境管理制度であり，システム構築の前提として現在の我々の活動状況が環境にどの程度影響しているのかを調査する必要があります。当学部では，事務記録資料と構成員全員に前述の適用範囲内での全活動における環境影響とその側面の洗い出しを行っています。その中で，特にEMSの中で管理すべき重要項目を著しい環境側面として抽出し，この著しい環境側面について環境科学部では将来的にどのように取り組むかの対策を立てることが，EMS構築の基本的な流れとなります。したがって，この初期調査が環境科学部独自のEMSを確立し，運用していくのかを決定する重要な基礎データ調査となります。

5. 環境科学部における環境マネジメント (EMS) 構築

上述のような準備段階を経て，私たちは環境科学部独自の EMS を構築します。環境科学部の EMS は図 2 に示すとおりで，ISO 14001 規格に述べられている PDCA (Plan-Do-Check-Action) サイクルによる EMS 要求事項を満足しております。

著しい環境側面を抽出して，環境科学部ではこれについてどのように取り組むかの対策を立てることが重要であると述べましたが，図 2 の計画にある目的および目標の設定がこれにあたります。運営委員会では検討をくり返し，環境科学部で実行可能な目標を設定しています。これには研究・教育に関する環境に影響を及ぼすと考えられる側面と直接管理できる側面を明確に区別して設定しています。表 1 に示す環境科学部の環境目的・目標一覧が環境科学部 EMS を特徴づけるものです。同表の直接管理できる側面の電気の

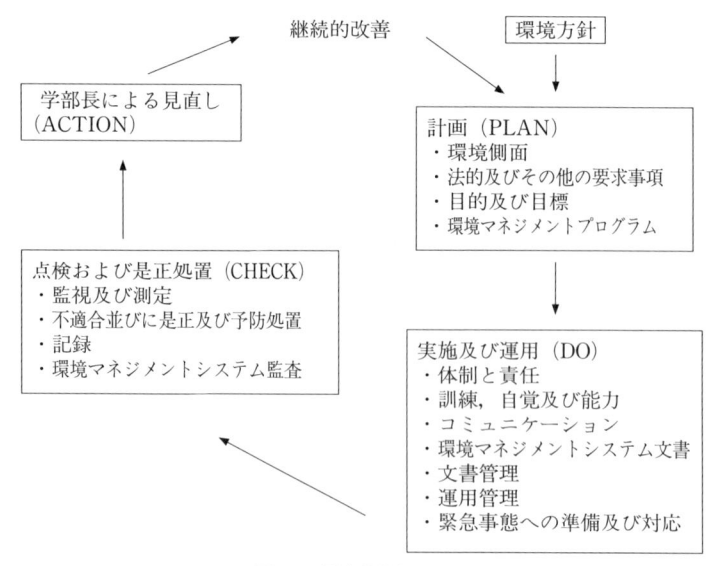

図 2　環境科学部の EMS

使用から廃液の発生までの項目について，削減目標値を設定しています。この目標値は，環境科学部で達成可能であるかを慎重に検討して数値を出していますが，厳しい数値目標にすると審査に対しては良い評価を得るかもしれませんが，将来実行不可能となって破綻するおそれがあります。

表1の数値目標についても，審査の際にこれだけ厳しく制限して十分に研究・教育が出来ますかとの質問を受けております。したがって，早急な見直

表1 環境科学部の環境目的・目標一覧表　　　　　　　　平成14年11月1日

環境側面	目的	目標 (14年度数値目標)	目標 (15年度数値目標)	目標 (16年度数値目標)	関連部門
電気の使用	使用量の維持	使用量の維持	使用量の維持	使用量の維持	共通
コピー用紙の使用	20％削減	10％削減	15％削減	20％削減	共通
廃棄物の発生 （可燃物）	20％削減	10％削減	15％削減	20％削減	共通
廃棄物の発生 （不燃物）	20％削減	10％削減	15％削減	20％削減	共通
試薬の使用量	危険物の使用量 10％削減	危険物の使用量 5％削減	危険物の使用量 8％削減	危険物の使用量 10％削減	設計講座 保全講座
廃液の発生	10％削減	5％削減	8％削減	10％削減	設計講座 保全講座
環境教育の推進	環境のための新たな教育研究システムの創造	修士課程設置 新カリキュラム	継続	新たな後期博士課程設置	共通
環境教育の推進	長崎大学型「環境科学」の発信	資格取得のための教育	継続	継続	共通
環境教育の推進	人材（スペシャリスト）の育成	県内企業への就職10％	継続	県内企業への就職15％	共通
環境研究の推進	環境に関連した研究成果の公表	国内外の学術雑誌等への投稿（1編以上）	継続	国内外の学術雑誌等への投稿（2編以上）	共通

環境研究の推進	大学間交流協定による国際的環境研究・教育の協力の推進	アリゾナ大学との研究交流協定	中国・韓国との研究交流協定	研究交流協定の推進		
	留学生の受け入れによる国際的環境問題の相互理解と情報の共有	留学生の受け入れ15名	継続	留学生の受け入れ17名		
社会貢献の推進	産学官連携による環境教育・研究の推進	受託・共同研究の受け入れ10件	受託・共同研究の受け入れ15件	受託・共同研究の受け入20件	共通	
	環境に関連した情報・教育の社会への普及	公開講座を年1回実施・特別講演の実施・講師としての講演実施・行政委員会委員としての参加50回	継続	継続		
グリーン購入の促進	全体の物品調達におけるグリーン購入比率100％	全体の物品調達におけるグリーン購入比率90％	全体の物品調達におけるグリーン購入比率95％	全体の物品調達におけるグリーン購入比率100％	事務部	

※数値目標の基準年度は13年度とする（グリーン購入除く）

しをしないような適正な数値目標の設定が要求されます。審査の際，数値目標値の評価はあまりされません。一方，間接的な側面は現在行っている研究・教育の現状に少しプラス面を加える内容で良いと思われます。次に，表1に設定した目標をどのように実行するのかを具体的にしたのが表2の環境マネジメントプログラムです。

　同表から分かるように実行プログラムは，私たちが常識として通常行わなければならない最低条件の実行プランとなっています。見方を変えれば，このように自らが公約して環境を配慮した行動を行わなければならない状況まで環境問題が深刻化していることに危機感を感じます。現在，環境科学部で

表 2 環境マネジメント（EMS）プログラム

方針	目的	目標	実施事項	責任者	手順書	関連部門
			有害な環境側面			
e	電気の使用量の維持	使用量の維持	1. 電気機器の節電 2. 冷暖房の温度管理	事務長	省エネルギー手順書	共通
			3. 省エネ機器の導入	環境管理責任者	—	
e	コピー用紙の使用20％削減	コピー用紙の使用削減 （14年度10％、15年度15％）	1. Eメールを活用する 2. 会議等の配布資料は簡素化する 3. 当学部内コピーの両面使用 4. ミスコピーの防止と再生利用	事務長	コピー用紙削減管理手順書	共通
e	廃棄物（可燃物）20％削減	廃棄物（可燃物）削減 （14年度10％、15年度15％）	1. 古紙のリサイクル化 2. 機密文書のリサイクル化	環境管理責任者	廃棄物の管理手順書	共通
e	廃棄物（不燃物）20％削減	廃棄物（不燃物）削減 （14年度10％、15年度15％）	生協とのごみ削減検討	環境管理責任者	—	共通
e	試薬の使用量の10％削減	危険物の使用量削減 （14年度5％、15年度8％）	購入の一括管理	環境管理責任者	安全の手引き	保全設計
e	廃液の発生の10％削減	廃液の発生削減 （14年度5％、15年度8％）	学生実験内容の検討	環境管理責任者	—	保全設計

方針	目的	目標	実施事項	責任者	手順書	関連部門
\multicolumn{7}{c}{有益な環境側面}							

方針	目的	目標	実施事項	責任者	手順書	関連部門
a	環境のための新たな教育システムの創造	修士課程設置（16年度に博士課程設置を見込んでいる）	1. 修士課程1年入学 2. 新カリキュラムの実施 3. 後期博士課程	学部長	—	共通
a	人材（スペシャリスト）の育成	県内企業への就職10％	1. 就職説明会2回／月 2. インターンシップの実施20人 3. 学外研修	就職委員会副委員長	—	共通
b	環境に関連した研究成果の公表	国内外への学術雑誌系への投稿（1人1編）	個人評価の実施による奨励	学部長	—	共通
b	国際的環境研究・教育の協力の推進	アリゾナ大学と研究交流協定（14年度）中国・韓国との研究交流協定（15年度）	1. 交換学生の推薦 2. 英語による授業実施の検討	教務委員長	—	共通
c	受託・共同研究受入20件	受託・共同研究受入（14年度10件，15年度15件）	1. コーディネーターの活用 2. 活性化経費の有効利用	学部長	—	共通
d	環境に関連した情報・教育の社会への普及	公開講座実施	実施　2時間×6回	学部長	—	共通
e	グリーン購入比率100％	グリーン購入率（14年度90％，15年度95％）	グリーン購入品の周知徹底のために購入基準の配布	事務長	—	事務部

は表2のプログラムに沿って研究・教育活動をしていますが，構成員全員が自覚して積極的に行動するまでには時間がかかると予想しています。しかし，当学部がISO 14001を認証取得したことは，研究・教育や学部運営の面でプラスに働き徐々にではあるが学部内で環境改善は進行し始めていることは事実です。

6．環境科学部 ISO 14001 認証取得の評価

企業と異なり明確な結果は早急に現れませんが，当学部で認証取得した結果，どのような変化が学部内で生じ始めたかを以下に示します。
① 廃棄物処理はこれまで事務まかせであったのが，分別収集等を全構成員に周知させ自らチェックする体制が確立したので，ゴミ収集等がよく整理された。
② 命令系統が明確になり，折りにふれて環境問題を全員にスムーズに周知出来るようになった。
③ ゴミ排出量，電力使用量等が定期的に構成員に周知されるようになり，自らの行動に対する環境負荷が自覚出来るようになった。
④ 徐々にではあるが，研究・教育面でISO 14001認証取得について実践内容を活かすようになった。
⑤ 審査に際して，薬品整理，ゴミ処理マニフェストの確認等の整理が行われており，その結果が大学独立法人化に伴う安全衛生管理に有利に作用している。

このように，学部内では多くの面で環境を配慮した行動が生じ始めていますが，私はISO 14001認証取得した時が積極的に環境を配慮した行動開始時と理解しております。

おわりに

現在，国立大学は2004年4月からの独立法人化に向けて随意努力してい

ますが，これからは大学独自の運営方針を確立して大学運営をしなければなりません。そのような観点からも環境科学部として，ISO 14001 を認証取得したことは独立した学部の特色と評価されると自負しております。将来，日本の各大学は多方面から評価されて厳しい大学運営を要求されると考えられます。したがって，大学自らが積極的に評価対象となる企画を立案して，運営を図ることが必要になると考えます。

参考文献

1) 日本工業標準調査会，1996：JIS 環境マネジメントシステム──仕様及び利用の手引き，JIS Q 14001，日本規格協会
2) 黒澤正一，2001：ISO 14001 を学ぶ人のために──環境マネジメント・環境監査入門，ミネルヴァ書房
3) 黒柳要次他，2002：「ISO 14001」審査登録Q＆A，日刊工業新聞社

あとがき

　本書の出版の経緯は冒頭の「序にかえて」に記したとおりである。本書出版の契機となった「文化と環境国際学術会議」の運営に尽力された多くの台湾側関係者とりわけ淡江大学文学部長高柏園氏及び醒吾技術学院長袁保新氏に心より感謝するものである。

　私たちはこれまで，文化環境講座に所属する教員の研究成果を『環境と文化──〈文化環境〉の諸相』（2000，九州大学出版会）として，続いて文化環境講座と環境政策講座に所属する教員の研究成果を『環境科学へのアプローチ──人間社会系』（2001，同上）として，さらに環境政策講座に所属する教員の研究成果を『地球環境問題と環境政策』（2003，ミネルヴァ書房）として刊行してきたが，本書はそれらに続く4冊目の研究成果の刊行である。

　本書には，上記2講座の他に本学部の環境設計講座に所属する教員が参加し，また名古屋大学大学院文学研究科の中村靖子氏及び淡江大学文学部の高柏園氏に参加していただいた。年末を間近に控えた慌ただしいなか私たちの求めに快く応じて原稿をお寄せいただいた中村靖子氏及び高柏園氏，また高柏園氏の論文の日本語訳にあたられた藤井倫明氏（台湾・立徳管理学院助理教授）に深く感謝する。

　本書の刊行に際して，長崎大学及び環境科学部より出版助成をいただいた。記して感謝する。本書もまた『環境と文化』『環境科学へのアプローチ』の場合と同様に，九州大学出版会の協力を得ることができた。同出版会，特に時間的余裕のないなか編集にご尽力いただいた藤木雅幸氏及び永山俊二氏に心よりお礼申し上げる。

2004年3月

編集委員

執筆者紹介 （執筆順，職名は 2004 年 3 月現在）

＊は本書の編集委員

井上 義彦（いのうえ よしひこ）	長崎大学環境科学部長（文化環境講座）	環境哲学・西洋哲学
吉田 雅章（よしだ まさあき）	長崎大学環境科学部教授（　同　　）	ギリシア哲学・環境思想
高 柏園（がお ぼおゆえん）	淡江大学文学部長	漢学
＊佐久間 正（さくま ただし）	長崎大学環境科学部教授（文化環境講座）	日本思想史・環境思想史
若木 太一（わかき たいいち）	同　　教授（　同　　）	日本近世文学・日本文化環境論
＊園田 尚弘（そのだ なおひろ）	同　　教授（　同　　）	都市論・ドイツ文学
葉柳 和則（はやなぎ かずのり）	同　　助教授（　同　　）	文化社会学・物語論
中村 靖子（なかむら やすこ）	名古屋大学大学院文学研究科助教授	ドイツ文学
早瀬 隆司（はやせ たかし）	長崎大学環境科学部教授（環境政策講座）	環境政策学
＊井手 義則（いで よしのり）	同　　教授（　同　　）	環境産業論・地域環境企業論
姫野 順一（ひめの じゅんいち）	同　　教授（　同　　）	経済思想・環境経済学
杉山 和一（すぎやま かずいち）	同　　助教授（環境設計講座）	環境工学
武政 剛弘（たけまさ たけひろ）	同　　教授（　同　　）	環境工学

環境と人間
<small>かんきょう　にんげん</small>

2004年6月18日　初版発行

編　者	長崎大学環境科学部
発行者	福　留　久　大
発行所	（財）九州大学出版会

〒812-0053　福岡市東区箱崎7-1-146
　　　　　　　九州大学構内
電話　092-641-0515（直通）
振替　01710-6-3677

印刷／九州電算㈱・大同印刷㈱　製本／篠原製本㈱

© 2004 Printed in Japan　　ISBN 4-87378-835-8

環境科学へのアプローチ ── 人間社会系 ──

長崎大学文化環境/環境政策研究会 編　　A 5 判・410 頁・**2,800** 円

環境問題に関心を抱き，環境科学に興味を持つ人びとを環境科学へいざない，その全体像を把握してもらうと同時に，ともに同じ途を歩む者として互いに問題を共有し，そこから「環境問題」の解決を目指す，新たなる「環境科学」という学問の真の確立をともに模索することが本書を編集した目的である。多くの人びと，とりわけこれから社会を担っていく若い世代の人びとが「環境科学」という新たな学問の創造のために参集し，われわれとともに同じ途を歩みながら，学問創造の歓びをともにしてくれることに大きな期待を抱いている。

環境と文化 ──〈文化環境〉の諸相──

長崎大学文化環境研究会 編　　　　　　A 5 判・380 頁・**3,500** 円

本書で提示する〈文化環境学〉は，環境にかんする諸問題への文系基礎学からの回路を開拓する試みである。「環境」とは「生きとし生けるもの」すべての生活の舞台（ステージ）である森羅万象を意味する。「人間の自然へのかかわりかたとしての文化」から，文化の世界としての意味「メディア・言語記号としての世界」までの振幅を考察する。

生命と環境の共鳴 〈熊本大学生命倫理研究会論集 5〉

高橋隆雄 編　　　　　　　　　　　　A 5 判・250 頁・**2,800** 円

生命活動には環境からの圧力が伴うが，種ではなく個体を中心とする人間に特有な仕方での対処は深刻な環境問題を招くに至った。自然や将来世代への責任の自覚が求められるが，具体的には，従来分離されてきた生命倫理と環境倫理の統合や，複雑系である環境に応じた知の組み換え，また柔軟な行政組織での対処等が考えられる。

博多で学び博多で考える 環境問題

福岡大学公開講座委員会 編　　　　　　四六判・312 頁・**2,330** 円

本書は，平成 6 年福岡地方の大渇水の状況分析，下水処理一般と高度処理，ごみの処理・処分，有害化学物質などについて公開講座で易しく解説した内容に，担当者により適宜加筆したものである。本書を通して，身近な環境問題を考える基礎的事項の理解が極めて易しく得られるであろう。

（表示価格は税別）　　　　　　　　　　　　　　　　九州大学出版会